庆祝河南大学建校 110 周年

## 内容提要

本卷从《河南大学学报(社会科学版)》2010至2021年所刊发的相关专业论文中精选19篇优秀论文,包括了教育学学科的主要方面,如"教育学原理""课程与教学论""教育史研究""高等教育研究""职业技术教育研究""心理学研究"等,从中可以管窥十余年来教育学研究领域所关注的学术问题及其取得的成绩。

总 主 编　李伟昉
副总主编　赵建吉　张先飞

# 教育转型与教育创新
## 教育学卷

主编　韩顺友

静斋行云书系

河南大学出版社
HENAN UNIVERSITY PRESS
·郑州·

图书在版编目(CIP)数据

教育转型与教育创新：教育学卷 / 韩顺友主编. -- 郑州：河南大学出版社,2022.12

（静斋行云书系；8）

ISBN 978-7-5649-5394-2

Ⅰ.①教… Ⅱ.①韩… Ⅲ.①教育学-中国-文集 Ⅳ.①G40-53

中国版本图书馆 CIP 数据核字(2022)第 256247 号

责任编辑　马　博
责任校对　王　珂
封面设计　陈盛杰
封面摄影　郭　林

| | |
|---|---|
| 出版发行 | 河南大学出版社 |
| | 地址：郑州市郑东新区商务外环中华大厦 2401 号　邮编：450046 |
| | 电话：0371-86059701（营销部） |
| | 　　　0371-22860116（人文社科分公司） |
| | 网址：hupress.henu.edu.cn |
| 排　版 | 郑州市今日文教印制有限公司 |
| 印　刷 | 广东虎彩云印刷有限公司 |
| 版　次 | 2022 年 12 月第 1 版　印　次　2022 年 12 月第 1 次印刷 |
| 开　本 | 787 mm×1092 mm　1/16　印　张　21 |
| 字　数 | 372 千字　定　价　698.00 元（全 8 册） |

（本书如有印装质量问题，请与河南大学出版社营销部联系调换）

# 序

从1912年到2022年,河南大学走过了110年不平凡的发展历程,《河南大学学报》伴随着河南大学的发展也度过了88个春秋,并将迎来90周年刊庆。值此之际,河南大学学报编辑部编选的"静斋行云书系"也将面世。这既是对学校110周年庆典的献礼,又是对新世纪第二个十年学报编辑工作的回顾和小结。

"静斋行云书系"共分8卷,分别是《新时代、新理论、新思维(哲学、政治与社会学卷)》《城乡经济发展与转型(经济学管理学卷)》《法律的理论之思与制度之辨(法学卷)》《上下求索的文明考辨(历史学卷)》《品风骚之美 鉴思辨之光(文学艺术学卷)》《教育转型与教育创新(教育学卷)》《编辑学理与出版史论(教育部学报名栏编辑学研究卷1)》《媒体变革与编辑创新(教育部学报名栏编辑学研究卷2)》,其中所编选的论文均刊发于2010年至2021年的《河南大学学报(社会科学版)》。这些论文对近年来相关学科领域所关注的理论问题、学术热点多有反映和探讨,具有一定的代表性。我们之所以取新世纪第二个十年这个节点来编选该套书系,主要是因为中国在这十年里,方方面面都发生了有目共睹的巨大变化,特别是进入了习近平中国特色社会主义新时代,我们正面临的这个百年未有之大变局的动荡变革期,为中华民族伟大复兴的战略全局提供了难得的历史机遇。中国所倡导的和平发展、积极构建人类命运共同体的价值理念,因顺应当今人类社会的大趋势和总主题而不可逆转。在这一现实环境下,《河南大学学报(社会科学版)》在原有基础上迎来了新的发展与突破,获得了良好的学术品牌和学术影响,先后入选中文社会科学引文索引来源期刊(CSSCI)、教育部高校哲学社会科学学报名栏建设期刊、"中国人文社会科学综合评价 AMI"核心期刊、中国人民大学《复印报刊资料》重要转载来源期刊、河南省哲学社会科学基金资助期刊，荣获了"全国高校文科名刊""致敬创刊七十年"（社会科学版与自然科学版）等荣誉称号。

这套书系按学报设置栏目为类别分别编辑，论文收录每卷控制在20篇上下。这些论文既有来自著名学者的力作，也有出于年轻学者的新构，都体现了鲜明的问题意识和创新意识，某种程度上代表着各自相关学术领域创新的思考，其中多篇被各种相关转载机构的期刊所转载。而且，透过这些学术文字，可以感知社会的发展，时代的进步，变化的焦点等等。虽然说这是对学报目前已有成绩的阶段性展示，不过，成绩面前，我们丝毫不敢懈怠自满，我们清醒地认识到，在不少方面尚有待继续改进和提升。"坚守初心、引领创新，展示高水平研究成果"，这是习近平总书记给《文史哲》编辑部的回信中对编辑工作者的殷切期望，他明确指出了期刊引领创新的重要价值和意义，为办好哲学社会科学期刊指明了方向。我们当牢记这一嘱托，提高政治站位，坚持高质量办刊，让期刊发挥支持培养学术人才成长、展现文化思想价值、促进文明交流互鉴的功能与作用。

这里有必要交代一下该套书系为何取名"静斋行云"。从河南大学南门进入右转，前行十余米，即可看到一条向北延伸的林荫小路。这条小路叫"静斋路"，路边由南向北依次排列着十幢三层斋楼，古朴典雅，别有韵味，东临明清城墙，北望千年铁塔。这十幢斋楼和周边的大礼堂、6号楼、7号楼等构成全国重点文物保护的"近代建筑群"。其中的东二斋就是编辑部的办公地址。"行云"寓意时间如空中流动的云烟，喻指过去的十年时光与绵延的思绪。常年工作在东二斋的编辑们，和这所大学里的老师们一样，有着自己的职业追求，有着编辑的智慧和情怀，同样有"又得书窗一夜明"的辛勤付出。他们怀着一颗虔诚之心，默默耕耘，敬畏学术的神圣，呵护学人的平台，坚守学报的初心，守望可期的未来。他们持之以恒地每天都做着同样单调的事情：审文稿，纠错字，改标点，核注释，通语句，润文笔，他们不人云亦云，随波逐流，却常常在文中与作者对话，在深思熟虑中帮助作者提升文章的高度与深度，带着宽阔的学术视野与前瞻眼光，用追求完美的工匠精神甘为他人作嫁衣裳。这是一种状态,一种生活,一种修炼,一种境界。"静斋"默默地矗立在"行云"般流动的岁月里,或无语沉思,或静默遐想,"静斋""行云"相看两不厌,唯有执着情。自然,这套小书凝结着编辑们的辛勤汗水,见证着他们的认真严谨。愿这套小书成为他们精神世界的折射和内心追求的表征。

明天适逢教师节、中秋节并至,借此机会,向编辑部全体同仁道一声:双节快乐!

书系编选过程中,分管学报工作的孙君健副校长很关心这项工作,多次问询进展情况,并给予出版经费鼎力支持,在此表示由衷的感谢!

是为序。

李伟昉

2022 年 9 月 9 日

# 目 录

## 教育学原理

论师生交往中"师爱"发生的价值秩序
　　——以霍懋征、斯霞"师爱"实践探寻"师爱"发生
　　机制 ·················································· 魏宏聚（ 3 ）
教育转型与教育学转型
　　——基于新中国教育的考察 ······················· 冯建军（ 15 ）
论新型师生关系的构建
　　——基于哈贝马斯交往行为理论的研究 ········· 杜建军（ 34 ）

## 课程与教学论

知识观视域下教学技能属性及其提升路径 ············· 魏宏聚（ 51 ）
从"课程开发"到"课程理解"：美国课程范式转型的历史
　　诠释 ·················································· 王保星（ 63 ）
中小学课堂教学研究范式分类及适切性判断 ········· 魏宏聚（ 76 ）

## 教育史研究

历史制度主义与我国教育政策史研究的方法论思考 ··· 王保星（ 93 ）
义务教育发展政策变迁：制度分析与政策创新 ········· 王星霞（106）

空间与教化:文庙空间现象及其教育意蕴的生成 ········· 邓凌雁(125)

## 高等教育研究

论当前我国高等教育布局结构的内涵、问题及其优化
　　策略 ·················································· 王振存(145)
新中国成立以来高等教育区域结构的制度安排与
　　反思 ········································· 韩梦洁　宋　伟(166)
论高校青年教师的压力问题及其缓解对策 ············ 姜　捷(196)

## 职业技术教育研究

和谐与互动:职业教育均衡发展的体制机制研究 ········ 朱德全(217)
走出"制度陷阱":高职教师专业发展制度的供给困境
　　反思 ·················································· 王为民(229)

## 心理学研究

教师的组织认同与职业认同 ········ 李永鑫　李艺敏　申继亮(243)
揭开"怀才不遇"的面纱:教育管理中资质过高感知的
　　研究 ················································ 王明辉(253)
基于社会性发展视角的大学生心理健康探析··· 吴文君　张彦通(271)
心理资本对大学生学习压力的调节作用
　　——学习压力对大学生心理焦虑、心理抑郁和主观
　　幸福感的影响 ······························· 孟　林　杨　慧(285)
主观社会经济地位影响大学生幸福感的路径
　　研究 ········································ 朱晓文　刘珈彤(303)

# 教育学原理

# 论师生交往中"师爱"发生的价值秩序
## ——以霍懋征、斯霞"师爱"实践探寻"师爱"发生机制

魏宏聚①

爱是人类永恒的主题,"师爱"是教育成功的重要前提。在我国古代,孔子以"爱之,能勿劳乎"强调教师要去爱学生,柳宗元也强调"爱加于生徒",古人的观点足以表明"师爱"在教育中的重要价值与意义。目前,"师爱"是教育研究的重要命题,但是,已往关于"师爱"的研究,存在着对"师爱"本质内涵界定模糊等诸多不足,这些不足表现在以下几个方面:

首先,"师爱"是教师的一种道德情感行为,以往的研究忽视了对其本质内涵的追问。在以往的研究中,多停留在对"师爱"表现形式的总结,停留在对"师爱"属性、功能的分析等方面,缺乏对"师爱"深层次意义的追问,例如对其本质的追问。不同学者从不同的角度进行探究,就出现了多样的"师爱",比如,下列所述就是多样的"师爱"的本质:有的研究者认为,凡是教师对学生产生的积极情感就是"师爱";有的研究者认为,"师爱"是指教师在教育学生时的态度,比如严父式的爱,或慈母式的爱;有的研究者认为,"师爱"专指教师高尚的道德精神,表现为教师工作废寝忘食,甘于奉献;还有的研究者认为,"师爱"就是教师的职业道德,比如尊重学生等。②

---

① 魏宏聚,男,河南南阳人,河南大学教育科学研究所副教授,教育学博士。
② 本文中关于"师爱"研究误区的部分观点参考了李红博:《师爱的情感现象学解读》,首都师范大学硕士学位论文,2006年;笔者对此问题的分析,是在对李红博的观点进行整理的基础上,加入了自己的理解。

上述对"师爱"的研究似乎说明,凡是教师"好"的行为,都可以归属于"师爱",这显然并没有找到"师爱"的本质特点。

其次,研究者认为,"师爱"是教师的一种情感状态或态度。这其实是一种误解,"师爱"并不等于教师对学生产生了积极的情感状态和态度,它应该与教育的意义紧密相连,并且其内涵非常丰富。李红博认为,"师爱"并不是一种情感状态,而是一种情感行为。她举例说,我们为某种精神追求的达成而感到欣喜,这种欣喜就是一种状态性情感,它与价值意向无关,因而,不能把"师爱"简单地等同于喜爱、喜欢这样的状态性情感。

再次,目前关于教师"师爱"的研究,过于强调工具理性的思维方式。具体来说,就是研究者把"师爱"作为一种优质的教育手段,这类研究没有把"师爱"与教师的职业生活相结合。从这个角度来理解的研究者,是把"师爱"作为一种操作方式和手段,教师所要做的就应是使用"师爱"的方法去实现教育学生的目的,其结果是:教师的"师爱"不是发自内心的、真诚的爱,而是一种为了达到某种目的而采取的一种手段、方法。这样的"师爱"行为可能是虚假的、作秀的,更是功利性的。

上述认识上的误区,是学者在"师爱"理论研究和实践探索层面存在的不足和局限,具体表现为:理论上对"师爱"概念的理解,对其内涵和意义的解读存在着模糊性和不确定性,没有探究"师爱"产生的根本原因,没有抓住"师爱"的本质,这是理论研究上的重大误区。理论上的误区导致实践上的困境,如在实践中对"师爱"理解的表面化、形式化,在对"师爱"培训上易产生伦理说教的现象,效果不佳。

总之,以往关于"师爱"的研究忽视了对其本质内涵的追问,一般停留在它的表现层面上,特别是研究者较少对其产生根源进行追问,这样就很难发现其本质特征,这严重阻碍了对教师实施"师爱"的培训效果。国内有两位以实施"师爱"教育而闻名的教师,她们是霍懋征和斯霞。两位老师以自己一生的实践,向我们昭示了一个重要的道理:成功的教育就是"师爱"淋漓尽致体现的实践活动。笔者试图通过对霍懋征和斯霞两位全国知名的、优秀小学教师的爱的实践的探析,寻求使她们成为"人中之神"的师生关系的核心价值,以诠释师生关系中"师爱"的结构、层次和秩序,进而寻找"师爱"的发生机制。

# 一、"师爱"为何具有价值秩序

价值,原是经济学的概念,后泛化为许多学科如伦理学、哲学、社会学等学科中的专有术语。在伦理学和价值教育中,价值是一种原则或观念,通过教育活动将有关价值内化为个体的价值品质,最终形成相应的价值观,用以指引个体的行为,如公平价值指引下的个体就会表现出公平的行为;尊重的价值指引下的个体就会表现出尊重的行为。那么,何为价值秩序呢?

## (一)价值秩序概念的界定

众所周知,价值秩序这一术语来自舍勒的情感现象学。人的一切行为都是在一定的价值指引下发生的。但是,支配人类行为的这些价值是否存在着先后和本源性问题,也即支配人类行为的价值是否存着结构与秩序的问题,这是包括舍勒在内的诸多哲学家、伦理学家们一直努力探究的问题。舍勒认为,人在面对重大事情所作的重大道德行为选择时,总存在着以一定的个体核心价值为基础的价值结构,这个结构类似于德性的基本公式,主体正是按照这个基本公式的规定有道德地生活和生存,这就是舍勒所说的价值秩序。价值秩序反映了一个人的价值倾向和价值选择。

舍勒认为:"在整个价值王国中,价值在相互关系中具有一个'级序',根据这个级序,一个价值要比另一个价值'更高'或'更低'。"①他在《形式主义》一书中系统论述了个体的一个从低到高的感受不同的价值秩序,该秩序分为四个等级,即感官价值、生命或活力价值、精神价值和神圣或非神圣价值。② 其中神圣价值高于精神价值,活力价值高于感官价值。总之,价值秩序就是一个支配人行为的价值序列,价值秩序

---

① [德]马克斯·舍勒著,倪梁康译:《伦理学中的形式主义与质料的价值伦理学》上,上海:生活·读书·新知三联书店,2004年,第104页。
② 阮朝辉:《现象学直观的教育价值及其评价——基于马克斯·舍勒的价值论、教育观的分析》,《教育学报》,2011年第5期。

的等级越高,越能够使人产生深层次或内心的满足感。笔者认为,"师爱"是一种复合的价值品质,它的发生同样存在着秩序,也即"师爱"的价值秩序。

**(二)"师爱"是教师的复合价值品质,具有一定的发生秩序**

"师爱"作为教师的核心价值品质,已得到理论界的认同和实践界的验证。但"师爱"绝不是教师自然、天性的本能表现,也不是出于某一个人的好恶,而是具有深刻的社会内容的高级情感的表现,是在教师对教育工作的社会意义深层认识的基础上产生的。从已有的有关"师爱"的研究成果来看,"师爱"是一名教师所具有的优良素质的综合表现,是一种复合价值。有学者对典型的"师爱"行为作了如下归纳:其一,凡是教师对学生产生的积极情感就是"师爱";其二,"师爱"是指教师在教育学生时的态度;其三,"师爱"表现为教师的职业道德;其四,"师爱"专指教师高尚的道德精神,表现为教师工作废寝忘食,甘于奉献等。[①] 从以上四种"师爱"形式可以看出,"师爱"在实践中、在不同教师的教育教学活动中有不同的表现形式。关怀、爱护学生是"师爱",尊重、信任学生也是"师爱",同情、理解学生是"师爱",废寝忘食、甘于奉献同样是师爱。显然,"师爱"是教师的一种复合的价值品质,不同教师的"师爱"在不同的教育实践中有不同的表现形式。那么,"师爱"作为一种复合的价值品质,它的发生有没有一定的秩序?或者说,不同的教师具有不同的"师爱"表现形式,他们的"师爱"价值品质在形成过程中有没有共同的规律可循?笔者认为,"师爱"作为一种价值品质,它应具有共同的发生机制,这一发生机制可以解释"师爱"在实践中为何有不同的表现形式。那么,不同的表现形式之间又是何种逻辑关系呢?

了解、探究"师爱"的价值秩序,对于个体教师"师爱"的养成,以及教师教育中"师爱"的培养模式的形成具有极其重要的意义。舍勒指出,爱是人类行为的本源性价值,了解一个人的爱的秩序,对作为道德主体的人具有重要的意义,这就好像了解了结晶公式对于晶体的意义

---

[①] 李红博:《师爱的情感现象学解读》,首都师范大学硕士学位论文,2006年,第20页。

一样,"谁把握了一个人的爱的秩序,谁就理解了这个人"。①"师爱"作为支配理想师生关系的核心价值,这也许是人之皆知的事实,但师生交往中的爱是单一的维度吗?如果爱是复合性的话,那么不同层次的爱之间又是什么关系?谁是本源性价值?谁是衍生性价值?总之,师生关系是教育中的最重要的关系之一。理想的师生关系究竟是靠什么样的爱的价值秩序来维持的呢?

探究"师爱"的价值结构与秩序,避免单纯的形而上的解释,必须深入到"师爱"的实践中才能获取,因为"师爱"是实践中的"师爱"。在"师爱"的实践中,任何理论的说教与解释都是苍白无力的。我国两位优秀教师霍懋征和斯霞以实施"师爱"教育而闻名全国。斯霞老师是我国著名的语文教师,早在上世纪60年代,她的"童心母爱"就伴着斯霞的名字传遍了大江南北,被誉为"小学教育界的梅兰芳";霍懋征老师是"爱的教育"的倡导者和实践者,她曾经被周恩来总理称为"国宝"级的小学数学教师。回顾两位老师走过的道路,是什么使她们取得了成功?在教育实践中,霍懋征老师与斯霞老师的"师爱"实践是否存在着共同的爱的结构与秩序?我们只有走入两位老师"师爱"的实践中才能找到答案。

## 二、"师爱"发生的价值秩序:案例分析

爱是人类的原行为,这是情感现象学家舍勒的立场与思想主旨。"人,在他是思之在者或意愿之在者之前,是个爱之在者。爱作为所有认识和意愿的活力原则这一确信在舍勒著作中到处可以发现。"②纵观舍勒有关爱的著作,舍勒认为,爱是人之为人的本质,这一原则恒常支配着主体如何看待世界和他的行为活动。人类关系的重要组成部分之一的理想师生关系,这一关系的维系当然也是由爱这一核心价值营造

---

① [德]舍勒著,刘小枫选编:《舍勒选集》下,上海:上海三联书店,1999年,第740页。

② [德]舍勒著,刘小枫选编:《舍勒选集》下,上海:上海三联书店,1999年,第751页。

的。但是,"师爱"具有其特殊性,它不同于一般意义的爱,如母爱,它可以是先天赋予的;而"师爱"则是后天生成的,"师爱"的工作性质决定了"师爱"是由教师的人生价值取向而产生的,也即"师爱"是出于对教师职业的爱这一基本的爱所衍生的。霍懋征和斯霞老师的"师爱"实践可以给予充分说明。①

### (一) 对教师职业的爱:"师爱"的重要组成部分与原动力

1943年,霍老师毕业于北京师范大学数理系。那时的北师大高才生完全可以去一所大学或其他的理想单位找一个较好的工作,但毕业后她放弃留母校任教的工作机会,毅然选择去小学当"孩子王"。她的这一举动在当时引起了很大的轰动。俗话说"家有三斗粮,不当孩子王"。更何况霍老师是放弃当大学教师的好工作,主动去教那些难以管教的小孩子!霍老师并没有理会那些世俗的眼光,硬是去了。她在小学一生风风雨雨,她成为周恩来总理夸奖的"国宝"级的特级教师,能获得这样的殊荣在全国绝无仅有。有学者这样评价霍老师:如果没有发自内心地对孩子的爱,她会这样做吗?会做得这样风生水起、这样乐此不疲吗?正是这种深深根植于心灵深处的对教育职业的爱、对学生的爱,才使霍老师用自己的一生去实施"爱的教育"。

斯霞老师的从教经历同样表明了这样一个道理:对于教师这个职业的热爱是"师爱"的源发性爱。有人说,从1910年到2004年间,斯霞老师一生就做了一件事,那就是热爱教书育人、投身于教书育人。"南师附小的一位教师告诉记者,斯老师从18岁当教师开始,一生只爱教师这一行,爱得痴迷,爱得纯真。她主动放弃担任南京市教育局副局长的职位,不为地位所动;从未有过跳槽谋利的杂念,不为金钱所动。她只喜欢当小学教师,只喜欢学校。对于从事教师职业,她终身无悔"。②

爱既是教师的天职,也是师德的灵魂,更是唤醒教师其他爱的行为

---

① 本文案例的分析见2013年《中国教育学刊》第1期笔者拙文《教育家核心价值:超越世俗的教育情怀》。
② 斯霞:《一生只做一件事》,http://china.jyb.cn/zhbd/200909/t20090904_307975_1.html.,2012-03-14.

的催化剂。"爱始终是认识和意愿的催醒女。"①正是由于对教师职业的爱,两位老师才会抛弃世俗观念,毅然决然地选择小学教师这个职业,霍懋征老师做教师做得"风生水起,乐此不疲";斯霞老师"不为地位所动,不为金钱所动,从未有过跳槽谋利的杂念"。总而言之,对职业的爱是两位老师一切师生交往中爱的行为的原动力。就像舍勒所言:爱是倾向或随倾向而来的行为,此行为试图将每个事物引入自己特有的价值完美之方向。②霍老师曾说:"在世界上,最有效且没有副作用的教育莫过于感化人的心灵,而最有效的感化莫过于真心地爱学生。因为真爱是人世间的另一轮太阳,催生着新绿,哺育着万物;真爱也是人类心灵的'杀毒软件',杀灭了每颗心灵里的病菌。"③在她们的教师生涯中,两位老师的一切行为皆是从职业爱出发,使所有的师生交往行为走向"价值完美之方向",她们由职业的爱引发了一系列师生交往中的完美的爱的行为。

**(二) 由职业的爱引发的"师爱"的其他价值品质**

爱是原行为,指的是爱是人之为人的根本品质,是引发人类一切"爱的行为"的奠基性价值。实际上,爱是全人类应有的美德,同时也是人类的原行为。比如在柏拉图思想中,"爱欲"远远比正义更为根本,在西方思想体系中的理念占有重要地位的基督教思想,蕴涵着爱则是道德的金律的理念。基督教思想家奥古斯丁认为,对"某物"感兴趣和对"某某"爱,才是我们一切其他行动包括判断、感受、观念、回忆、具体的意趣和意义意向的基础。④我国传统的儒家思想同样认为,爱是人类的原行为,如孔子在《论语·阳货》中指出:"能行五者于天下,为仁矣。"他所说的"五者"是:恭、宽、信、敏、惠。显然,孔子认为,由爱(仁)可以衍

---

① [德]M.舍勒著,林克等译:《爱的秩序》,上海:上海三联书店,1995年,第48页。

② [德]舍勒著,刘小枫选编:《舍勒选集》下,上海:上海三联书店,1999年,第750页。

③ 孙志毅:《学学名师那些事》,重庆:西南师范大学出版社,2009年,第214—215页。

④ 张志平:《情感的本质与意义》,上海:上海人民出版社,2006年,第98页。

生出一系列人的恭、宽、信、敏、惠五项相应的价值品质。那么,霍懋征和斯霞老师在她们的日常生活中,在与学生的交往活动中,又表现出什么样的爱的价值品质呢?

1. 霍懋征老师师生交往中爱的价值秩序。霍老师说:"孩子只有内向外向之别,没有先进后进之分""小学 6 年,教师塑造的是成人的雏形,雏形的成败全凭老师的一颗心"。这句看似平常的话,却道出了霍老师师生交往中的核心价值观:爱。那么,在与学生的交往中,霍老师又是怎样实现这个价值观的呢?霍老师认为,教师对待学生应该"激励、赏识、参与、期待",只有这样的师生交往才是对学生"师爱"的体现。教师的激励、赏识、参与、期待这些行为背后,体现出的是尊重、平等、关怀等价值品质,它们是爱的具体表现与下位价值品质。总之,在霍老师的教育实践中,正是有了"没有爱就没有教育"的假设,才会出现尊重、平等与关怀的师生交往的价值品质,进而才会出现激励、赏识、参与、期待的课堂。霍老师的爱的价值秩序可用图 1 表示:

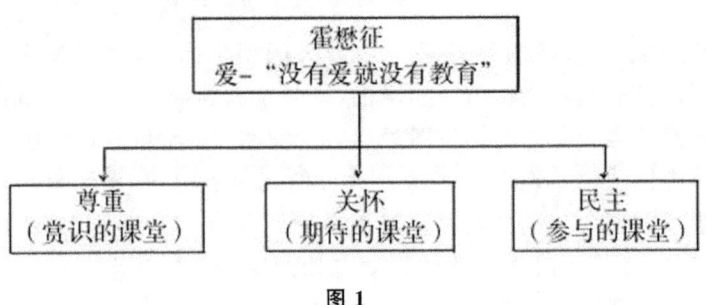

图 1

2. 斯霞老师师生交往中爱的价值秩序。斯老师以实施"童心母爱"教育而闻名于教育界。她在一生的教育实践中,用大爱牵出了一系列的小爱。一位研究者对斯霞"师爱"的实践的总结和描述是这样的:斯霞的爱首先意味着尊重。斯老师是热爱学生的,这种热爱内在地包含了对儿童的尊重。她站在儿童的立场上看待儿童的问题,站在儿童的立场上看待儿童的错误。①

---

① 杨林国:《追寻斯霞的教育爱——兼对师爱工具化作反思》,《江苏教育学院学报(社会科学版)》,2007 年第 6 期。

斯老师的爱蕴涵着平等。斯老师能够正确看待自己的地位,从不以"真理代言人"和"道德典范"自居。她平等地关怀每一个儿童。

斯霞的爱还包含着宽容的情怀。她能准确地认知和判断教育情境;判断儿童的问题本身是原则性的还是非原则性的;判断儿童的过错是偶然性的还是经常性的。总之,斯老师的爱是本体性的爱,本质上是对教育的爱。这种爱既贯穿于生活,又充满智慧。在什么情况下采取何种爱的实现方式,完全取决于发生爱的条件和实践的需要。通过上述对斯霞老师的大爱引出小爱的描述,我们可以用图 2 表示斯老师爱的价值秩序:

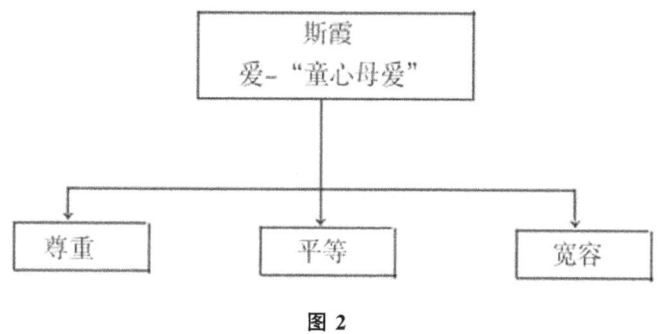

图 2

斯老师对学生的爱是真挚的爱,这种爱是平凡的、朴实的,渗透在斯老师的日常生活中。正因为如此,斯老师之爱已经转换成为"小爱",由爱衍生的其他的师生交往行为,其表现形式可能是多种多样的:有时亲切的关怀和赞许的微笑是爱,有时严厉的批评和严肃的教育也是爱。至于在什么情况下采取何种爱的实现方式,这完全取决于斯老师的实践智慧,取决于斯老师的价值选择、价值判断和价值智慧。这些价值品质既可以理解为是由爱这一核心价值衍生出来的,也可以理解为是爱在具体教学实践中的不同表现方式。

## 三、"师爱"发生的价值秩序:归纳与总结

就师生交往中的"师爱"而言,根据舍勒对人类原行为爱的理解及对霍懋征、斯霞两位老师"师爱"实践的分析,笔者认为,理想的师生交

往中的"师爱"存在着爱的价值秩序,如图3:

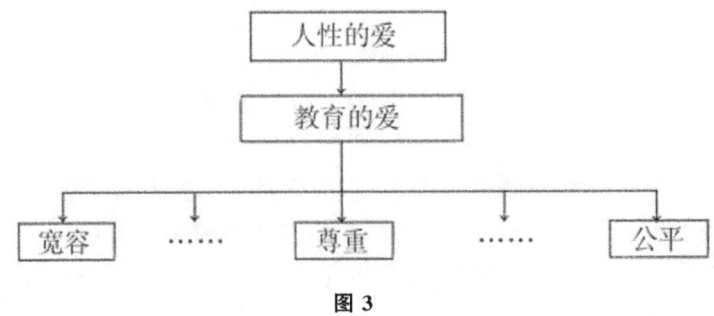

图3

第一层次:人性的爱。这里的爱类似于舍勒说的爱,是人类的原行为,应该说属于人性的层次,也就是说凡是"人",都应该具有这个"爱"。舍勒认为,爱是人与世界发生关联,认识世界的前提和动力。他说:"我们始终感觉爱同时是原行为,通过它,一个在者离开自己,以便作为意向性之在者分有并参与另一在者之在,使二者不会以任何方式成为彼此分离的实在部分。我们所谓之'认识',始终以爱之原行为为前提。"①人首先是通过爱,或者说首先是在爱中与世界发生着交往关系;没有爱,世界就不会向人照面,它也因此不会被别人爱。所以,爱是人的"原行为",这是指爱处于人类价值体系的中心位置。

第二层次:教育的爱。这是一种对教育本身怀有一种深厚的真挚感情的具有责任心的爱。它是由人的原行为"爱"引出的下位价值品质,对教育职业或事业的爱,它是一个教师的天职和师德的灵魂,是仅次于人类原行为爱的本体性爱。所谓本体性爱,是指这种爱已成为人德生活中的需要、习惯,在此基础上会衍生出人德一系列不同的爱。不同教师对教育的爱的表现形式或表达方式不尽相同,如霍懋征老师的"没有爱就没有教育"、斯霞老师的"童心母爱"皆属于这一层次的爱的表达。霍懋征老师如果没有对教育职业的爱,她不可能在那个时代毅然决然地选择小学教育这个行业;斯霞老师如果没有对教育职业的爱,也不会放弃教育局长这个让多少人羡慕的位置。所以,对教育职业的

---

① [德]舍勒著,刘小枫选编:《舍勒选集》下,上海:上海三联书店,1999年,第750页。

爱是"师爱"中最为关键的一个价值层级，它向上继承了人性中爱的成分，向下可以衍生出一系列的爱的价值品质与行为。在职业的爱的指引下，教师的爱具有显著的自然、自发的特性，没有造作之嫌。这种爱的行为是真挚的、自然的和自发的行为，并且是平凡的、朴实的，它渗透在每一位教师的日常生活中。从这一角度来看，"师爱"是教师职业情感的灵魂。

第三层次：不同主题的爱如尊重、宽容、公正等。这一层次的爱是师生之爱的价值秩序的最后一个层级，它直接体现在教师的日常生活之中。在"职业的爱"这一核心价值品质的指引下，不同的教师在师生交往的实践中会衍生出诸多爱的价值品质，其中，最核心的价值品质应是关心、尊重、责任心、关爱等。法兰克福学派著名的心理学家弗洛姆在他的《爱的艺术》中也指出，爱有一些基本要素，这些要素是所有的爱共有的，那就是关心、责任心、尊重和认识。[①] 在师生交往中，教师究竟是选择尊重、关心，还是选择责任心等价值品质，这完全依靠教师个人的实践智慧与现实条件。不同的教师，其爱的价值秩序也不尽相同，这显现出的是不同的教师个体不同的价值理解和选择，也反映了教师不同的价值取舍。如果教师认为公正是爱的重要表现的话，那么，在师生交往中，教师公正的行为可以多于尊重的行为；如果教师认为尊重的行为是重要的爱的体现，那么教师尊重的行为可能多于其他爱的行为。如在霍老师的课堂上，霍老师根据她对爱的价值的理解，结合自己多年的师生交往实践经验，形成了尊重、参与和期待的课堂教学特点；而在斯老师的课堂中，在她的爱的核心价值观指引下，她是站在儿童的立场上看待儿童的错误，于是课堂就成了尊重的课堂；她不以"真理代言人"和"道德典范"自居，所以她的课堂就是平等的课堂。总之，两位老师在日常生活中的爱的形式可能不尽相同，但指引她们的核心价值品质应是相同的，她们的爱的基本要素，如尊重、关爱等价值品质是一致的。

---

① ［美］弗洛姆著，李建鸣译：《爱的艺术》，上海：上海译文出版社，2008年，第24页。

## 结　语

综上所述,"师爱"作为教育实践的重要组成部分,在已有的教育理论研究中却没有获得应有的地位,对"师爱"的系统的理论研究较少,特别是对"师爱"发生机制的案例研究更为少见。缺乏"师爱"生成机制,我们无法引导教师践行真正的"师爱"。笔者如果揭示了"师爱"的发生机制,那么,这一发生机制毫无疑问地可以引导我们对教师的"师爱"培训工作进行更深入的关照和反思。在我们明白了上述"师爱"发生的价值秩序后,在教师的职前培训中,就应加强对师范生的职业使命感的教育,这一教育内容超越了学科知识的教学。在教师入职工作中,就应检验教师是否真正地爱"教育",是否具有第二层次的价值情感,否则,这样的准教师就不适合从事教师职业。在教师的职后教育中,我们就不能把培训的重点放在第三层次,也就是说,不能把培训的重点放在具体的"师爱"层级,这一层级的培训易形成虚假的"师爱"或形式化的"师爱"。所以,我们应把"师爱"培训重点放在第二层级,也即对职业的爱、对教育的爱。这是具体"师爱"产生的核心与关键,也是笔者努力揭示"师爱"价值秩序的目的之一。

原载《河南大学学报(社会科学版)》2013年第3期,人大报刊复印资料《中小学教育》2003年第10期全文转载

# 教育转型与教育学转型
## ——基于新中国教育的考察

冯建军①

作为学科的教育学,中国教育学始于20世纪初对国外教育学的引进。百年中国教育学发展得如何,需要我们总结和反思。以往的研究,不乏这方面的成果,但多是立足于教育学的外部背景或政治事件的研究,缺少对教育学内核转型的考察。如由华东师范大学的瞿葆奎先生和郑金洲教授合著的《中国教育学百年》,是我国第一部描述中国教育学百年发展历史的著作,他们将中国教育学的百年历程划分为教育学的引入(1911—1919年)、教育学的草创(1919—1949年)、教育学的改造与"苏化"(1949—1956年)、教育学的中国化(1957—1966年)、教育学的语录化(1966—1976年)、教育学的复归与前进(1976—2000年)六个历史时期。② 华东师范大学叶澜教授在《中国教育学发展世纪问题的审视》一文中,将中国教育学百年发展史以中华人民共和国的成立为分界线,划分为两大时期,这两大时期又分为六个阶段。其中,新中国成立后分为四个阶段,分别是:(1)从1949年到1957年(或1956年),这一时期是批判杜威、批判新中国成立前国内"资产阶级教育思潮"的时期,也是全面引进苏联教育学教科书的时期;(2)从1957年到1966年,这一时期是教育学作为党的教育方针、政策的解释和毛泽东有关教育语录的诠释的时期;(3)从1966年到1976年,这一时期是"文化大革命"使教育学领域遭受毁灭性破坏的时期;(4)从1977年到2000年,这

---

① 冯建军,男,河南南阳人,教育部人文社会科学重点研究基地南京师范大学道德教育研究所教授,博士生导师,教育学博士。

② 郑金洲,瞿葆奎:《中国教育学百年》,北京:教育科学出版社,2002年。

一时期是教育学科的重建、研究的深化,且形成了教育学科的当代体系的时期。① 对于我们认识中国教育学百年发展的历史,这两项研究成果无疑具有权威性,但他们对教育学发展历史的划分,多是着眼于影响教育学发展的外部事件,多是以政治事件为标志,而并非着眼于教育学的基因内核;同时,这两项研究成果对改革开放以来教育学发展的分期不够细化(只划分为一个阶段)。北京师范大学于述胜教授的长文《改革开放三十年中国的教育学话语与教育变革》,从教育学学术话语变迁的角度,将改革开放后教育学的发展分为三个阶段:20世纪80年代的"反政治化的政治化"阶段、20世纪90年代的"知识化和专业化"阶段以及进入2000年以后的"超越知识的文化追求"阶段。② 这项研究论述了改革开放后我国教育学转型变革的情况,但它的着眼点是教育学的话语,而非教育实践的转型变革。教育不等于教育学,但教育学离不开教育实践,教育实践是教育学的基因内核,教育的转型变革必然要求教育学的转型变革。因此,对教育学转型变革的考察,首先立足于对教育转型变革的考察,更为根本和适当。

教育转型是教育在外部和内部条件共同作用下,以教育目的为核心的教育诸要素,在不同的教育形态之间所发生的质变的过程和结果,或在同一教育形态内部所发生部分质变的过程和结果。教育转型形成了转型前后两种不同的教育形态。教育转型与教育历史具有一致性,但不完全重合。教育转型考虑更多的是教育性质的转换,而不是教育历史的分期。从历史发展的角度来看,有学者把新中国的教育划分为:由新民主主义教育向社会主义教育过渡(1949—1956年)、建设社会主义教育(1956—1966年)、社会主义教育遭到破坏(1966—1976年)、建设有中国特色的社会主义教育(1976—)四个阶段。③ 但若从教育转型的性质来考察,这一历史过程可以划分为:由"政治化教育"到"经济化

---

① 叶澜:《中国教育学发展世纪问题的审视》,《教育研究》,2004年第7期。
② 于述胜:《改革开放三十年中国的教育学话语与教育变革》,《教育学报》,2008年第5期。
③ 金一鸣:《中国社会主义教育的轨迹》,上海:华东师范大学出版社,2000年,前言第3页。

教育",再到"人本化教育"的两次转型。不同形态的教育必然要求与之相适应的教育学形态。笔者从新中国成立以来教育转型的角度考察教育学形态的变化,重点指明新时期教育学发展的形态及其建构要求。

## 一、教育的政治化与政治形态的教育学

### (一) 教育的政治化

新中国成立之初,政权的巩固是国家的重要任务,教育因此被赋予了政治的重任。1949年9月下旬,中国人民政治协商会议第一次会议条例通过了《中国人民政治协商会议共同纲领》,这是新中国成立初期的根本大法之一。该《共同纲领》规定了新中国教育的性质和任务:"中华人民共和国的文化教育为新民主主义的,即民族的、科学的、大众的文化教育。人民政府的文化教育工作,应以提高人民文化水平,培养国家建设人才,肃清封建的、买办的、法西斯主义的思想,发展为人民服务的思想为主要任务。"

1949年12月,中央召开第一次全国教育工作会议,会议确定了新民主主义教育"为工农服务,为当前的革命斗争和建设服务"的方针,确立了新民主主义教育建设的思路:以老解放区的新教育经验为基础,吸收旧教育某些有用的经验,借鉴苏联教育的先进经验,建设新民主主义教育。按照这一思路,妥善地接管和改造了国民党统治区的旧学校,收回了帝国主义在中国开办的教会学校的办学主权,同时,还进行了学制改革,建立了新中国第一个学制(1951年学制)。

1956年,我国提前完成了以生产资料私有制为核心的社会主义改造,宣布进入社会主义阶段。随着社会主义生产资料所有制改造的完成,也基本上完成了由新民主主义教育向社会主义教育的过渡,进入社会主义教育建设的新阶段。

从1956年党的"八大"的召开到1966年"文化大革命"的开始,是全面建设社会主义的10年,这10年是不平静的10年。伴随着1957年"左"的思想的抬头,反右斗争严重扩大化;1958年的"大跃进"和人民公社运动,使教育领域出现了严重的"左"的思潮,教育事业盲目地大

发展,教育被政治化,教育秩序遭到破坏。在这样一个政治氛围浓厚的年代,出台了新中国的教育方针。1957年2月,毛泽东在最高国务会议上所作的《关于正确处理人民内部矛盾的问题》的报告提出:"我们的教育方针,应该使受教育者在德育、智育、体育几方面都得到发展,成为有社会主义觉悟的有文化的劳动者。"1958年,中共中央、国务院在《关于教育工作的指示》中肯定了这一教育目的,并提出党的教育方针是:教育为无产阶级的政治服务,教育与生产劳动相结合。为了实现这个方针,教育工作必须由中国共产党来领导。1958年秋,毛泽东开始着手纠正"左"的错误,开始控制教育发展的规模和速度,着手恢复学校的正常秩序,但1959年的"反右倾"运动阻碍了对"左"的错误的纠正。直到1961年,中央才决心按照"调整、巩固、充实、提高"的方针,对教育领域中出现的问题进行整顿,并在总结正反两方面经验和教训的基础上,出台了《高教六十条》《中学五十条》《小学四十条》的教育条例,试图规范各级各类学校的教育行为,稳定教育秩序,提高教育质量。但由于在1962年以后,毛泽东重新强调阶级与阶级斗争的问题,并在党的八届十中全会以后,以"反修、防修"的名义在各个领域开展阶级斗争,教育领域开始批判资产阶级教育思想,高等学校的师生深入到农村开展"四清"运动,他们在城市开展"五反"运动,同时,高等学校内部也开展社会主义教育运动。从20世纪60年代开始,教育领域出现的"左"的思想不仅没有得到有效地纠正,反而继续发展,以致泛滥,最后导致了"文化大革命"的发生。

发生在1966—1976年间的史无前例的"文化大革命",其实是一场政治灾难,它使教育完全陷入政治化的旋流,教育遭到了极大的破坏。1967年7月18日,《人民日报》发表了《打倒修正主义教育路线的总后台》一文,指出新中国成立17年来,教育战线一直存在着激烈的尖锐的两个阶级、两条道路的斗争:毛主席为无产阶级制定的一条革命的社会主义教育路线,与党内最大的走资本主义道路当权派顽固推行的一条反革命的修正主义教育路线的斗争;文章还把新中国成立以来17年的教育定性为反革命的修正主义教育。1971年4月,国务院召开全国教育工作会议,在张春桥等人的操纵下出台了《全国教育工作会议纪要》,该《会议纪要》全面否定了新中国成立17年的教育成就,并提出了"两个估计":一是新中国成立后的17年,毛主席的无产阶级教育路线基本没有得到贯彻执行;二是大多数知识分子的世界观基本上是资产阶级的。毛泽东在"文化大革命"期间,对教育先后作出了《五七指示》《七二一指示》等,要求教育在"无产阶级专政下继续革命"的路线指引下"批判资产阶级""实现无产阶级的教育革命",教育因此成为"阶级斗争的工具""无产阶级专政的工具";学校成为"无产阶级反对资产阶级主战场"。后来发展到教师被批斗等混乱的局面,学生"停课闹革命",参加串联、武斗,教育秩序完全被打乱,学校陷入了无政府状态,教育事业出现了全面的停滞状态,教育事业遭到了全面的破坏。

从新中国成立到"文化大革命"这一时期,教育完全是被当做改造旧社会和建设新社会的政治工具出现的,弥漫着政治改造的意味;"文革"期间,教育完全发展成为一种政治运动,被视为一种意识形态和上层建筑。毛泽东就指出:"学校教育,文学艺术,都是意识形态,都是上层建筑,都是有阶级性的。"[①]学校作为知识分子集中和培养知识分子的地方,毛泽东非常重视对资产阶级知识分子的改造,改造的方向就是"又红又专"。他说:"要红,就要下一个决心,彻底改造自己的资产阶级世界观。"[②]总之,这一时期,基于改造旧社会和建设社会主义新社会的需要,教育被作为意识形态和上层建筑,学校被当做阶级斗争的工具,培养"有社会主义觉悟的有文化的劳动者"。这是一种基于政治需要,通过政治活动,为了政治利益的政治化教育。教育的政治化,使教育按照政治的要求和逻辑运行,成为政治的奴仆和工具。

### (二) 政治形态的教育学

中国的教育学是舶来品,其初期是引进日本的教育学;20世纪20年代,引进了以杜威的教育观点为主的美国的教育学观点;新中国成立之后,开始引进苏联凯洛夫的教育学;20世纪50年代后期,随着中苏关系的破裂,国人开始了"中国化"教育学的尝试。

在教育政治化时期,教育学的"中国化"建设,免不了受两个因素的

---

① 《毛泽东选集》第5卷,北京:人民出版社,1977年,第444页。
② 《毛泽东选集》第5卷,北京:人民出版社,1977年,第489页。

影响:一是中国教育当下政治化的实践,政治化的教育,把教育作为政治活动,必然要求教育学的政治化,成为意识形态的一种体现;二是受苏联凯洛夫教育学的影响,凯洛夫教育学对中国教育学的发展影响深远,以至于有人说,我们的教育学"一直跳不出凯洛夫的框架"。以1948年版的凯洛夫《教育学》①的体系为例,全书共分"教育学总论""教学论"和"教育论"3个部分共21章。其中,总论的第2章为"共产主义的目的与任务";"教育论"中的德育内容达8章之多,分别是:"共产主义道德教育原理""共产主义道德教育的方法""辩证唯物主义世界观基础的形成""苏维埃爱国主义教育与苏维埃民族自豪感的培养""劳动教育""自觉纪律教育""意志与性格的教育""学生集体的组织与教育"。仅从框架来看,凯洛夫《教育学》的政治化可见一斑。在内容上,凯洛夫的《教育学》是以斯大林的"阶级斗争尖锐化理论"为基础,运用阶级分析的方法,通过分析人类发展中不同阶段的教育,提出了在阶级社会中教育具有阶级性,社会主义教育是为无产阶级服务的阶级斗争工具的观点。因此,有学者把凯洛夫《教育学》定性为"斯大林意识形态控制的教育代表作"②。凯洛夫的《教育学》,无论是体系框架,还是具体的观点,都给"中国化"的教育学以极大的影响。这里以一本"被遗忘"的《教育学》为例加以说明。

　　1959年下半年,由华东师范大学、上海师范学院等单位组成编写组,编写了第一本"中国化"的《教育学》,供内部讨论。该教材标榜"以毛泽东教育思想为唯一指导思想,以党的教育方针为红线,从理论上和实际上来阐述毛泽东教育思想和党的教育方针,并反映我国教育革命的丰富经验,尤其是1958年教育大革命以来丰富的创造性的经验,并以毛泽东思想为武器,批判教育战线上的资产阶级思想和修正主义思想……"③全书分为4编:"毛泽东同志关于教育的基本理论""全日制

---

　　① 凯洛夫《教育学》先后有三个版本,分别是:1939年的第1版、1948年的第2版、1956年的第3版。其中,影响最大的是1948年版,该版本是斯大林时期苏联教育学的标准教科书。
　　② 杨大伟:《凯洛夫〈教育学〉:斯大林意识形态的教育代表作》,《全球教育展望》,2007年第8期。
　　③ 陈桂生:《教育学的建构》,上海:华东师范大学出版社,2010年,第143页。

学校教育""半日制学校教育""工农业余学校教育和教育科学研究"。该书第一编"毛泽东同志关于教育的基本理论",把毛泽东关于教育的论述,直接作为教育的基本理论,包括"教育为无产阶级政治服务,教育与生产劳动相结合""培养有社会主义觉悟的有文化的劳动者""加强党对教育工作的领导,贯彻教育工作的群众路线"等7章内容。为了体现1958年教育大革命以来创造的教育经验,该书不仅论述了"全日制学校教育",还论述了"半日制学校教育""工农业余学校教育",这使其在框架上与凯洛夫《教育学》有所区别(凯洛夫的《教育学》只局限于全日制普通学校的教育),但在内容的政治化上,与凯洛夫《教育学》毫无二致。该书不仅在框架上专列"毛泽东关于教育的基本理论"一编,而且在内容上处处贴着政治化的标签。以"智育原则"(该书把智育混同于教学)为例,有"加强党对教学工作的领导,确保教学的共产主义方向性""贯彻群众路线,大搞群众运动""理论联系实际""全面发展与因材施教相结合"等内容。由此来看,该书除了最后一个原则反映了教学的规律外,另外三个都是将党的一般性工作原则直接套用于教学。这本《教育学》可谓是教育政治化时代教育学的典型代表。虽然,此后教育学的政治化色彩不再那么浓厚,但对教育本质的认识,却一直坚守着"上层建筑"的立场,直到改革开放后才发生改变。

## 二、教育的经济化与经济形态的教育学

### (一) 教育的经济化

1976年,"文化大革命"结束了。面对被"文化大革命"糟蹋的教育,中央首先进行了"拨乱反正",同时也在研究确定教育发展的新方向。1977年5月24日,邓小平与中央两位同志谈话时指出:"我们要实现现代化,关键是科学技术要能上去。发展科学技术,不抓教育不行……抓科技必须同时抓教育。"①在同年8月4日召开的科学和教育工作座谈会上,邓小平又指出:"我们国家要赶上世界先进水平,从何着

---

① 《邓小平文选》第2卷,北京:人民出版社,1994年,第40页。

手呢？我想，要从科学和教育着手。"1978年春天，在全国科学大会和全国教育工作会议上，邓小平同志又深刻地论述了经济快速发展离不开科技进步，而科技进步又依赖于教育的关系，从战略的高度强调大力发展科技和教育的重要意义。1978年，十一届三中全会以后，党的工作重点转移到以经济发展为中心的社会主义现代化建设上来，于是，发展经济，成为社会主义现代化建设的关键。1982年，党的十二大报告指出："在今后二十年内，一定要牢牢抓住农业、能源和交通、教育和科学这几个根本环节，把它们作为经济发展的战略重点。"党的十二大报告，从经济发展的角度来认识教育的战略地位，由此也确立了改革开放后我国教育发展的经济化取向。

1984年，党的十二届三中全会通过了《中共中央关于经济体制改革的决定》，明确提出"科学技术和教育对国民经济的发展有极其重要的作用。随着经济体制的改革，科技体制和教育体制的改革越来越成为迫切需要解决的战略性任务"，这直接促成了1985年《中共中央关于教育体制改革的决定》的出台。该《决定》确立了"教育必须为社会主义建设服务，社会主义建设必须依靠教育"的方针，根据社会主义建设的宏伟任务，提出教育"为九十年代以至下世纪初叶我国经济和社会的发展，大规模地准备新的能够坚持社会主义方向的各级各类合格人才"。1992年，中共中央、国务院《关于加快发展第三产业的决定》，明确地将教育列为第三产业，而且作为"对国民经济发展具有全局性、先导性影响的基础行业"。因此，教育被赋予了更多的经济功能。

从党的十二大确立教育是经济发展的战略重点之一，到十三大提出"百年大计，教育为本"，都把教育摆在社会发展的首要位置；党的十四大把教育摆在优先发展的战略地位，这些认识为确立"科教兴国"的基本发展战略奠定了基础。1995年颁布的《中共中央国务院关于加速科学技术进步的决定》明确提出"科教兴国"的发展战略。1997年，党的十五大正式确立"科教兴国"的基本国策。

可以看出，改革开放后，随着"以阶级斗争为纲"的政治路线转向以经济发展为中心的社会主义现代化建设的政治路线之后，发展经济成了最大的政治任务；教育由为政治（阶级斗争）服务转向为经济建设服务，由培养政治人才转向培养经济建设需要的各类人才。经济的话语成为一种新的政治话语,有学者称之为"反政治化的政治化"①。

## (二) 经济形态的教育学

在教育的经济化时期,虽然找不出一本经济化的教育学专著,但我们可以从教育学的主流话语中透视出其经济化的倾向。

教育学形态的转型,源自1978年那场"教育本质"的大讨论。讨论是从质疑"教育是上层建筑"这一确定无疑的马克思主义观点开始的。虽然这场讨论没有达成共识,但这场讨论的意义远远大于其所形成观点的本身,因为,它动摇了"上层建筑说"这一经典的教育本质观。"教育是生产力""教育具有生产力属性"的观点第一次被提了出来,随后又得到了越来越多的人的认同。对教育本质的认识,从"上层建筑"转向"生产力";对教育性质的认识,从"阶级性"转向"生产性";对教育功能的认识,从单纯地为政治(特别是阶级斗争)服务转向为社会主义现代化建设(特别是经济发展)服务。这场学术争论,真正起到了"解放思想"的作用,显示了改革开放后,国家和民众对教育的新的认识方向。

考察20世纪80年代后期至90年代初期教育研究的主题发现,研究的热点集中在"社会主义初级阶段教育的性质"和"市场经济与教育的关系"两大问题上。1984年,党的十三大提出了我国目前处于"社会主义初级阶段"的理论,此后教育学界开展了"关于社会主义初级阶段教育特征"的讨论,这场讨论除了肯定我国的教育是社会主义教育之外,学者们又从社会主义初级阶段生产力发展水平低、商品经济不够发达的实际出发,认为社会主义初级阶段的教育必须把为发展生产力和商品经济服务作为最根本的任务。社会主义初级阶段的教育因此被赋予了生产性和商品性。

有关社会主义初级阶段教育特征的讨论的声音,被随后而至的对

---

① 于述胜:《改革开放三十年中国的教育学话语与教育变革》,《教育学报》,2008年第5期。

"商品经济与教育""市场经济与教育"的关系问题的讨论声潮所盖过。① 不过，后者没有否定前者，而是通过对"商品经济与教育""市场经济与教育"的关系问题的讨论，强化了人们对社会主义初级阶段教育商品性和市场性的认识。在讨论中，学者们既分析了商品经济、市场经济对教育的正面影响，也看到了商品经济和市场经济对教育的负面影响，但并没有人排斥和反对商品经济和市场经济，他们都提出了教育要适应商品经济和市场经济发展的观点，但在适应程度和适应方式方面的观点有所差异。有学者提出"主动适应"和"全面适应"的观点；也有学者提出了"有保留地适应"的观点。② 与此相关，理论界还讨论了"教育商品化""教育市场化"和"教育竞争"等问题。对这些问题的认识，虽然有学者反对教育商品化和市场化，认为教育不是商品，教育不能走向市场，但在市场经济的强烈冲击下，教育的商品化和市场化却在不断地成为现实，学校也开始引入市场经济的竞争机制。

　　现在，这段讨论已离我们远去，但讨论中所形成的一些观念，还深深地影响着我们，甚至还成为教育政策的主流话语，如"经济要发展，教育要先行""振兴经济，必先发展教育""强国必先强教""优先发展教育，建设人力资源强国""教育是开发人力资源的主要途径"、教育是具有"全局性、先导性"的基础产业，等等。

　　毫无疑问，服务于经济建设，是教育的重要功能，问题是教育的经济功能不能被无限放大，不能超越了它的合理边界，不能影响教育自身的逻辑。对此有学者早就提出了批评：我们只知道教育为经济建设服

---

① 这两次讨论热潮与国家对经济体制的认识相关。1984年，党的十二届三中全会第一次提出社会主义经济是公有制基础上的有计划的商品经济；1987年，党的十三大明确指出，社会主义应该实施有计划的商品经济体制。所以，1984—1991年，教育理论界着力讨论的是"商品经济与教育"问题。1992年初，邓小平发表"南巡讲话"，同年，党的十四大确立了建立社会主义市场经济体制的目标；1993年11月，党的十四届三中全会又颁布了《中共中央关于建立社会主义市场经济体制的决定》。以邓小平"南巡讲话"为标志，教育理论界开始转向讨论"市场经济与教育"的问题。

② 瞿葆奎，郑金洲：《教育基本理论之研究（1978—1995）》，福州：福建教育出版社，1998年，第750—756页。

务,不知道经济建设更要为人服务,要为人本身的发展服务;①我们的教育只讲"人力",不讲"人";只讲"职业化、劳动化",培养劳动力素质,不讲"人的发展",不培养人的全面素质,教育因此成为劳动力的教育、人力的教育,而不是人的教育。② 这些论述对教育的经济化狂热进行了抨击、敲响了警钟,可惜当时有此见识的人甚少,更谈不上将这种认识转化为教育政策和教育行为。

## 三、育人为本与人学形态的教育学

### (一) 人本化教育:"育人为本"的提出

无论是改革开放前的"政治化教育",还是改革开放后的"经济化教育",其实质是相通的,它们都把教育作为社会的工具,满足政治、经济发展的需要,奉行的是政治、经济的运行逻辑,按照政治、经济的要求操纵教育。教育失身于政治与经济,而忘记了自身,忘记了教育的对象——人,也忘记了教育的本真——育人。

20世纪80年代末到90年代初,已有学者开始注意到了教育工具化的危害性,并从价值取向上对此进行批判、反思;③也有学者直接提出了"人是教育出发点"的命题。④ 尽管这些学术观点差点被扣上"资产阶级自由化"的大帽子而险遭批判,但在今天来看,其历史性的贡献就在于,它使新中国成立后的教育在价值取向上第一次面对人。正是这样的批判和反思,促成了20世纪90年代素质教育的实施,并引起了教育界对学生主体性作用的重视,使教育从社会政治、经济发展的工具转变为促进人的发展的教育行为,逐步将人本教育理念转化为"育人为本"的教育实践。

自20世纪90年代以来,教育理论界最大的研究热点是主体教育

---

① 胡克英:《"人"在呼唤》,《教育研究》,1989年第3期。
② 孙喜亭:《人的教育与劳动力教育》,《教育研究与实验》,1989年第3期。
③ 叶澜:《试论当代中国教育价值取向之偏差》,《教育研究》,1989年第8期。
④ 扈中平:《人是教育的出发点》,《教育研究》,1989年第8期。

问题。从 20 世纪 80 年代中后期讨论师生在教育过程中的地位，到 90 年代提出培养学生的主体性；从主体教育作为一种教育模式，到主体教育作为一种教育思想、教育哲学；从主体教育的一般探讨，到主体教学、主体德育、主体教育管理的具体分析；从主体教育的理论探讨，到主体教育的实验研究，人们逐层深入讨论，不仅确立了学生在教育过程中的主体地位，而且更是确立了把学生培养成为社会历史活动主体的教育目的。

　　理论界所关注的是人的主体教育，而实践界对人的关注，主要表现在国家教育政策所提出的对素质教育的实施方面。1997 年 10 月，国家教委颁发了《关于当前积极推进素质教育的若干意见》，将素质教育作为一个时期内基础教育的重大任务来布置，并提出实施素质教育的若干意见。在此基础上，1999 年中共中央、国务院以素质教育为主题，召开第三次全国教育工作会议，颁发了《中共中央国务院关于深化教育改革全面推进素质教育的决定》，指出："实施素质教育，就是全面贯彻党的教育方针，以提高国民素质为根本宗旨，以培养学生的创新精神和实践能力为重点，造就'有理想、有道德、有文化、有纪律'的德智体美等全面发展的社会主义事业建设者和接班人。"这个文件的颁布，表明素质教育已经成为中国教育改革的主旋律。

　　作为贯彻《中共中央国务院关于深化教育改革全面推进素质教育的决定》的一项重要措施，教育部于 2001 年颁布了《基础教育课程改革纲要（试行）》，决定进行基础教育课程改革，构建符合素质教育要求的新的基础教育课程体系。该《纲要》以"为了每位学生的发展"为指导思想，提出了"知识和技能""过程和方法""情感、态度和价值观"的"三维课程目标"。"三维课程目标"超越了传统教学中的"双基"目标，使教育目标指向了人的完整发展。

　　2010 年，国务院颁布《国家中长期教育改革和发展规划纲要（2010—2020）》，该《纲要》把"坚持以人为本、全面实施素质教育"作为教育改革发展的战略主题，把"育人为本"作为教育工作的根本要求，并指出："把促进学生健康成长作为学校一切工作的出发点和落脚点。关心每个学生，促进每个学生主动地、生动活泼地发展，尊重教育规律和学生身心发展规律，为每个学生提供适合的教育。"

总之,当代中国在科学发展观的指导下,"坚持以人为本",促进人的全面自由发展,提升人的幸福生活质量,已成为社会的核心目标和追求。教育作为育人的事业,更应该体现"育人为本"的理念。正如叶澜教授所说的那样:"教育是直面人的生命、通过人的生命、为了人的生命质量的提高而进行的社会活动,是以人为本的社会中最体现生命关怀的一种事业。"①这是当代中国教育的核心追求,也是教育实现自觉转型的方向所在。

**(二) 构建人学形态的教育学**

超越了政治化、经济化的教育实践,人本化教育需要的不是政治形态、经济形态的教育学,而是人学形态的教育学。教育学不再把教育作为政治、经济等社会现象考察的社会科学,而是将其作为育人活动的人文科学。② 不少学者包括笔者自身在内,都提出了"教育学是'成全生命'的人文之学",③"是'成人'之学",④"是人学"。⑤

当代学者正在按照人学的思路积极地建构教育学。2009 年,人民教育出版社出版了王道俊、郭文安先生主编的新版《教育学》,主编之一的郭文安先生在谈及这本教材的编写指导思想时指出:过去的教材一直深受机械论的旧历史观的束缚,这种旧历史唯物主义在处理社会、教育、人三者关系上,总是持社会决定教育,教育决定人的单向度决定观,忽视了人的能动性和人的教育的能动性。编写者重新理解马克思的唯物主义思想,确立了"人与外界,以人为本,双向互动"的思想,并将其作

---

① 叶澜,郑金洲,卜玉华:《教育理论与学校实践》,北京:高等教育出版社,2000 年,第 140 页。

② 刘铁芳:《论教育学何以作为人文之学》,《天津教科院学报》,2003 年第 1 期;张楚廷:《教育学属于人文科学》,《教育研究》,2011 年第 8 期。

③ 冯建军:《论教育学的生命立场》,《教育研究》,2006 年第 3 期;冯建军:《教育的人学视野》,合肥:安徽教育出版社,2008 年。

④ 项贤明:《泛教育论》,太原:山西教育出版社,2000 年,第 521 页。

⑤ 王啸:《教育人学》,南京:江苏教育出版社,2003 年;庆年:《教育学是人学》,《复旦教育论坛》,2011 年第 1 期。

为教材编写的观点与方法。① 编写者在该教材的"绪论"中指出:"本书试图本着立足中国现实及中国面对的国际社会现实,实事求是,以人为本的思路来编写。"②对当代教育学的人学形态进行探讨的还有叶澜教授所做的"生命·实践"教育学的研究。叶澜教授指出:"教育学关注的是生命的主动发展,是以教育这一影响人本身的成长与发展为核心的实践活动为主要的研究对象""教育学的原点是对'生命的体悟',这种体悟甚至可以称得上是教育学研究的前提"。③ 通过15年的探讨,叶澜教授及其团队完成了"生命·实践"教育学派的"立场""基因"和"命脉"的观点的确立,并由叶澜教授撰写了《"生命·实践"教育学引论》的长文,我们期待着《"生命·实践"教育学》的早日问世。

笔者认为,在从工具形态的教育学转向人学形态的教育学的过程中,教育学的要素必须实现如下转换:

1. 从"社会"到"人":教育轴心的转换

对新中国教育发展历程进行考察可以发现,工具性思维及其所带来的工具性教育是中国教育典型的表征。工具性教育的特点表现在两个方面:一方面,是把教育作为社会发展的工具,强调教育如何适应社会的发展要求,服务于当下社会;另一方面,是把人培养成为社会需要的工具人,实现教育外在的工具性价值。正是由于教育的工具性,使中国教育的转型具有强烈的外推性。新中国成立后,教育从"为无产阶级政治服务"到"为社会主义现代化建设服务",从作为"阶级斗争的工具"到作为"经济发展的人力资本",教育充当的都是社会的工具。"在众多教育改革的文献中,随处可见社会改革的主题和影响。服务社会改革已经成为教育改革合法性的基础之一。"④政治家基于社会改革的需要推行教育改革,教育改革的动因不在于是否能促使人的转型,而在于是

---

① 郭文安:《教育学教材编写的思考》,《课程·教材·教法》,2011年第1期。
② 王道俊,郭文安主编:《教育学》,北京:人民教育出版社,2009年,第3页。
③ 本刊记者:《为"生命·实践教育学派"的创建而努力——叶澜教授访谈录》,《教育研究》,2004年第2期。
④ 石中英,张夏青:《30年教育改革的中国经验》,《北京师范大学学报(社会科学版)》,2008年第5期。

否能满足社会的需要,适应国家政治、经济发展的要求。教育不是因为人的转型而自觉转型,而是因为政治、经济的要求"被转型"。

当代中国教育的转型,必须实现教育轴心的转换,即实现教育从为了"社会"到为了"人的发展"的转换,实现教育从"社会的教育"到"人的教育"的转换,实现教育的价值从外在的工具性价值走向内在的生命价值的转换,从而使教育真正致力于"使人成为人"的活动,而不是致力于使人成为社会所需要的"工具人""碎片人"的活动。

强调教育的"使人成为人",并非提倡抽象的人性观和极端的个人本位主义。人是社会的人,社会无疑制约着人的存在与发展。传统社会只看到社会对人制约的一面,没有看到更根本的人对社会超越的一面,因此,教育就从社会出发对人提出要求,使人适应社会,而不是从人出发对社会提出要求,使社会更加符合人性发展的要求。成"人"的教育依然服务于社会,但它是通过培育主体人实现对社会的引导和超越。所以,成"人"的教育是将社会与人的发展统一在人的发展上,而传统的工具性教育是将二者统一在社会的要求上,二者的轴心不同。当然,作为一种社会现象,教育成"人"的要求,离不开社会的支持。"只有当社会发展到以追求人的价值为本之时,教育才能将人的发展视为根本的和最高的价值。"①这样的社会条件,正是当今我国"科学发展观"所倡导的。所以,我们有理由,也有可能实现教育轴心的转移,使教育学朝着人学形态的方向前进。

2. 从工具人到公民:教育目的的转换

中国几千年的封建宗法统治和小农经济的生产方式,家国同构、宗法一体的封建政治文化,没有为个人主体性的发展提供条件,从而造成我国从未形成具有真正独立人格的个人主体。"个人作为主体的特性被禁锢,得不到自由的发展,这应该看作是我国社会长期停滞、发展缓慢的主要原因。"②改革开放使中国社会从计划经济转向市场经济,从

---

① 此为 2006 年 11 月 17 日,叶澜教授于在广西师范大学田家炳学院做的题为《教天地人事,育生命自觉》的学术报告中所提出的观点。
② 高清海:《主体呼唤的历史根据和时代内涵》,《中国社会科学》,1994 年第 4 期。

农业社会转向工业社会,从传统社会转向现代社会,表现在人的发展形态上,也即从马克思所说的"人的依附状态"转向"个人的独立性状态","我们的迫切任务理所当然地应该是首先去解放个人,培植具有充分活力的个人主体。这应当是毫无疑问的"。①

教育轴心的转换,要求教育目的必须从培养工具人转向培养主体人。主体人,要求成为个人主体,具备个人的自我意识、独立人格、自主能力,拥有自由、权利、尊严以及自我的利益。但是,过分张扬个人的主体性,只关注自我的存在和自我的利益,容易导致人与人、人与社会、人与自然之间的对立和冲突。所以,当代社会批判个人的主体性,呼唤社会的主体性。社会主体性不同于个人主体性:个人主体性是在主体与客体关系中产生的,社会主体性是在主体与主体交往中产生的;个人主体性强调为我性和占有性,社会主体性强调人与人之间的平等与和谐。所以,社会主体性重在主体间性。社会主体的主体间性,不只强调社会的整体性,消灭个人的主体性,而是蕴涵着个人的主体性,以个人主体性为前提,强调人与人之间的平等,强调社会的整体与和谐。

就当代中国社会而言,社会主体就是公民。公民与臣民不同,公民具有主体性,这是公民的首要特点;公民首先是一个独立的人,有正当的和合法的权利,有独立的人格、自由和尊严。其次,公民与私民不同,公民具有公共性。公民的主体性在乎"自我",但无数"自我"都是平等的关系;私民是"有我无他",人与人之间是不平等的。平等的公民关系,不仅意味着对个人权利的限制,更意味着个体之间具有公共的生活、公共的利益和公共的善。公民在"公"的意义上,其身份是平等的,具有公共理性、公共精神,公民参与公共生活,是为了成为公共利益和公共善的主体。主体性和公共性是当代中国社会转型对人的要求,也是公民不可缺少的两大特性。中国社会的当代转型,呼唤一个权利和义务相统一、主体性和公共性相统一的当代公民。

3. 从社会的教育到生活的教育:教育内容的转换

就内容而言,中国的教育转型还可以说是从社会的教育到生活的

---

① 高清海:《主体呼唤的历史根据和时代内涵》,《中国社会科学》,1994年第4期。

教育的转型。前者为塑造社会工具人所需,后者为人之发展所需;前者满足的是社会的要求,后者满足的是人之生活的需要;前者是为了社会的要求,后者是为了人的生活。为了社会与为了生活,二者是不同的,"尽管生活总是需要社会这一形式,但却不是为了服务于社会。恰恰相反,社会必须服务于生活。为了社会而进行社会活动是背叛生活的不幸行为。"①好的社会是好生活的必要条件,但不是好生活的目的;相反,好生活才是好社会的目的。生活是生命的动态展现,是生命的存在状态。人本化教育,必然是生活的教育。

中国的教育一向重视知识的学习。培养有知识的人,是无可非议的,关键是知识学习的目的何在?学习知识是为了满足社会的需要,拥有知识,就拥有改变世界、征服他人的力量,也就可能拥有了财富和地位,进而能够更好地在社会中生存。所以,知识是人们谋生的工具,但是,并非所有的知识都有助于谋生,"唯有实利的知识和技术"才有谋生的价值。所以,"有用"就成为衡量知识的价值标准,人文知识逐渐被边缘化,科学技术成为知识的主导,"学问成了政治和经济的工具……因而也失去了尊严。"②社会的教育,为社会而求知,知识失去了人性的内涵,蜕变为社会需求的工具,远离了人的生活。

生活的教育不否认对知识的学习,关键是学习知识的目的发生了转换。知识不再服务于社会的要求,而是服务于人的生活、生命的发展。知识是生活的工具,是生命发展的手段。学习知识是生活的需要,掌握知识是为生命的发展服务。所以,知识成为生活的要素,成为人之发展的营养剂。促进生命的发展,提升生活质量,追求人生的幸福,才是学习知识的目的。

从社会的教育到生活的教育,意味着教育内容的组织方式发生了变化。社会的教育是基于社会需要的知识来组织课程:政治需要时,围绕着政治选择知识;经济需要时,围绕着经济选择知识。社会的需要是知识选择的唯一标准,这样的知识看似联系实际,其实,只是为了人更

---

① 赵汀阳:《论可能生活》,北京:中国人民大学出版社,2010年,第9页。
② [英]汤因比,[日]池田大作著,荀春生,朱继征,陈国梁译:《展望二十一世纪——汤因比与池田大作对话录》,北京:国际文化出版公司,1985年,第61页。

好地生存,而不是生活。因此,社会需要的知识学习,是在生活之外的学习。生活的教育,是基于人之生活、人之发展的需要,它打破了知识的学科体系,是按照人的生活逻辑来架构的。生活的教育在选择某一知识的时候,是基于人的生命发展的需要,是为了让人过上一种完满、幸福的生活,而不是为了其他目的。生活的教育所选择的知识,不仅是课程的知识,它最根本的是来自于人的生活,是人生活的内容,要根据生活的逻辑和人性的发展来组织知识。知识的学习,是基于生活,通过生活,为了生活而学习。生活的课程不在生活之外,而在生活之中,通过生活而学习。

4. 从被动接受到主体自觉:教育活动的转换

工具形态的教育目的和教育内容决定了教育过程必然是单向灌输的过程。从目的上看,工具形态的教育,是按照社会的既定要求,使人社会化,培养工具人。从内容上看,工具形态的教育,把知识看成是外在于人的存在,尤其是现代社会秉持的客观主义知识观,把一切非实证的价值、理念、哲学和非理性的经验、意见、常识排斥在外,认为只有实证的科学才是知识。这种知识观剥离了生命的意义与生活经验的联系,使知识成为外在于人的事实。知识是人们认识的对象,"人的第一使命就是向他之外的客观世界索取种种知识"[①],教育过程成为人们认识知识的过程。加之,知识是客观的、僵化的,外在于人而存在的,因此,人们只能被动地接受知识,而不能创造知识、生成知识。

人本化教育是以人为主体,不仅使人成为教育过程的主体,而且培养主体的人。没有主体的教育过程,不可能培养出主体的人。主体的人,表现为一种生命的自觉,这种自觉对外表现为与世界的主动沟通与交流,是主体人的生活的过程;对内表现为生命的不断追求与自我超越,是生命价值实现的过程。生命自觉的人,具有发展的可持续性和主动性,能焕发生命的活力,实现生命的创造与超越。

如果说工具形态的教育过程是社会价值观的单向灌输和被动接受知识的过程,那么,人本化教育必须改变学生被动接受的状态,调动和激发学生的生命自觉。人本化教育的过程是学生自我建构的过程,只

---

① 俞吾金:《超越知识论》,《复旦大学学报(社会科学版)》,1989年第4期。

有在自我建构中,才能真正地使学生成为发展的主体。人本化教育,以生命的发展需要为核心,关注学生的生命潜能,充分发挥学生生命的能动性和创造性,使教育过程因此充满开放、多元、动态和创造。

从被动接受到主体自觉,教学的理念和方式发生着重大的变化。首先,教学的关注点从知识转向生命,教学的任务从传授知识转向促进生命的发展。

掌握知识不是目的,知识是促进生命发展的手段,生命的发展才是目的。其次,知识观发生了变化。传统客观主义的知识观认为,知识是客观的、确定的、刚性的。学生学习知识,只能是死记硬背,重复记忆,学生处于被动地位。现代建构主义的知识观认为,知识具有情境性、不确定性和多样性。人本化教育,强调教育过程的开放、多元与生成,是基于现代建构主义的知识观。再次,教学过程性质的变化。传统的教学过程是一种认知过程,教学关系是以知识为核心的认知关系。人本化教育认为,师生作为完整的生命体相遇于教育过程中,教育过程成为"人对人的主体间的灵肉交流活动",是人与人之间的一种存在的交往关系。在这种存在的交往中,"人将自己与他人的命运相连,处于一种身心敞放、相互完全平等的关系之中"。① 最后,最核心的转变是学生在教育过程中的地位的转变,即学生由教育过程的客体转变为主体,由知识的被动接受者转变为生命自觉发展的主人、学习生活的主人,在学习中创造属于自己的生活,创造属于自己的人生价值和意义。

原载《河南大学学报(社会科学版)》2012年第3期,《中国社会科学文摘》2012年第10期论点摘编

---

① [德]雅斯贝尔斯著,邹进译:《什么是教育》,上海:上海三联书店,1991年,第3、2页。

# 论新型师生关系的构建

## ——基于哈贝马斯交往行为理论的研究

杜建军①

自近代以来,中国社会一直处于激烈的转型过程之中,因此才有了李鸿章的"三千年未有之变局"之说法。社会经过100多年的变迁,我国的教育环境也发生了变化,如果教育学理论研究忽视了实际教学的基本情况,将会遇到根本性难题。自20世纪90年代开始,越来越多的学者把目光转向了将社会学和教育学相结合的研究方法上,引人注目地将西方社会学理论运用在教育实践当中。作为西方社会学巨擘,哈贝马斯的交往合理性理论虽然夸大了交往行为的作用,具有一定的乌托邦空想性,但是他的关于完善教学沟通的相关理论,对于我们认识学生和教师之间的课堂沟通、抵制教学目的过于功利化的倾向具有积极的意义。受社会学研究的启发,将哈贝马斯的交往行为理论运用于课堂师生互动,会有助于构建话语教学的新模式。有鉴于此,笔者基于哈贝马斯交往行为理论就如何构建新型师生关系进行深入探讨。

## 一、哈贝马斯交往行为理论的基本内涵与师生关系的构建

### (一) 哈贝马斯交往行为理论的基本内涵

哈贝马斯的交往行为理论提到交往的背景为生活世界。② 生活世

---

① 杜建军,河南开封人,河南大学河南省人文社会科学重点研究基地"河南大学教育改革与发展研究中心"副研究员。
② 孟雷:《胡塞尔与哈贝马斯"生活世界"理论比较研究》,西南大学硕士学位论文,2011年。

界这一概念最早由胡塞尔提出,哈贝马斯将其引入交往行为理论之中,作为交往行为系统的重要辅助型概念。哈贝马斯所理解的生活世界不同于其他学者所引述的生活世界,在功利主义者看来,生活世界是一种固定的社会秩序,文化与社会主体的交往只是生活世界的一种填充;还有学者认为,生活世界的功能是促进文化实现再生产,同时,促进人类个体之间的互动交流。在哈贝马斯看来,生活世界则包有三种内容:[①]其一,社会。社会就是一种或多种合法秩序的组合,秩序的内容除了法律规范之外还包括制度规范,合法秩序可以促成团体之间的整合,社会群体也能因此实现整合。其二,文化。文化是一种知识的仓库,文化包括了传统风俗和民间信仰,是将独特的文化内涵在人们的交往过程中通过语言等延续下去,知识的功能就是促进文化的延续和创新。其三,个性。个性是指进行交往的个体之间的语言和行为方面的特点,人的个性化人格通过交往逐步形成。生活世界是由不同的个体组成,但又不是单纯地包括个体,同时,还包含了集体、社会群体等。在历史时间之下还有文化传承、制度规章、社会认同。我们生活的世界是交往行为依存的环境,其首先具有基础性,即是先在的。哈贝马斯认为,客观与主观会在社会世界中合二为一的,生活世界就是交往空间的活动领地,交往的行为构成了个体之间互相理解的源泉。由于生活的世界也是能够直接观察主体活动的领域,因而也属于具有总体性的世界,所以生活的世界又被胡塞尔称为直观的事物之总体(从原则而言的)。生活的世界可以时刻被经验所感知,一直是直观的,随着交往主体的变化而改变。哈贝马斯认为,社会本体首先具备先验性特征,生活世界一开始就与交往行为有关系,应当作为交往主体之间进行互动活动的背景。处于生活世界的人们可以通过协商顺利地与其他个体进行互动,社会的知识和文化会通过交往进行传播和储存。

当大规模的社会化在人类社会中开始出现时,个人的行为会受到越来越多的限制,个人的自由则会遭受破坏,哈贝马斯的交往行为理论

---

[①] [德]哈贝马斯著,曹卫东译:《交往行为理论》第 1 卷,北京:人民出版社,2003 年,第 303—312 页。

将此描述为系统对生活世界的入侵,系统是由各种要素组成的一个结构。① 在组成系统的各种结构中,要素按照严格的规范进行排列组合,系统与周围环境之间则进行密切的交换,但界限依旧清晰,系统因而可以理解为社会进行物质生产而维持生存的一种机制。政治和经济、金钱和权力都会对系统侵入,例如,因资金短缺而产生的金融危机会干扰系统的正常运行,政治危机导致的政府信任危机也会影响系统正常运转,而危机产生的根源是理性的膨胀,过于重视工具意义的理性价值则会侵蚀生活世界。

交往行为是哈贝马斯交往行为理论的核心概念,深入理解这一概念,可以帮助我们更好地理解理论本身的价值。② 与单纯的身体运动不同,行为只是以身体运动为条件,行为的实施者需要遵守一定的社会规范,遵守相应的行为准则,行为者需要有计划、有目的地完成行为动作,从而与客观世界产生联系,然而行为又不是单纯的身体运动。人类行为可以划分成四种类型:其一,目的性行为。目的性行为的产生是为了一种目的,运用有效益的办法,达到最理想的效果。其二,规范性行为。规范性行为可以要求其他社会个体遵守规则,组织个体的行为不要超越规范,并且要求个体成员的行为只能发生在规范的群体之中,群体成员需要具有共同的目标追求。其三,戏谑性行为。这种行为的实施者想要在大众面前表现自己,实施这种行为的是单一的参与者和广大受众,参与人的表演在公众面前进行展示,个体展现了自我。其四,交往行为。交往行为涉及两个以上的具备语言和行动能力的互动主体,主体之间试图通过语言媒介进行交流,获得知识的共享。

在研究了四种类型的行为之后,哈贝马斯认为,本质而言交往行为与其他行为相比更加具有合理性全面性。哈贝马斯的交往行为理论,

---

① 曹卫东:《曹卫东讲哈贝马斯》,北京:北京大学出版社,2005年,第3—9页,第11—14页。

② [英]安德鲁·埃德加著,杨礼银,朱松峰译:《哈贝马斯:关键概念》,南京:江苏人民出版社,2009年,第17—22页。

从社会历史的交往实践当中总结出了主体间性的思想。① 主体间性是指与他者的相关性,又称为交互相关性。主体间性是西方哲学的重要命题,认为任何主体意识都不可能孤立地形成,思想总是在交往中逐步形成的。哈贝马斯的交往行为理论强调实践的重要性,研究的是现实生活,因而主体间性具有更加重要的实践价值。哈贝马斯认为,交往活动是人类最基本的活动,但是以往的研究都把研究对象纳入主体与客体的系统中进行分析,交往行为理论则是关于主体与主体之间的关系,其本质是要达成互相理解的目的。交往的主体之间处于一种以语言为媒介的系统当中,客体性则体现在主体间性当中,主体间性尊重每一个交往主体的个性差异,交往者通过理性的谈话实现相互理解,通过主体间的互相认可,以理解为最终目标的交往活动才能有效。哈贝马斯提出的主体间性的概念,并不是对主体性的抛弃,而是对主体性的超越,主体与主体之间通过相互尊重与认同,在互动过程中逐步实现主体性的意义,在实践中并不是对主体性的否认,而是对交互性的重视。

（二）哈贝马斯交往行为理论对于师生关系构建的启示

在以往教育学研究中,对交往理论的认识停留在工具理性阶段,认为交往是一种方式,但是互动对于课堂教学来说具有本体论价值,是系统性的,并且具备整体性特征。② 具体而言,哈贝马斯的交往行为理论对教学的启示主要有以下几点:

第一,对新型师生关系建立过程的启示——如何实现学生的个性发展。师生互动是为了实现学生的个性化发展,教师在课堂上应当重视学生的个性表达,学生在教育中逐渐成长,独立人格逐渐生成,一个具有健全人格的学生会用负责的态度与他人进行合作,对外界也会有自己独特的见解。在课堂互动中,教师要把学生当作具有主体个性的人,重视学生的发展潜力,并鼓励学生主动参与。学生不是接受知识的

---

① 龚群:《道德乌托邦的重构——哈贝马斯交往伦理思想研究》,北京:商务印书馆,2003年,第87—96页。

② 夏巍:《哈贝马斯重建历史唯物主义思想探析》,《济南大学学报(社会科学版)》,2008年第1期。

客体,教师可以运用各种互动方法激发学生学习的动力,帮助学生主动参与教学环节,让学生做课堂的主人。

交往行为在课堂当中十分重要,如果教师不会与学生沟通就无法进行教学,课堂互动就是教师与学生进行交往的过程,课堂教学当中的教师应借助多种媒介,利用多种手段与学生进行互动。课堂教学中的师生互动是多维度的,多维互动形式互相作用,课堂是教师和学生的交汇点。在课堂互动中,学生和老师是紧密联系的主体,无法分割,但是他们的交往不应当是一种手段,而应当将其看作是教学的内容,学生在交往中学会学习,在学习的过程中掌握交往的技能。

传统的班级座位分布是纵横成排排列的,这样的排列方式拉远了老师和学生之间的距离,不利于师生之间进行互动。教师和学生在课堂当中进行互动可以改变空间布局,尝试采用分组式的空间分布。将不同水平或不同性格的学生分布到不同的小组,可以帮助学生实现优势互补,让学生之间有氛围进行探讨,帮助学生在合作学习中共同进步。同时,学生的座位的空间结构的改变还能增强师生互动,让课堂不再是教师的一言堂,增强师生对话的可能性。

第二,课堂中的师生互动属于主体间性的交往行为。主体间性强调了师生在交往过程中应当人格平等。师生之间的对话是一种以语言为媒介的交往,这种交往是老师和学生关系中的你我关系,而不是我和他的关系。在师生交往过程中,教师的角色随着所面对的学生的不同和环境的不同而有所变化,亦即教师的角色是多变的,教师可能是协调者或促进者,也可能是传授者或组织者,但无一例外教师都将在资源配置当中发挥作用,教师应具有一定的权威,这种权威使教师面对学生时更加成熟。

在交往型师生关系中,主体间性要求师生之间平等,教师需要用一种平等和包容的心态,摒弃各种隐性的话语霸权,在交往过程中进行理性对话,创造师生双方一种平等的交往空间。双方都需要有一定的公共空间,实现思想的碰撞和意识的交流。教师需要去优化自己,在与学生的交流中给予学生更多的关心,帮助学生接受老师的指导,不能滥用话语权威,而学生则需要尊重老师的辛勤劳动。

## 二、师生交往的重点行动
### ——从哈贝马斯交往行为理论出发

交往型师生关系的实现需要在师生之间形成精神交往。教师和学生之间通过交流互动,使彼此互相理解,从而实现精神世界的交往。具体交往方式有三种,即分享、对话和理解。

第一种交往方式是分享。教育的最终目的并不是教会他人理解这样或者那样的知识,而是丰富人们的内心世界,丰富受教育者的人生。传统的师生关系在本质上是一种主体世界对客观世界的改造,是本我对非我在认知的基础上的再创造,进而满足了本我的价值追求。而交往型师生关系是在本我对非我动之以情、晓之以理的基础上帮助非我。在交往型师生关系中,教师和学生是一种偶然相遇的关系,教师作为主体把学生看作是等同于本我的主体性存在,这种本我与非我的关系是一种真正的平等关系,处于此关系中的学生的学习过程就是一种分享获得的快乐过程。交往的空间是一个公共的空间,这个空间充满了活力,在这个空间中教师和学生通过分享,生成新的共识,建立感情纽带,实现精神上的交往;获得发展的不仅仅是学生,老师也会在共享中真正领悟教育的本质。在师生之间的对话和交流过程当中,教师应当帮助学生理解教学内容,理解其他人,并在互相理解的基础上理解自己。学生在进行自我理解的过程中可以探索自己的价值追求,在精神上实现自我调整,这便是师生交流的重要意义。如果教师无法理解学生,那么交流将始终无效,因此,师生在对话交流中,最重要的是扬弃既往交流模式,打造一种平等、自由和宽松的双向互动模式,交往双方需要互相信任,如此才能实现互相尊重和互相理解。学生和教师之间只有真正敞开心扉,才能彼此接纳对方,实现平等对话交流和心灵沟通。学生和教师之间只有在平等的基础上,才能在思想的碰撞中重新认识自己,学生对教学内容才能够产生兴趣而主动接受。如果教师在教学过程中不能以平等的心态对待学生,那么学生就无法理解老师,无论教师在教学过程中运用多么高超的教学技术,讲课如何出色,学生也无法产生学习激情,甚至会产生抗拒的心态。创造平等和自由的师生关系是师生之间进行对话交流的首要任务,提升师生交往的水平必须依靠良好的师生关系。

第二种交往方式是对话。对话是指两个或者多个主体之间的思想交流,但是并非所有的思想交流都是以对话的形式展开的。判断一种思想交流能否被称作是对话主要是看交流是否具有平等的主体,师生之间用一种互相理解、互相合作的态度进行对话就能够达到和谐交流的目的。人与人之间知识结构和地位的不一致创造了丰富的世界,多样的观点在这个世界上都有存在的必要。在与他人对话交流的过程之中,主观思想之间的碰撞和交流有可能启发人们产生新的观点。在交往型师生关系之中,教师与学生对话的主要目的不是为了教会学生学习某种知识,而是在与学生进行思想碰撞之后帮助学生取得进步。教师通过组织自己的语言,与学生进行交流对话,最终达到彼此理解的程度。在交流的过程中,师生之间的思想进行沟通,尽管有的沟通并非有效的沟通,但师生之间的沟通必须保持真诚的态度,交流应当以真诚的态度在自由的环境之中进行,交流的各方主体应当预先达成共识,在交流的过程中应当没有任何胁迫。如果师生之间没有平等的对话气氛或者学生没有主体意识,即使实现了师生对话,但由于学生一直处于弱者的地位,那么就很难达成真正的交流。如果老师对学生一直采用压迫的方式进行教育,那么将会使学生永远无法理解老师并在彼此之间造成误解,这种对话是缺乏效率的对话。在平等的师生对话之中,教师应当放下自己权威的架子,认真倾听和接受学生的批评,学生也需要在融洽的氛围中学习,可以怀疑权威和发表自己的看法,但也要尊重权威的地位。学生可以向老师真正地敞开内心,走出自我的局限,只有如此才能获得平等而和谐的新型师生关系,教育的目的才能最终达成。在具体的平等对话实现过程中,教师需要运用显性交流和隐性交流的方法,显性交流是由教师首先向学生发问,之后再由学生向老师发问,双方表达各自的观点进行沟通交流,最终达成一致的观点;隐性对话主要是指师生之间的思想上的沟通方法,或默契一致的行动的沟通方法,虽然这类沟通方法在表面上并没有语言的沟通,但是实现了更深层次的交流。在实际的师生交流过程中,上述两种交流方式是相互交织而存在的,但在大多数时间里显性交流占主要地位,有时隐性交流更为重要,这两种交流方式都是交流的基础,都有利于沟通的最终实现。

第三种交往方式是互相理解。建立有效的师生关系的过程就是互相理解的过程,这个过程通过师生对话逐步建立。师生之间的互相理解不仅是语言方面的理解,而且也是对语言所蕴涵的意思的理解,如果将哈贝马斯理论中语言有效性的四个要求运用到师生之间的交往那就是:教师所表达的可以被学生理解;教师能够提供知识给学生;在教给学生知识的过程中将传授知识的语言变成学生可以理解的语言;让自己的角色被学生接受,并在学生逐步接受自己的过程中与学生达成默契,最终实现教育的目标。教学需要坚持对话的原则,要求师生在表达自己观点的时候都是真诚而发自内心的。在对话交流的体验中,师生之间是一种互相发现的状态,理解的对象不是语言的表面,而是某一情境,是一种语言系统所架构的系统符号。用心灵打动心灵,最终达到学生和老师之间的人格互相影响。良好的课堂交往氛围的营造需要教师投入真挚的感情,在教学环节,教师需要和学生进行全方位的合作,从互相理解开始,和学生进行充分的沟通以获得学生的信任。教师自身形象的确立,需要在消除学生紧张情绪和心理压力的基础上,尊重学生的地位,鼓励学生勇敢地质疑。教师在回答学生问题的时候,也应当充分尊重学生的创造能力,激发学生的积极性,帮助学生积极思考,与学生进行真心沟通对话,与学生平等相处,爱护学生的天性,并包容学生的不足,只有做到上述几个方面,才能和学生真正地建立新型关系。

## 三、交往式新型师生关系的具体构建模式

交往式新型师生关系是一种依靠主体间性建立起来的较为民主的师生关系。在教学实践中,需要最大程度地调动老师和学生的主体性,尽量激活教学环节的师生交流,使交往与教学互为促进,并使二者有机结合。交往型师生关系要求学生和教师在实际教学过程中实现交往,教师要根据一定的交往原则,结合学生的特点和交往层次,调整教学目标和教学方法。在实际交往的过程中,教师需要进行不断探索,使师生在互相沟通、融合的过程中共享信息,实现教学模式的创新。新型交往式师生关系模式的构建可以营造出民主与宽松的师生关系,发挥主体

间性的作用,优化交往模式和关系结构,加强交往关系,实现师生之间的信息共享。新型交往式师生关系构建的实质就是通过学生和教师之间的心灵沟通和思想交流,实现教学效果的落实和彼此之间人格魅力的互相影响,实现教师和学生的和谐发展。

### (一) 对话型交往模式

交往是人类在生存中练就的最基本的生活能力,通过对话,交往主体之间实现了行动的协调,达成了互相理解。对话是人类交往过程中最普通的行为,个体之间通过互相理解,将信念或感情进行分享。对话交流的实质是交往的参与者通过语言进行心灵沟通。师生之间通过对话交流,可以实现心灵世界的沟通,教师可以运用自己的思维和智慧,通过对话与学生达成一致意见,促进学生的成长,实现学生的个性化发展。对话式的交流模式应当建立在师生关系平等的基础之上,老师与学生之间的对话对老师而言也是一种学习的过程,通过对话可以重新认识学生,促进学生个体真正成长,以及促进学生和老师互相理解。

关于教师是否需要在学生之中建立权威的问题一直是教学研究中讨论的热点。传统的教育观点认为,教师应当是权威的化身,是知识力量的代表,教师应当控制教学活动,并且可以训斥学生。在传统的教育观中,教师具有绝对的权威性,学生对知识的接受是被动的,很容易出现逆反心理,进而引发师生矛盾,这种传统的师生关系表现出不平等的特点。而交往型师生关系主张,师生之间应当通过对话交流实现信息共享,在教学过程中应当赋予学生与老师同等的角色和地位,老师不能因为具有身份和职位的优势对学生进行控制,而是应当尊重学生的主体性。教师应当教会学生如何对知识进行批判和质疑,引导学生对所学内容进行讨论和争辩,如果与权威观点有不同看法则要勇于质疑,学会将知识融会贯通。平等的师生关系所强调的是民主的师生关系,教师并没有放弃应有的教学权利,依然具备引路人的角色,需要发挥应有的教学功能。平等对话是师生之间进行商谈的前提,与学生平等和自由地对话可以实现教师和学生的双赢。

如何通过沟通与对话实现师生之间平等的关系,就成为接下来需要讨论的话题。首先,在老师与学生进行交往的过程中,需要采用一种商谈的方式。教师与学生进行的谈话与一般意义上的闲谈是有所不同的,尽管师生之间的交流也包含着闲谈时交流的内容,但并不是交流的全部,因为师生之间的交流并不是单向进行的,而是一种"双重偶联性系统"①,谈话的实质是通过对话来实现意识分享的,教师通过引导改变学生的思维,这是一种精神力量的指引。对话是一种实现师生平等交流的互动方式,师生对话不再是空谈,教师要学会不断调整对话条件,确保对话的有效性。教师需要充分了解学生,尊重学生的人格,从学生的成长环境对学生的个性特点进行分析,在充分信任学生的基础上争取获得学生的信任,帮助学生敞开心扉与教师积极展开对话。同时,教师和学生之间的关系不是由外在强制力约束的,而是一种发自内心的互相信任,因而师生之间的平等对话是有根基的,师生之间通过对话可以了解彼此真实的内心世界。只有教师深刻理解学生的内心世界,才能够缩短彼此沟通的距离,有效对话的基础首先是对话内容的合理性。其次,教师需要组织好自己的语言。再次,还需要选择合适的交流方式,教师应当尽力掌握沟通的有效方式,积极推动建设性的师生对话关系的建立。

### (二) 互动合作型师生关系模式

约翰逊在提出合作学习理论的同时,也强调了互动合作模式,该理论目的在于改变课堂死气沉沉的氛围,让学生的成绩因为学习品质的提升而获得改善。作为近代以来最为成功的教学革新,合作学习是一种提升课堂效率的教学技术,主要安排学生在各自的学习小组中进行学习,并根据学生在相应小组中所取得的学习成果,对学生进行鼓励。学习小组由学生组成,学生通过学习小组进行互动交流,相互沟通合作学习,在获得个人成就的同时提升了自身实力。小组成员可以实现共同的学习目标,获得同等的成就,从而实现自身的成长,通过建立在师生之间的互动合作交流方式,达成共同的目标,培养合作精神,这对学生提升学习成绩和活跃课堂氛围具有重要意义。

---

① 李猛:《舒茨和他的现象学社会学》,杨善华主编:《当代西方社会学理论》,北京:北京大学出版社,1999年,第15页。

尽管对于合作学习各国都有不同的称谓,我国或称为合作教学,但是无论是称作合作教学抑或是合作学习,它们都有着共同的理论基础。第一,互动的观念。合作学习观点认为,学习也是一种人际交流活动,教学过程实现了信息的多向传递,便于知识的交流互动,教师在互动合作的过程中不是知识的唯一传播源,互动的信息可能来自于老师,也可能来自于其他同学。在合作交流的过程中,师生互动具有潜在的价值。在课堂之中,对学生的发展更有益处的是学生与学生之间的互动。同样的,教师与教师之间的互动也很有价值,由于教师之间具有不同的思维和知识水平,讲课风格也存在着差异,这种差异就是一种宝贵的教学资源。如果教师之间能够互动进行相互交流,彼此之间取长补短,将会有利于教学方法的创新,也会有利于教学目标的最终达成。第二,合作学习的目标观念。合作学习是一种有意识的活动,学生需要把培养知识获得能力的目标和背记知识的目标放在同等重要的地位,给予同等的关注,不能只重视知识的掌握而忽略了学习能力的培养。学习目标的最终实现是集体努力的结果,是由互相合作形成的。第三,需要建立正确的师生观。教学活动受到多种因素的影响,教师的因素是制约教学活动的最直接的因素。在合作学习的过程中,教师是组织者和参与者,也是协作者和策划者,师生关系从权威与服从的关系转变为交流与合作的关系。第四,教学组织的观念。合作学习需要一种集体的教学组织,个体与集体需要协调统一,学生与学生之间的单独交往与集体的互动交往需要实现协调,合作学习的学习小组不应是以往的大班教学,而是应当采用分组合作的教学组织形式。第五,教学的情境观念。现阶段学生面对的学习情境主要有三种,即团体合作性的学习情境、互相竞争的学习情境和学生自主学习的学习情境。理想的教学情境并不是上述三种学习情境的简单相加,这三种学习情境只有互相协调,才能共同提升学生的学习效率。第六,教学评价观念。合作式的学习方式是一种人性化的模式,对学生的学习成果不做功利性的要求,要求学生追求进步,但不苛求其成功。

根据上述合作学习的基本理论,师生交往中互动合作的模式可以概括地表述为:在充分研究教学交往理论的基础上,利用人际关系理论,展开教学小组的活动,促进学生之间、学生与教师之间,以及教师与教师之间的合作交流,开展以合作理论为指导的教学活动。学生最终实现的是自身的和谐发展,我们所建立的师生关系也应当是融洽的,上述教学实践就是互动合作教学模式。该教学模式强调教学的互动性、相互依赖性和合作性,在教师与学生之间倡导多向互动,各交往主体密切配合,互相合作建立更加稳固的模式。参与教学活动的师生之间也是互相影响和互相依赖的,学生的发展离不开老师的指导。学生的学习是在特定的环境中进行的,学习既包括个人的学习,也包含了小组内部的互助学习。互助学习所要达到的最终境界是实现学生的和谐发展,除了实现学生的身心和谐之外,还要实现教师与学生关系的和谐。

师生进行互动教学,可以充分调动教师的主体性和学生的主动性,在发挥学生自主能力的基础上,与教师进行交流,教师和学生都是学习过程的积极参加者。作为一种新型的教学模式,互动教学如何组织还在不断的探讨之中,作为一种教学方式,还很难进行推广普及,因此,教学研究者还需要对此进行深入的探讨。但是作为新型的学习组织模式,有可能帮助学生提升学习效果,并改进现今的教学过程。

教学过程就是师生之间进行交往、互相合作、实现共同发展的过程,合作交往的教学模式能够提升学生的学习兴趣,在学生的独立性和自主性培养方面也有巨大价值。师生互动教学模式可以通过以下三个方面建立:

第一,教师需要和学生有情感交流。教师需要为课堂营造良好的教学环境,良好的课堂氛围可以促进学生和教师进行有效的合作,从而提升学生的学习效率。良好的人际交往有助于提升课堂的氛围,师生作为教学的主体,建立良好关系的关键因素就是他们之间能否建立平等的对话关系。教学实践表明,在教师向学生传授知识的过程中,如果师生之间的地位是平等的,那么学生与教师之间容易达成共同目标,产生精神共鸣,则教学就会达到最佳效果。除此之外,如何激发学生的创造力,增强学生学习的动力,挖掘学生学习的潜力,则是达到最佳教学效果的关键因素。

第二,需要在学习当中实现共享,促进师生对话与交流。在教学实践当中,师生之间的对话集中在教学活动之中,课堂上师生之间的交流合作对学生成绩的提高很有帮助,对学生日后的继续发展也有着积极的作用。在合作交流模式之中，教师的教学行为和学生的学习行为都发生在教师与学生合作共存的环境当中，在互动沟通的时候，也必须建立一个共享的系统。教师与学生对话与交流的过程是主体与主体的交流过程，教师是促进者和服务者的角色，教师在教学互动当中，运用自身储备的知识，帮助学生去了解、掌握知识。在知识共享的过程中，学生也是交流的参与者，学生与教师的关系跳出了传统班级的授课模式，向着小组化教学和团体合作教学的方式发展。

第三，互动合作教学的运作机制应当尽量灵活。实现师生之间的互动合作是合作式教学的愿景，要想合作式教学运行成功，首先，要制定一整套的学习目标，学习目标的建立需要考虑学生的实际水平；其次，合作小组的建立需要明确职责分工，做到让每一个学生体验不同的角色，让他们都觉得自己是小组的主人，使他们自觉地参与教学活动完成学习任务。在小组学习的过程中，教师先向学生阐明学习的任务，帮助学生建立学习目标。为了确保目标能够按时完成，可以帮助学生建立个人责任机制，帮助小组成员之间进行互评，并及时给予小组成员适当的帮助。同时，可以制定相应的评价办法，将小组集体评价与个人任务完成情况的评价相结合，以过程的参与情况为评价内容，对学习任务是否完成进行评估。小组成员之间所建立的共同的愿景，在提升小组成员学习兴趣的过程中具有重要的价值。在合作性小组向兴趣性小组转变的过程中，师生可以分享自己的愿景，通过不断的沟通交流，逐渐将愿景达成一体，如此也就确立了互动合作的教学模式。

互动教学不仅是一种新的教学模式，也是一种新型师生关系的交往模式，通过互动合作教学模式的实践，可以促进学生的学习更加主动自觉，激发学生学习的积极性，帮助教学主体之间不断互动交流，让学生在互动过程中提升学习效率。在教学相长的过程中，教学改革得以推进，学生的创新能力和实践能力也得到加强，促进了学生全面发展目标的实现。

## 结　语

师生之间的互动也属于交往的行为，师生之间应当在互相尊重的基础上进行平等交流。在基础教学的课堂之中,应当推动新型教学模式的构建。哈贝马斯的交往行为理论对师生互动如何进行有指导价值,为了有效促进师生互动,应当构建互动合作型的新型师生关系,同时,还要推进对话交往模式的建立。课堂互动的教学理论是一个不断发展的理论,需要长久地不断进行探索。

原载《河南大学学报(社会科学版)》2018年第4期

课程与教学论

# 知识观视域下教学技能属性及其提升路径

魏宏聚①

教学技能是教师素质的重要构成要素,提升教师教学技能是教师专业发展的重要手段。对于教师教学技能的研究,盛行于以能力本位为主导的教师教育时期。但是,"1990年代中期以来,伴随着日渐升温的教师专业化研究与实践,教师教学技能被置于一个更为广阔的视野中进行研究"②。教学技能是一个历史悠久的概念,不同的历史时期及不同的研究者,对何谓教学技能都有不同的认识与界定。从其发展过程来看,比较有代表性的对教学技能概念的界定主要有以下四种:

其一,行为主义技能观。该技能观认为,教学技能就是教师依据教学理论,运用专业知识,促进学生学习,顺利完成教学任务所采取的一系列教学行为方式。该技能观的理论依据是行为主义心理学。

其二,认知技能观。该技能观是从知识范畴的角度对技能进行描述的,认为教学技能是用于具体教学情境中的一系列操作步骤,属于知识的范畴。认知技能观不赞同把技能仅看成是教师行为的变化。

其三,结构技能观。该技能观认为,教师的课堂是一个多方面、多层次的系统,它所指的不单单是教师的行为或认识活动方式,而是由二者结合成的产物。比如,具有该观点的斯诺认为,教学技能是由"与行

---

① 魏宏聚,男,河南南阳人,河南大学教育科学学院教授,博士生导师,教育学博士。
② 荀渊:《教师教学技能研究》,《上海教育科研》,2004年第8期。

为、认知有关的事项系列组成"①。该教学技能观反映了当代心理学对教学技能认识的发展。

其四,活动技能观。该技能观把教学视为活动,教学技能是为了达到教学上规定的某些目标所采取的一种极为常用的、一般认为是有效果的教学活动或教学方式。这种观点在心理学领域内影响较为广泛。该观点也受到了人们的质疑,其原因是课堂教学中的许多教学技能并非是活动。

人们对教学技能的认识总是基于一定的教学观的。如何认识教学技能,如何揭示教学技能的本质,就意味着如何提升与训练教学技能。总之,认识教学技能是研究和培训教学技能要解决的首要问题。笔者拟从知识观特别是从波兰尼个体知识观的角度,探讨教学技能的本质特征及其提升路径。

## 一、狭义知识观视野下的教学技能的内涵及局限

对知识的解释,一般是从狭义的角度进行定义,同时这也是人们习惯性的对知识的理解。比较有代表性的狭义定义如《中国大百科全书·教育》中对知识的界定:所谓知识,就它反映的内容而言,是客观事物的属性与联系的反映,是客观世界在人脑中的主观印象,分为感性知识和理性知识两大类。我们日常生活中运用的"知识"概念,一般指的是狭义的知识。比如我们常说"不仅要掌握知识,而且要形成能力",这里的"知识"即为狭义的知识,指的是可以存贮与提取的符号。在狭义知识观视野下,技能被认为是狭义知识应用的结果。比如 1989 年出版的《心理学大词典》将技能定义为:个体运用已有的知识经验,通过练习而形成的智力活动方式和肢体的动作方式的复杂系统。② 1990 年出版的

---

① 魏宏聚,杨润勇:《中小学教师教学技能研训》,北京:教育科学出版社,2013 年,第 5 页。

② 王孝红:《师范生中学课堂教学技能的培养方法研究》,西南大学硕士学位论文,2008 年,第 7 页。

《教育大辞典》第一卷将技能定义为：主体在已有的知识经验基础上，经过练习形成的执行某种任务的活动方式。①

从上述定义可以看出，无论是在心理学领域还是在教育学领域，都认为技能是在已有知识、经验的基础上发展出来的行为方式。在此基础上，学者们对教学技能的定义沿袭了这一思路，认为教学技能是在应用教育、教学知识时而体现出的行为方式，这就形成了以下具有代表性的对教学技能的定义：教学技能是指通过练习运用教学理论知识和规则达成某种教学目标的能力。② 这种对技能的定义，是将技能看成是知识应用的结果，这里的知识就是狭义的知识，指的是可以提取与存储的符号，对于教学技能而言，就是应用教育、教学理论类知识的结果。狭义知识观视野下的教学技能，存在以下的局限：

### （一）狭义知识观没有揭示出什么样的教育知识可以较快、较直接地生成教学技能

现代知识的数量可用浩如烟海来形容，教育、教学知识也是如此。学术界对教学技能的培训，究竟要培训教师具备什么样的教育教学知识并不明确。其实，真正能形成教学技能的知识应是具有操作性的教学理论与规则，或者具有实践性的教育知识。如果是理念性、宽泛性、启发性的教育学知识，由于缺乏可操作性，那么一线中小学教师就无法将其应用于实践，也就不可能生成技能。比如如何理解和落实"因材施教"理念，笔者认为，只有对"因材施教"理念进行可操作性的改造，使其生成可操作的"因材实施"知识，才能形成"因材施教"的教学技能，否则仅有启发思维是无助于"因材施教"教学技能形成的。

### （二）狭义知识观视野下对教学技能的定义客观上阻止了实践练习环节

狭义知识观视野下的教学技能，知识与行为（技能）是相分离的，它

---

① 顾明远主编：《教育大辞典》，上海：上海教育出版社，1990年，第380页。
② 胡淑珍，胡清薇：《教学技能观的辨析与思考》，《课程·教材·教法》，2002年第2期。

强调先有知识,然后才有可能形成技能。这种定义虽然强调练习是教学技能形成的重要环节,但我国中小学教师培训的现状却是缺失教学技能的实践环节,这导致对教师教学技能的培训、提升效果不佳。

首先,狭义知识观视野下的教学技能养成的前提是教育学知识的学习,然后才是实践练习,中小学教师培训学校是把理论知识的学习与实践练习分开进行。其次,由于中小学教师承担了繁重的教学任务,所以对他们的培训往往是在假期进行,但这时学生已经放假,接受培训的教师已无实践的条件和机会。再次,在实际的教育活动中,培训专家及培训组织者对培训后的教师并没有跟踪实践的义务与责任,教师在假期对理论知识的学习完成后就意味着教学技能的培训也结束了,教师个人很少会自觉地把理论知识应用到实践教学中。由此来看,狭义知识观把知识培训与实践练习相分离,现实因素造成实践练习环节的缺失。

### (三) 狭义知识观没有准确指出教学技能的本质属性

狭义知识观认为,教学技能是有关教育、教学的理论转化为实践的结果,但这一假设并没有指出对教学技能的形成还有什么其他的起决定性作用的因素。这可以用打网球技能的形成过程来说明狭义知识观视域下对教学技能定义的局限性。球手也许知道应该给对手放一个高球,但是能否成功地打出高球却完全是另外一回事。击球技能的形成过程有三大要素:(1)关于各类击球的知识;(2)能够判断在各种具体情况下最合适的击球类型;(3)击出那种球的实际行为。如果仅仅强调击球技能形成中的第一要素,这是远远不能形成相关技能的。[①] 教学技能具有复杂性,它不是对简单的教育学知识加以应用的结果,它是多种经验碰撞、融合后的理论体系。

总之,狭义知识观只是对教学技能的某一特征进行了描述,它忽视了智慧技能、知识与情境的联系,我们需要用一个崭新视角来透视教学技能的本质属性,这就是广义知识观。

---

① [美]克里斯·克里亚科著,王为杰译:《有效教学基本技能》,广州:广东教育出版社,2013年,第1页。

## 二、广义知识观视域下的教学技能的内涵与属性

教学技能属于教师的教学行为。关于人类行为知识的研究，比较著名的当属英国哲学家波兰尼。"20世纪60年代，波兰尼的知识理论受到英美著名教育哲学家赫斯特、谢弗勒以及布劳迪的关注……对教育领域许多重要问题的分析都产生了较大影响，特别是学校教育活动中大量的'缄默知识'及其教育意义开始为人们所发现。"①波兰尼"阐明了明确知识的默会根源，验证了默会知识在人类知识中的决定性作用，逐步展现了个体知识理论的逻辑内涵及其动力机制，指出人类知识与认识主体须臾不可分离，从而为我们构建了超越客观主义的个人知识理论体系"②。总之，在波兰尼个体知识理论体系中，教学技能的特征与属性可以得到很好的诠释与理解。

### （一）教学技能是教师教学行为的个体知识

个体知识是波兰尼提出的一个重要知识概念。在传统意义上，知识往往是普遍的、客观的和非个人的，波兰尼从经验主义和理性主义的纯粹客观的科学知识理念的角度，提出了一个新的知识概念，即个体知识。他认为，传统意义上的客观知识被称为个体知识更为合理，这是因为：

(1)科学知识发现的过程，是以价值问题为导向，而价值问题的判断主要依赖科学家个人来进行；(2)在运用科学研究技术的过程中，比如那些普通的"规则""技术"的运用，是非常个性化的实践过程，每位科学家所运用的方式与结果各不相同，在具体的科学实践中，科学家熟练的个人经验是不可缺少的；(3)在科学证实的过程中，科学家个人的因

---

① 石中英：《波兰尼的知识理论及其教育意义》，《华东师范大学学报（教育科学版）》，2001年第2期。
② 王晶：《理解知识的新视角——评迈克尔·波兰尼的个人知识理论》，《内蒙古社会科学（汉文版）》，2012年第4期。

素更是积极参与,比如"什么时候将问题放下,在某一个时候又将什么问题放下,这不是科学证实的规则可以事先规定的,而是在很大程度上取决于科学家个人的判断"①。总之,在知识的发现、应用与判断、选择的过程中,个体因素无时无刻不参与其中。基于上述分析,波兰尼提出了个体知识这一概念。基于个体知识概念提出的缘由,教学技能在形成、实践与提升过程中,无不有教师个体因素的参与,这是典型的个体知识。

第一,选择何种公共知识、形成何种教学技能是教师个体选择的结果。首先,教学规则、教学规律是公共的、普遍的教育知识,对某一位教师而言,这些知识并非都能形成教学技能,究竟选择何种公共知识才能形成自己的教学技能,这是由教师个体的选择所决定的。其次,教学技能是教师个体主动实践的结果,具体的教学技能都是个体的教学行为,如果教师本人不积极参与教学活动,那么其教学技能就不会形成。

第二,教学技能是公共教育学知识个性化的实践结果。从个体的角度来看,"教学有法而教无定法",这一传统观念非常形象地表明了在教学技能形成过程中的普遍性知识与个体知识的关系。"有法"指的是教学有其基本的规律、规则,"无定法"指的是教学实践的复杂性及教学技能风格的多样性和个性化。教育学知识是普遍的、公共的,但这些知识被应用时就会呈现出多样性与个性化。这就像波兰尼所论证的弹钢琴技能的形成过程那样,即弹钢琴自然需要掌握技巧,如弹钢琴者的坐法、指法等,但是弹钢琴者在掌握了这些技巧规则后,并不一定能演奏一首很好的旋律,也就是说仅有知识是无法形成技能的。如果他想取得好的演奏技能,就必须在自己的演奏生涯中反复运用这些规则,直到它们已经得到了完全个性化的理解和表现。②

正因为如此,全国优秀的中小学教师成千上万,但没有教学风格相似或雷同的,因为他们的经验、体悟与反思各不相同,所呈现出的教学

---

① 石中英:《波兰尼的知识理论及其教育意义》,《华东师范大学学报(教育科学版)》,2001年第2期。
② 石中英:《波兰尼的知识理论及其教育意义》,《华东师范大学学报(教育科学版)》,2001年第2期。

技能也各不相同。名师教学技能一旦形成,就具有极强的个体性,不同的教师具有不同的教学风格与教学个性,这些风格和个性,是以教学行为或教学技能的形式而存在的,体现出典型的个体性。以导入情境创设这一教学设计为例,相同的素材、相同的教学内容,如果让具有不同实践经验的教师来设计,那么他们的导入情境教学设计方式是不可能相同的,这就体现出教学技能的个性化特点。从深层剖析,教师的教学技能就是教师职业个性品格、教学风格的外化,具有典型的个体性。

**(二)教学技能是关于教师教学行为的知识,它包含了大量的默会知识**

默会知识①是波兰尼提出的另一个知识概念,它是作为个体知识的理论基础提出的。何为默会知识?他认为,关于人类行为的知识中都包含有大量的默会知识。他举了一个例子来解释什么是默会知识:②一位名叫田中郁子的工程师,在1985年接受了一项任务,即改进松下公司制造的烤面包机。其原因是松下的面包机制作面包的方法总是无法与面包师傅制作面包的方法相匹配,面包机因此也没有销路。于是,田中郁子开始走访大阪、东京的各大西餐店、面包房,详细记录他们制作面包的情况,分析他们制作和烤制过程、编制模拟程序等,终于研制出新型面包机。田中郁子工作的本质,就是将面包师傅们制作面包行为中的默会知识显现了出来,并且用这些显性知识改进了面包机。

何为某种行为的知识?比如游泳、骑车等,当然也包括教学行为。在这类行为中,存在着大量"知而不能言"的、"高度个人化"的默会知识。这些技能,如果仅靠熟记行为规则是无法掌握的,只有在反复的实践中,才能逐渐感知与掌握这些行为知识,进而形成个体的技能,这一过程正是对行为知识体会的过程和形成相关默会知识的过程。教学技能以教学行为体现在课堂教学中,任何教学设计策略最终都将以教师

---

① 默会知识是波兰尼提出的一个崭新的知识概念,它的英文是"Tacitknowledge",国内也有学者将其译为隐性知识。笔者为叙述方便,将会采用默会知识或隐性知识两种不同的表述方式,但皆指默会知识。

② 张民选:《专业知识显性化与教师专业发展》,《教育研究》,2002年第1期。

教学行为的方式呈现出来，教学行为中怎么会没有存储大量的默会知识呢？正是因为这些默会知识的存在，教师的教学活动可以非常优秀，但教师本人却有可能说不出为何如此优秀，在遇到不同的教学情境时，他为何采取这样的行为而不是另一种行为，这便是教师个体的隐性知识在"作怪"。"隐性知识往往是零星的，并且常常具有浓重的个人色彩，与个人的个性、经验和所处情景交织在一起，以至于人们难以分清是具有一定普遍性的知识和才能，还是与个人魅力连在一起的独特才能。"①

总之，关于何为默会知识，波兰尼认为，它是关于人类行为的某类知识。笔者借用国际组织对知识的分类，来进一步分析何为默会知识。

1996年，国际经济合作与发展组织将知识划分为四大类：（1）知道什么的知识（know-what），即关于事实的知识；（2）知道为什么（know-why），即有关自然法则与原理方面的科学知识；（3）知道怎么做的知识（know-how），指做事情的技能与能力（skill and capability）；（4）知道是谁的知识（know-who），涉及谁知道什么，以及谁知道如何做什么的信息。② 这四类知识分别对应知事、知因、知窍、知人的知识，其中，前两类知识有一定的依据与标准，具有可证实性；后两类知识更多的是依赖于主体的实践经验、即兴智慧和创造力来实现的，在很大程度上只可意会不可言传，比较难于编码和测量，因而属于默会知识。

综上所述，关于人类行为的知识，存在着个体性知识与默会知识的成分。以教学技能为例，"名师的教学技能一旦形成，就具有极强的个体性。因为形成的这些技能，是名师个体教学经验、教学思想、教学表现形式以及个人个性特点、人格魅力的长期凝聚和升华的结果"③。名师的教学技能包含着大量知而不能言的默会知识，如何显现这些默会知识，如何使个体知识公共化，以供更多的人来借鉴学习，是教师教育

---

① 张民选：《专业知识显性化与教师专业发展》，《教育研究》，2002年第1期。
② 贺斌：《默会知识研究：概述与启示》，《全球教育展望》，2013年第5期。
③ 王雷，王晓璇：《名师教学技能为什么难以复制：难题及其破解——从古代塾师教学"绝活"难以传承谈起》，《河北师范大学学报（教育科学版）》，2013年第3期。

的重要课题。

## 三、广义知识观视角下教师教学技能的提升途径

从广义知识观的视角来透视教学技能,能使我们对教学技能的本质有更深入的理解。教学技能属于教师的个体知识,"这种知识不同于关于某种事物的理论知识,而是一种知道如何做某事的知识,它是无声的、潜在的、内隐于主体之中,不能用言语表达的,显然,它强调的是意向、信心等内隐因素"①。教学技能是在教学设计理论的基础上,教师在教学活动中的行为方式,作为一种特殊的个体知识与默会知识,它具有个体性、动态性、情境性、隐性等特征,在提升教师教学技能时必须考虑这些特征,否则教学技能的提升就是低效或无效的。

### (一)教学实践是公共知识转化为个体知识的重要途径

教学实践是教学技能所蕴含的个体知识与默会知识集中呈现的载体。在教学实践过程中,一定是教学技能在具体的教学情境中的呈现。在教学实践中,实践者本人能体会并建构教学技能中的个体知识与默会知识。正因为如此,教学实践是教学技能生成的重要载体,离开了教学实践,公共教育教学知识是不易转化为教学技能的。在教学实践中教学技能生成的过程可用图1表示:

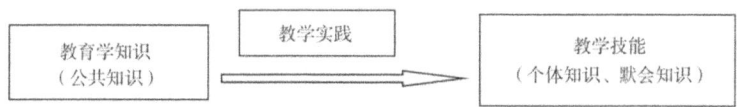

**图1 教师教学技能的生成过程**

当教学行为呈现的时候,一定是与当时当地的教学实践情境相切合的。教师个体要经过反复多次的实践才会建构出稳定的个体知识与默会知识,进而才会形成教学个性或风格。教育教学的情景是千变万

---

① 胡淑珍,胡清薇:《教学技能观的辨析与思考》,《课程·教材·教法》,2002年第2期。

化的,教育的对象是独特的,每个教师的教学个性又各不相同,要使公共知识转化为个体知识,只有经过长时间的教学实践这一途径才能实现。

对照上述教学技能形成的途径,当前中小学校对教师教学技能的提升缺失了实践环节,或者忽视了这一环节。对于教学技能的提升,大多数学校仍停留在学习公共知识的层面上,忽视了教师的教学实践环节。

毋庸置疑,作为普适性的公共知识,如教学规律、教学理念等在提升教师的教学技能中非常重要。但是如果缺失教学实践环节,那么公共的教育理论就很难内化为教师的个体知识,这种缺失实践环节的教师教学技能的培训结果就是:学者作报告,教师听报告,概念知不少,进修缺实效。"我们也发现,许多主张第一线教师主动参与、研究探索、交流分享的活动,一些旨在促进教师研究成果产品转化的活动,能够使教师的继续教育真正有效,能够真正促进教师终身的专业发展。"①总之,教学技能的提升,教学实践环节必不可少,这是建构教师教学技能的个体知识、默会知识的重要环节。

**(二) 对现场教学的观摩是把握教学技能中个体知识、默会知识的重要形式**

最早研究教师专业发展的日本学者野中郁次郎注意到,在许多专业和行业中,当然包括教育行业中都有大量"知而不能言"、高度个人化的隐性知识,这些隐性知识在支配着个体的教学行为。隐性知识对于行为个体而言是无法言传的,它只有在特定的情境中才能以行为的方式显现出来。优秀教师在特定情景中产生的特定经验(个体知识)和隐性知识可能尚未抽象到显性知识的水平,但它对教师教学行为可能起着决定性的作用,而这些知识只有在教学现场才能观察到、体会到。因此,优秀教师的课堂教学现场是呈现与学习优秀教师隐性知识、个体知识的重要场所。比如"在艺术界、医学界和教育界,我们经常要采取'抢救措施',把名演员表演的作品和名医的手术过程及医案和名教师的教

---

① 张民选:《专业知识显性化与教师专业发展》,《教育研究》,2002年第1期。

学过程和经验,拍摄下来或者记录下来,让后来者琢磨、模仿、体悟、学习和研究,以防止'失传'"①。这种拍摄或记录下来的资料正是其中的隐性知识与个体知识。从知识观的角度来看,对优秀教师的课堂教学活动进行观摩和分析,主要是为了学习优秀教师教学设计中的隐性知识与个体知识,因为这些知识只有在具体的教学情境中才会产生,现场观摩是把握教学技能中情境化、个性化的个体知识与默会知识的重要方式。

**(三) 教学录像是教学技能提升的理想的学习载体**

教学现场是学习教师教学技能的个体知识与默会知识的重要方式,教学录像本质上是对教学现场的保存与再利用。教学技能在教学实践活动中具有情境性、个体性和时间性。所谓教学技能的情境性,是指教学技能是在一定的教学情境中体现出来的,如果脱离了具体的教学情境,那么就不存在具体的教学技能。所谓教学技能的个体性,是指教学技能体现了不同的教学风格,具有个体性,也即体现出教师的个体知识,而这种个体性必须在具体的实践情境中才会呈现出来。所谓教学技能的时间性,是指教学技能是在特定的时间段内呈现的,也就是说它一定是在课堂教学时间段内呈现的,一旦错过这个时间段,那么教学技能就不会呈现。在学习或优化教师个体的教学技能时,如何固化教师教学技能的情境性、个体性和时间性,最为理想的手段就是教学录像。

教学录像是把教学现场的所有信息全盘复制下来,是教学技能的固化,它类似于教学现场观摩,能充分体现教师的讲课水平和教学风格,并呈现了教师的隐性知识与个体知识,因此教学录像是学习教师教学技能最为理想的载体。特别是现在,随着信息技术的快速发展和互联网的发展,为教学录像在教学技能的提升方面提供了巨大的应用空间。在践中,一些学校探索出了多种多样的以教学录像为载体的教学技能提升方式,并取得了良好的实践效果。它们把通过教学录像来优化教学技能的方法形象地比喻为"照镜子",并总结出以下提升教学技

---

① 张民选:《专业知识显性化与教师专业发展》,《教育研究》,2002年第1期。

能的形式：①

第一，树镜子。树镜子其实是建立教学技能资源库的过程。每一学期每一教师都要推出能体现自身教学水平的课堂录像，并建立资源库。这一环节的本质是呈现教师自身教学技能的现状，并寻找能体现优秀教学技能的课堂教学现场，为优化、提升教学技能做准备。

第二，自照镜子。反复观看自己的教学录像，反思自己的教学技能的不足、教学过程中的得与失。"当局者迷，旁观者清"，在观看自己的教学录像时，对自己的教学行为要有准确的、深刻的认识，如有的教师看了自己的教学录像后说："天啊！我的语速怎么这么快，我平时根本没有发现。"

第三，互照镜子。这一环节属于同伴互助环节。教师要有选择地观看其他教师的教学录像，学习、借鉴他人教学技能中的显性或隐性知识，以优化、提升自己的教学技能。

教学录像在教学技能训练中大显身手，最早利用录像对教学技能进行提升的微格教学训练法，至今仍在教学技能提升领域中应用，这就足以表明，教学录像在提升教学技能方面具有很大的优势。

综上所述，在知识观的视角下研究教学技能，给我们呈现的是一种全新的视野。"这种知识观不仅使知识的概念得以极大的拓展，具有更广泛的包容范围，也使技能的概念发生深刻的变化。"②教学技能的培训与提升，必须根据教学技能的本质特点来进行，比如教学技能的个体性、实践性、情境性等，如果仅重视公共的教育教学理论知识的学习，将无助于教学技能的提升。

原载《河南大学学报（社会科学版）》2015年第5期

---

① 魏宏聚，杨润勇：《中小学教师教学技能研训》，北京：教育科学出版社，2013年，第195－196页。

② 胡淑珍，胡清薇：《教学技能观的辨析与思考》，《课程·教材·教法》，2002年第2期。

# 从"课程开发"到"课程理解"：
# 美国课程范式转型的历史诠释

王保星[①]

20世纪，美国课程变革的历史见证了美国课程范式从"课程开发"到"课程理解"的转变，[②]并相应引发了课程目标、内容、实施、评价等层面的全面革新，其间，新兴的课程史以其对不同历史阶段课程变革之间的内在联系性的探索与研究，以及对课程材料意义的历史性分析而获得重视，其学科功用受到越来越多的关注。

## 一、课程开发：理论基础及其任务

作为传统课程领域的范式，"课程开发"在20世纪初博比特（John Franklin Bobbitt, 1876—1966）的《课程》、20世纪20年代查特斯（W. W. Charters）的《课程编制》、20世纪40年代泰勒（Ralphw. Tyler）的《课程与教学的基本原理》等著作中均有展示。传统课程领域中"课程开发"范式的确立，又是在直接获得泰罗（Frederick Winslow Taylor, 1856—1915）以提高效率为目的的科学管理原理方法论指导的基础上得以实现的。

20世纪初，泰罗以提高工厂生产效率为核心目的的"科学管理原

---

[①] 王保星，男，河南民权人，华东师范大学教育学系教授，博士生导师。
[②] "范式"一词最早由美国科学哲学家库恩在其1962年出版的《科学革命的结构》一书中提出，"大体上是指科学共同体成员所共有的'研究传统'、'理论框架'、'理论上和方法上的信念'、科学的'模型'和具体运用的'范例'，还包括自然观或世界观"。参见《辞海》（第6版第1卷），上海：上海辞书出版社，2009年，第573页。

理"对美国社会产生了全面影响。1911年,泰罗出版《科学管理原理》,该书就工厂工人的劳动管理提出四项原则:为工人劳动的每一要素规定一种科学方法,以取代旧的单凭经验劳动操作的方法;对工人实施挑选、训练、教育和培养,提高他们的劳动技能;对管理者与工人进行明确、适当的分工;管理者与工人密切合作,确保各项工作按制订的科学原则进行。泰罗着重强调,"科学管理的核心在于对工作任务的审慎确定,对于工作任务的排序,以取得最有效率的结果"①。泰罗的科学管理理论框架指导每个管理者通过鉴别、分析任务的组成部分,通过实施"任务分析"(task analysis),收集每个特定分工的知识。"任务"观点成为现代科学管理中最重要的元素,管理者需要阐明生产目标和实现这些目标的手段。

为适应20世纪前期美国工业主义推进的需要,学校课程改革的呼声日益高涨,社会功用成为判断学校教育和课程的最高标准。"课程的范围需要拓宽,需要超越智力发展,需要超越研究性科目的掌握,需要拓展至涵盖生活活动的全部领域。实施课程内容改革,以便在学校传授内容与成人活动之间保持密切联系。这些成人活动都是一个儿童将来需要承担的。"②泰罗的科学管理原理,恰好为20世纪初美国的课程开发提供了方法论意义上的指导。持有社会效率观念的课程专家不再将课程视为一种提供智力训练的内容和方式,"课程不再被视为一种发展智力训练的机会,不是'心灵的窗户'或围绕儿童的需要、兴趣和能力来组织,它已经变成了一条流水线(the assembly line),通过它可以经济地、社会地生产出有用的公民"③。

课程开发的开创者之一博比特,于1912年发表了一篇论文,具体表述了将泰罗的以提高效率、减少浪费为核心内容的科学管理原理应

---

① Herbert M. kliebard, *The Struggle for the American Curriculum* 1893—1958, NewYork:RoutledgeFalmer,2004,81.

② Herbert M. kliebard, *The Struggle for the American Curriculum* 1893—1958, NewYork:RoutledgeFalmer,2004,76.

③ [美]威廉 F. 派纳,威廉 M. 雷诺兹,帕特里克·斯莱特里,彼得 M. 陶伯曼著,张华等译:《理解课程——历史与当代课程话语研究导论》(上),北京:教育科学出版社,2003年,第93—94页。

用于课程开发的意义:"将原材料制造成最合适的产品。将其运用于教育意味着:对个体的教育应遵照其能力进行。这要求课程材料足够丰富多样,以满足社会共同体中每一阶层成员的需要;训练与学习的课程应具有足够的灵活性,为每个人提供他所需要的内容。"①博比特主张,对课程设计者来说,效率、效用和经济都是极其重要的概念,课程开发的中心原则是必须为学生将来承担成人社会中的具体任务做准备,课程开发的任务就是研究成人社会,确定成人社会由哪些任务和活动构成,这些任务和活动就是课程。

博比特在1918年出版的《课程》中提出:"核心理论是简单的。无论人类生活如何多样,皆由具体行为构成。为生活做准备的教育,即是为种类繁多、确定性的具体活动做准备。对任一社会阶层而言,无论活动如何复杂多样,都可被发现。这就要求个人置身于事务世界中,发现构成事务的具体活动。活动呈现出人类所需要的能力、态度、习惯、感觉和知识的形式。这就构成数量庞大、具体且个别化的课程目标。"②在《课程》中,博比特还以语法课程为例,具体分析了语法课程的任务。

在博比特看来,课程专家的任务在于实施学校课程改革,并在课程改革实践中坚持运用这样一些策略:基于广泛的行为概念,确定并分解人们的职业行为,将其转化为可以用具体知识或技能细节加以表现的具体行为;课程开发过程应由教育者组织领导,并广泛吸引社区售货员、内科医生、护士、民事和社会工作者、宗教工作者等社会成员参与其中。

1924年,博比特在《小学杂志》中写道:"如果我们找出人类生活是由什么活动构成的,那么我们就可以确立教育目标了。"③学生为特殊活动做准备的过程,就是学生为生活做准备的课程。教育目标就是一些活动,活动又可以在行为表现中学会,那么活动分析就变成对课程目

---

① J. F. Bobbitt, The elimination of waste in education, *the Elementary School Teacher*, 12(1912).

② J. F. Bobbitt, *The Curriculum*, Boston: Houghton Mifflin, 1918, 42.

③ [美]丹尼尔·坦纳,劳雷尔·坦纳著,崔允漷等译:《学校课程史》,北京:教育科学出版社,2002年,第203页。

标的分析。不管学校教授什么内容,这些内容都可以简化为数以万计的具体的机械技能或行为。在 1924 年出版的《如何编制课程》中,博比特主张通过科学的分析方法"发现"课程目标,课程开发者即为课程"工程师",其任务就是利用自己的"教育测量工具"来确定不同学科领域的具体课程目标。

## 二、科学主义:课程开发的价值取向

1923 年,查特斯(Werret W. Chartes,1875—1925 年)出版《课程编制》(*Curriculum Construction*),详细阐述了课程开发实践中的"活动分析"理论,提出课程开发需要遵循的基本程序是:研究人类社会生活,确定主要教育目标;将目标分解为理想和活动,分析各个工作单元的水平;按重要性对目标进行排序;将对儿童具有重要价值的理想和活动安排在优先位置;在总目标中减去那些在校外更容易实现的目标,在剩余目标中选出重要项目;选出能够最有效实现这些理想和活动的实践活动;依据儿童的心理特点,按照正确的教育顺序排列所获得的材料。

不难发现,博比特和查特斯在课程开发上明显地表现出程序主义和科学主义取向,其课程开发实践中所实施的"工作分析法",就是工业系统的理论在课程领域的运用。可以说,博比特和查特斯是技术员,他们全部的信仰在于技术,"博比特和查特斯在课程领域提出了最有系统的理论,这种'科学'的理论以人类的生产模型为基础。在作为课程建设基础的原子论和整体论的冲突中,原子学说取得了理论建设的主导地位"[①]。在课程开发实践中,博比特和查特斯主张课程专家要与学校保持密切的联系,要对学校的课程开发表现出更多的关注,要关注课程的改进和改善,要关注课程实践和行动的结果。

作为课程开发范式的经典表达,泰勒原理包含着许多主题,并提供了课程领域的范式性问题。作为对"八年研究"大规模课程实验的系统总结和归纳,泰勒所著《课程与教学的基本原理》旨在阐明把教学计划

---

① [美]丹尼尔·坦纳,劳雷尔·坦纳著,崔允漷等译:《学校课程史》,北京:教育科学出版社,2002 年,第 233 页。

视为一种功能性教育工具的方式,试图阐明、分析和解读教育机构中的课程与教学计划的原理;泰勒原理包含四个课程开发的核心问题的阐述:"1.学校应该达到哪些教育目标? 2.提供哪些教育经验才能实现这些目标? 3.怎样才能有效地组织这些教育经验? 4.我们怎样才能确定这些目标正在得到实现?"①

关于课程专家的责任与使命,泰勒持有与博比特一致的立场:为学校教育实践者提供课程改造或改革建议;研究课程与教学的内容,并对课程实施的成效进行评价;培训、造就课程专家。只不过在课程开发的具体程序上,泰勒是在博比特确定的教育目标和设计学习经验的基础上,增加了学习经验的组织和学习效果的评价两个环节。

尽管泰勒原理缺乏任何解释课程性质的理论信条,他也没有试图发展一种针对课程的理论解释。但在一种非专门的、非库恩范式的意义上,在"范式"一词单纯的词典意义上,即在"出色的例子或一种模式的例证"意义上,"泰勒原理显然是对开发感兴趣的传统课程领域的最著名的表达。泰勒原理因而是对程序、社会管理,即对课程作为制度文本感兴趣的传统课程领域的完美例子"②。

对于泰勒原理在传统课程领域中的范式地位,派纳在 1975 年曾做出了下面的确认:"在我继续之前,让我通过'传统课程文献'来澄清一下我的意思。我的意思是泰勒教授的研究,以及受他影响的所有研究……这种风格组成了当代课程领域的遗产,并且这个领域的特征是……课程开发、设计、实施和评价的具体任务。大量的这种文献都有一个重要目的:它要被用做学校工作人员的指南。可以理解,这种文献是非常反理论的(atheoretical),是直接指向学校中的实践者想知道'怎

---

① [美]拉尔夫·泰勒著,施良方译:《课程与教学的基本原理》,北京:人民教育出版社,1994年,导言第2页。
② [美]威廉 F.派纳,威廉 M.雷诺兹,帕特里克·斯莱特里,彼得 M.陶伯曼著,张华等译:《理解课程——历史与当代课程话语研究导论》(上),北京:教育科学出版社,2003年,第20页。

做'的问题,它必须是'实践的'。"①

## 三、课程理解:课程内涵、功能与方法的革新

在美国课程史上,一般将1969年作为传统"课程开发"范式终结的时间。"那是一个课程开发的时代。课程开发:生于1918年,卒于1969年。"②而从某种意义上来说,1970年,社会学家西博曼(Charles Silberman)撰写的《课堂中的危机:美国教育的重建》的发表,又成为这一转变的标志之一。西博曼认为,传统的泰勒原理视课程为达到目标的手段,将课程开发视为一种线性的、程序性的课程材料的组织与安排,未能关注课程实践中事实上存在的课程材料掌握上所存在的文化、种族、民族和政治立场的差异。古德莱德也提出学校不是工厂,学校的价值在于维持人类的生活质量,学校课程变革需要生态学思想的引领,需要研究学生对教师的积极影响和消极影响、教师之间的互相影响、资源利用、学校场域中的人际关系等问题。

自20世纪70年代至90年代的近20年间,美国课程领域主要在对课程概念、研究方法、课程地位的认识,以及课程在教育领域中的作用的认识等方面均经历了具有范式转换意义的概念重建(reconceptualization);美国课程领域经历了一场深刻的课程"范式转换"(Paradigm shift)的变革,从被课程开发所占据的领域转向以课程理解为中心的当代课程领域,美国课程领域的课程概念和方法均经历了全面重建。

1973年5月3日至5日,美国纽约罗切斯特大会召开,与会者就课程概念重建的主题和方法论进行了研讨。大会不但推进了课程领域的概念重建,而且还阐明了重建的主题,即为实现对课程的理解和把握课

---

① [美]威廉 F. 派纳,威廉 M. 雷诺兹,帕特里克·斯莱特里,彼得 M. 陶伯曼著,张华等译:《理解课程——历史与当代课程话语研究导论》(上),北京:教育科学出版社,2003年,第205页。

② [美]威廉 F. 派纳,威廉 M. 雷诺兹,帕特里克·斯莱特里,彼得 M. 陶伯曼著,张华等译:《理解课程——历史与当代课程话语研究导论》(上),北京:教育科学出版社,2003年,第6页。

程,必须从政治、历史和传记的文本中去理解。

不同于以"课程开发"为范式的传统课程,将维持课堂秩序、追求课堂教学组织实施的程序为主要目的,作为一种新型的课程领域,始于20世纪70年代的现代课程是以"课程理解"作为范式的。"就一般课程领域而言,该领域开始对不同学校科目之间的联系、对一门科目内部不同观点之间的联系、对课程与世界之间的联系感兴趣。该领域不再为开发(development)抢先占有。正如我们将要看到的,今天的课程领域开始为理解(understanding)所占有。"①课程专家不再甘于"技师"的职业定位,作为课程专家需要"理解当代课程领域,有必要把课程领域理解为话语(discourse)、理解为文本(text),并且最简单却最深刻地理解为语词与观念"②。

相对于传统课程而言,"课程领域不再把课程与教学的问题视为'技术'问题,即'如何'的问题。当代课程领域把课程与教学的问题视为'为什么'的问题","撰写行为目标,用标准化测验来评价,用线性的、因循守旧的形式呈现资料,驱逐不循规蹈矩的学生——这些方法均已失败"③。

与派纳联手开展概念重建的科尔(Paul Klohr),将当代课程领域的概念重建的信念概括为:以一种整体的、有机的观点理解人类,以及人类与自然的关系;作为文化的创造者和传播者,个体是知识建构的主体;课程理论家在很大程度上是将自身的经验作为研究方法的;课程理论将前意识的经验领域作为主要来源;课程理论的基础是对存在哲学、现象学和激进精神分析学、社会学、人类学和政治科学的人本主义的概

---

① [美]威廉 F. 派纳,威廉 M. 雷诺兹,帕特里克·斯莱特里,彼得 M. 陶伯曼著,张华等译:《理解课程——历史与当代课程话语研究导论》(上),北京:教育科学出版社,2003年,第6页。

② [美]威廉 F. 派纳,威廉 M. 雷诺兹,帕特里克·斯莱特里,彼得 M. 陶伯曼著,张华等译:《理解课程——历史与当代课程话语研究导论》(上),北京:教育科学出版社,2003年,第7页。

③ [美]威廉 F. 派纳,威廉 M. 雷诺兹,帕特里克·斯莱特里,彼得 M. 陶伯曼著,张华等译:《理解课程——历史与当代课程话语研究导论》(上),北京:教育科学出版社,2003年,第8页。

念重建;课程开发过程的核心价值是实现个人解放与更高层次意识水平的获得;多样化和多元性得到体现是基于尊重;开发新的语言形式以解释新的意义。

作为20世纪80年代的主要纲领性文本,舒伯特(William H. Schubert)的《课程》对于课程开发实践程序的关注,让位于对课程开发基本范畴的表征,即对课程目标、课程内容,或学习经验、课程组织和课程评价选择的关注,并试图从课程开发——一种在政治上和制度上不再具有的功能——转向课程理解。

伴随着课程范式的转换,课程一词被赋予了新的内涵:课程实践的含义,符号的潜能,从仅仅是符号材料(school materials)转向符号表征(symbolic representation)。"把课程理解为一种符号表征是指那些制度性和推论性实践、结构、形象和经验能够以不同的方式被确认和分析,这些方式包括:政治的、种族的、自传的、现象学的、神学的、国际的、性别的和解构的。我们可以说把课程理解为符号表征的努力,在相当程度上确定了当代课程领域。"[①]

在课程功能上,不同于课程开发者致力于将课程制度实践化,课程理解致力于日益增加的课程改善工作,现代课程的主要功能是理解,注重以不同的方式对待课程,把课程理解为国际文本和种族文本,即是其中的具体表现。

在研究方法上,不同于传统课程研究的实证主义方法——人类经验只有模仿自然科学的方法才能被理解,现代课程领域的研究脱离了量化研究方法,转向人文、美学及社会理论的方法,研究方法呈现出日益"质化"的特征。研究者和教师联合开展行动研究,叙事理论、现象学、后结构主义和政治理论赋予行动研究更多的合法性和研究成效;更多地强调运用批判性研究,在具体实施中注重体现以下几方面的特征:拒绝接受实证主义的理性、客观性、真理性等观点,主张就其本性而言,教育与课程问题是政治性和伦理性的范畴,而非技术范畴;研究者需要

---

① [美]威廉 F. 派纳,威廉 M. 雷诺兹,帕特里克·斯莱特里,彼得 M. 陶伯曼著,张华等译:《理解课程——历史与当代课程话语研究导论》(上),北京:教育科学出版社,2003年,第15—16页。

把涉及学校实践的观点融入自身对教育实践的解释;试图区分有关负载了意识形态的课程解释和超越了意识形态化缺陷的解释;批判性地考察占据支配地位的社会秩序如何阻碍了教师对真正教育目标的追求。①

此外,人种志研究也已经成为当代课程概念重建领域的一项重要研究模式,其基本含义为关于情景的描述和解释,情景的概念化主要涉及两个层面:参与者个体所持有的个人解释;小组所共有的解释和行为规则。作为一种课程研究方法和模式,人种志所坚持的基本原则是:对社会世界的解释与对物质世界的解释具有内在区别;解释是暂时的和累积的理解过程;解释者是解释结果中的一个重要部分;解释以一致性指标为特征。

## 四、从"课程开发"到"课程理解"

课程范式转型与课程史研究空间的拓展在实现传统课程领域"课程开发"向现代课程领域"课程理解"范式转变的过程中,课程史研究因其对课程范式转换所发挥的作用的研究而得以兴起,其价值和功用也得到前所未有的体现。

美国当代课程史研究的兴起主要源于当代课程专家对课程改革与研究模式之间缺乏有机联系状况的不满,"课程史之需要起源于这样的背景,即近来种种课程改革模式与课程研究模式之间,几乎都缺少有机的联系"②。需求课程的历史性联系,以历史的视角实现对课程范式的深层次理解,关注教育与学校教育的政治和行政情境,关注不同群体在课程改革实践中的感受与立场,恰恰是运用课程理解范式推进现代课程改革的现实需要和选择。美国的学术研究也开始以历史的视角关注

---

① [美]威廉 F.派纳,威廉 M.雷诺兹,帕特里克·斯莱特里,彼得 M.陶伯曼著,张华等译:《理解课程——历史与当代课程话语研究导论》(上),北京:教育科学出版社,2003年,第57页。
② [英]艾沃·古德森著,黄力,杨灿君等译:《课程与学校教育的政治学——历史的视角》,北京:教育科学出版社,2013年,第40页。

学校课程的演化。"课程史因此应该系统分析形成了学校课程之持续的社会建构与选择,阐明社会目的在各个时代的连续和断裂。强调应用的课程研究之流行范式缺乏社会—历史视角是很重要的,但更重要的是,要指出那些更为'激进'的课程研究,其实也是五十步笑百步。"①

课程史的功用获得关注,首先是与当代课程理论家对传统课程理论及其实践的非历史性开展批判联系在一起的。克里巴德(Herbert M. Kliebard)认为,20世纪早期的课程理论表现出强烈的非历史性色彩,传统课程领域缺少实践者与历史前辈的对话,往往是非批判性地倾向于新奇事物和变革,而不是知识的积累和代际间的对话,这种倾向滋生了课程领域科层化、标准化和片断化的课程概念。

传统课程领域的非历史性特征表现在课程的诸多方面:在课程性质上,将课程视为治疗教育问题的"处方",课程专家的责任在于界定学习内容的主要要素;在课程研究内容上,课程研究主题集中在课程开发与实施;在价值取向上,将课程视为改良社会、推进发展的工具。②

20世纪70年代,课程研究者在尝试运用政治学、社会学理论深化课程研究的同时,主张加强历史学视野中的课程史研究。作为它的重要代表,古德莱德(J. Goodlad)和巴拉克主张从课程思想史与课程实践史两个层面开展课程史研究。1977年,在巴拉克的弟子克里巴德,以及坦纳(Tanner)、卡斯维尔(Caswell)、哈子雷特(J. S. Hazlett)、富兰克林(B. M. Franklin)等课程史学者的推动下,美国"课程史研究会"(The Society for the Study of Curriculum History)成立。克里巴德等人的课程史研究证明,课程研究应该超越课程开发和课程评价,这种超越不是对学科结构的调整或组合,而是与复杂的社会政治积极问题密切相关,其间充满了不同"利益团体"为争取各自利益而开展的竞争与博弈,不同的利益团体努力以本团体或本阶层所认可的意识形态、价值观念作为课程实现的主要目的。20世纪80年代,克里巴德(H. M. Kilebard)出

---

① [英]艾沃·古德森著,黄力,杨灿君等译:《课程与学校教育的政治学——历史的视角》,北京:教育科学出版社,2013年,第49页。
② 陈华:《西方课程史的研究路径及内涵解析》,《全球教育展望》,2012年第4期。

版课程史研究的经典著作《1893—1958 年的美国课程斗争》(*The Struggle for the American Curriculum*, 1893—1958);1990 年,坦纳出版《学校课程史》(*History of the curriculum*),这标志着美国课程史研究步入成熟阶段。

美国"课程史的研究(其中 Jackson 的研究是一个杰出的例证),作为当代课程论研究最重要的一个部分,出现于 20 世纪 80 年代,并获得了迅速发展,取得了最新的成果"①。具体言之,当代美国课程话语的形成源于对处于瓦解状态的传统课程领域的继承,出自于 20 世纪 70 年代的概念重建主义者的政治性和自传性话语,女性主义的影响表现为将课程理解为性别文本,阿普尔与吉鲁则致力于将课程理解为政治文本。课程领域从原来反理论和反历史的一个领域,开始在其普遍性意义上强调理论和历史。

## 五、课程范式转型视野下的课程史学科功用

课程史在促成美国课程范式转换的过程中,其学科价值及功用也获得了更多的关注与思考。

关于课程史的学科价值,我国台湾学者曾作出概括:提供课程过去、现在与未来的复杂关系;探讨社会脉络之间的关系,以检视某一特殊时期的课程是如何被教、为何要教、为何只在某些地区被教,以及为谁的利益而教;提供学科或课程表之正式结构背后的人类活动过程与动机;提供目前所评价的课程发展模式,使我们对此有所了解;提供现在及未来课程研究与实践的借鉴;协助我们了解已界定之专业与个人生活的传统;了解过去的课程是如何限制目前的课程发展的。②

作为课程知识的主要体现形式,课程史应该展示实用性,应该履行课程思想与观念代代相传的职责。"没有课程史的知识,留给我们的会

---

① [美]威廉 F. 派纳,威廉 M. 雷诺兹,帕特里克·斯莱特里,彼得 M. 陶伯曼著,张华等译:《理解课程——历史与当代课程话语研究导论》(上),北京:教育科学出版社,2003 年,第 11 页。

② 白亦方:《课程史研究的理论与实践》,北京:高等教育出版社,2008 年,第 6 页。

是现在不完整的知识,因为现在的知识毕竟是过去经验的总结。如果现在要比以往做得更好的话,我们就需要理解和依赖于我们先辈们的贡献。"①作为课程的一种知识形式,课程史应阐明学校事务与社会的联系,应该对不同历史时期课程改革实践的记述和展现,阐明影响课程改革成效的教育因素和社会条件,为现实的课程改革提供历史的镜像和镜鉴,体现作为一种"实用的过去"的课程史的功用。②

作为课程领域的全部记忆,课程史应该发挥其发展性功用。"我们的课程史观是发展性的;尽管存在周期性的倒退,但学校课程已经并正在从最初的开端迈向一个更高的发展水平,且为我们社会中越来越多的人所了解。"③课程史见证着课程领域课程组织与实施经验的积累,是课程历史结果,以及课程变迁过程的累积与赓续。尊重课程的历史,研读课程兴衰与变迁的历史,提高课程史在帮助我们解决当代课程问题中的价值,对课程史的研究与撰写提出了双向要求:其一,课程史需要关注现实,"课程史不必脱离遥远的过去;历史处于不断形成的过程之中。我们的准则是,历史应为我们在课程编制中感到需要走向何方时提供一种有稽可查的东西"④。其二,课程史需要体现围绕课程而发生的课程范式、内容及方法冲突的历史。课程史不应该是简单的各种课程事件的编年史,它需要讲述那些有关课程冲突的历史,讲述那些围绕课程理解所发生的故事。

作为教育研究与历史研究的交叉学科,课程史的研究成果可以提示我们正确认识课程改革的复杂性和可能性,正确理解过去课程与现在课程之间的距离,正确把握课程内在要素之间的历史关联和现实关联,为我们理解当下的课程现象与问题提供历史性的课程图像。譬如,

---

① [美]丹尼尔·坦纳,劳雷尔·坦纳著,崔允漷等译:《学校课程史》,北京:教育科学出版社,2002年,第7页。
② [美]丹尼尔·坦纳,劳雷尔·坦纳著,崔允漷等译:《学校课程史》,北京:教育科学出版社,2002年,第6页。
③ [美]丹尼尔·坦纳,劳雷尔·坦纳著,崔允漷等译:《学校课程史》,北京:教育科学出版社,2002年,,译者前言第11页。
④ [美]丹尼尔·坦纳,劳雷尔·坦纳著,崔允漷等译:《学校课程史》,北京:教育科学出版社,2002年,第16页。

借助于课程史演进主题的研究,我们可以对课程领域反复出现的主题与要素实施更深入的了解,对于课程功能定位的社会学依据和个性化依据进行比较,从纷繁复杂、或成或败的课程改革实践中感悟课程、理解课程。

原载《河南大学学报(社会科学版)》2016年第2期

# 中小学课堂教学研究范式分类及适切性判断

魏宏聚①

在我国基础教育界,课堂教学研究也被称为"听、评课"。一般而言,中小学校每周分文理科各开展一次课堂教学研究活动,它在中小学校常规教学管理中占有重要位置。"据笔者不完全调查,一般来说,我国学校规定教师(中小学)一学期的听课节数在10—20节之间,'最牛'的一所学校规定,每个教师一学期必须听38节课,并递交听课笔记以备检查。"②上述现象足以表明,中小学课堂教学研究在中小学常规教学、教研活动中的分量。值得反思的是,由于多种因素的制约及传统教研习惯的影响,广大中小学校的课堂教学研究确缺乏"研究味"、失去专业性,研究效果不容乐观。一位一线教师如是说:"平时,我们学校也在搞听课评课活动……但那是一种自然状态下的常规举措,缺少理论的引领和规范的操作,其针对性、实效性、系统性、科学性均不强,因而也就不能从根本上改变我们的观念,改变我们课堂教学的行为方式。"③有研究者指出中小学课堂教学诊断现状为:"听课,无合作的任务,无明确的分工;评课,无证据的推论,基于假设的话语居多;听评课,无研究的实践,应付任务式居多。"④

---

① 魏宏聚,男,河南南阳人,河南大学教育科学学院教授,教育学博士,河南大学教育科学研究所研究人员。
② 崔允漷:《论课堂观察LICC范式:一种专业的听评课》,《教育研究》,2012年第5期。
③ 郭志明:《让课堂诊断走向常态和精致》,《江苏教育研究》,2009年第5期。
④ 崔允漷:《论课堂观察LICC范式:一种专业的听评课》,《教育研究》,2012年第5期。

中小学校的课堂教学研究在 20 世纪早期的国外已开始作为教育研究的一个重要内容,发展到现在已形成了较完备的体系与方法,但在我国,课堂教学研究方法无论是在理论上还是在实践中,其有效性与创新性都较欠缺。自新课程实施以来,"教师成为研究者"已成为不证自明课程研究的追求,所以关注中小学校的课堂教学研究更具有迫切性与现实性。过去和现在虽然有诸多课堂教学研究新方法走进中小学校,一些课堂教学研究方法也曾经在较大范围推广使用,但效果不尽如人意,最后不了了之。那么中小学日常开展的教学研究属于何范式、具备何特点、存在何问题,最适合中小学的课堂教学研究范式又应具有何特点,这是本研究试图探讨的问题。

# 一、从范式视角透视中小学课堂教学研究的适切性

"范式"的使用来自美国著名的科学哲学史学者库恩,该术语是库恩用来解释科学革命的结构的,他认为,科学的发展以范式的转换为标志。"科学家如何通过自己的研究促进科学知识的增长,这些研究领域里司空见惯的事情都不是偶然发生的,而是有科学发展模式的,这种模式就是:前范式科学—常规科学—革命科学—新常规科学,表征每一阶段的核心就是'范式',从一个阶段到另一个阶段必须经历一种格式塔的转换。"① 范式在库恩那里,也是在多个视角下运用的,后经学者分析认为,范式就是指特定的科学共同体运用基本一致的思考方法来研究同一领域的特定问题,这一范式内涵的表述表明任何范式范畴都包括以下四大核心要素:②

1. 共同信念或价值追求。这是范式和共同体共同秉承的价值理念,也是共同体开展活动的追求,它往往是由活动的结果来体现或实现。

---

① 崔允漷:《范式与教学研究》,《课程·教材·教法》,1996 年第 8 期。
② 崔允漷:《论课堂观察 LICC 范式:一种专业的听评课》,《教育研究》,2012 年第 5 期。

2. 共同体,也即范式运作中的"人",是主体。共同体是科学范式形成的最基本的实体要素,它可以是有形的,也可以是无形的,只要拥有共同的信念都属于共同体。

3. 问题域,也即范式运作的对象。问题域是研究信念的载体,也是科学范式得以形成的保障。

4. 方法,也即范式以何种手段或策略开展活动。解题方法或思考方法是共同体对话的基础,也是产生可比性的科学成就的前提条件。

笔者认识到,作为一种开展社会活动的范式,它不仅仅是一种单纯的活动,它是由价值信念、共同体、问题域和具体方法所组成,任何一项社会活动,当然包括课堂教学研究活动,每一要素必须恰当、合理,该活动才能科学、有效地开展。所以,中小学课堂教学研究,不仅仅是一种研究方法在教学中的应用,它是由特殊的群体——中小学教师,有共同的研究信念或追求而开展的研究活动。如果仅从研究方法的视角去分析、评判它,或许我们找不到中小学课堂教学研究的真谛。作为一种特殊场域内的一项研究活动,它有别于大学场域内专业的研究活动,必须考虑共同体的特殊性及共同体开展研究活动的价值追求,而这二者恰恰是范式运作的核心要素。因此,采用范式理论分析中小学课堂教学研究具有较强的适切性。

中小学教学研究最常见的分类,是按照研究方法的属性分为定量课堂教学研究与定性课堂教学研究,这种分类方法不能体现中小学课堂教学研究的特征。比如,研究场域的特殊性、研究价值追求的特殊性、研究共同体的特殊性。而上述因素恰恰决定了课堂教学研究的生命力,因此,此种分类方法不能体现中小学课堂教学研究的特征,也无法找到中小学课堂教学研究的本质属性。本研究以范式的视角,根据中小学校开展课堂教学研究的特殊性,依据课堂教学研究最终结果、价值追求及研究指向的不同,把课堂教学研究分为两类,即经验—解释取向和指标—诊断取向的课堂教学研究,这两种分类基本涵盖了当前中小学课堂教学研究的所有运作方式。

## 二、中小学课堂教学研究范式一：
经验—解释取向的课堂教学研究

经验—解释取向的课堂教学研究，是指中小学教师以个体经验为评价工具，以寻找、评价教学中的典型教学活动，并解释"典型"——优与劣教学活动——产生的原因的课堂教学研究活动。这是当前绝大多数中小学广泛采用的教学研究范式，属于定性诊断。该观察方法的优点是简便、易行，缺点是不专业、不规范，评价标准经验成分太大，是"用业余的思维或方法处理专业的事情"。下面是某完全中学（有初中与高中）举办的一次经验—解释取向的课堂教学研究案例，代表了广大中小学校最普遍的教学研究范式，其现场情景如下：

1. 时间、人员：2016年5月25日下午，周一文科教研活动时间，全校全体历史学科初、高中15名教师开展"听评课"活动。

2. 研究的课程：高中历史课《危局新政——罗斯福新政》。

3. 教学内容与预设的教学目标。

本课的前一课时讲述了1929—1933年资本主义经济大危机，这是罗斯福新政产生的重要的历史背景，教材中指出："罗斯福新政虽是解决经济问题的急救措施……但它的实施，却引起了一系列政治、经济和社会变革，在美国历史上留下了深刻的印迹，对后来资本主义世界的发展也产生了深远的影响。"同时，新政措施也有现实意义，对于现在我们建设社会主义和谐社会有借鉴作用。

课标要求：列举罗斯福新政的主要内容；认识罗斯福新政的特点；探讨罗斯福新政在资本主义自我调节机制中的作用。

本案例的教师预设了如下教学目标：

（1）通过创设情境，使学生了解罗斯福新政的背景；

（2）通过展示罗斯福新政的主要内容，认识其特点；

（3）通过合作探究，理解罗斯福新政在资本主义自我调节机制形成中的作用。

4. 经验—解释取向课堂教学研究程序与实录。

本次观课团队共15人，为同学科教师。观课后，先由上课教师简述本节课的教学设计及得失,然后由观课教师自由发言,共有5人发言,发言者全凭经验对上课教师及其教学内容进行口头评价,从优点与不足两个方面进行评价,教师评价的主题大多不相同,也有个别重复评价的,主要从教学目标预设、小组合作、有效提问等几个方面展开。其中,针对本节课教学目标的预设,有3位教师进行了评价,皆认为此预设目标比较优秀,并解释了优秀的原因。学科组长点评了本节课教学目标预设情况,具体内容如下:

本节课教学目标预设比较优秀,值得学习。因为目标制定具有层次性,使学生"了解""认识""理解",所使用的行为动词具有可操作性,内容上具有层次性,所以,本节课教学目标的设定体现出较强的可操作性,值得学习。

这是最为传统的课堂教学研究范式,几乎所有的中小学校每周都会开展若干次类似的研究活动,从范式的视角来看,上述研究活动具有如下特点:

第一,经验—解释取向的课堂研究信念,指向教学有效性的改善与教师专业成长。

研究信念是研究范式运作的理想与价值追求。经验—解释取向的课堂教学研究,在于寻找教学中执教者的典型教学活动,寻找优秀的典型与不足的典型,并评价被研究者行为背后所蕴涵的经验。对于被评价者来说,当评价其优秀教学行为时,是一种正强化;当评价其不足的教学行为时,是一种善意的提醒,总之,这样的课堂教学研究指向被评价者的专业成长及其教学的有效性。最为重要的一点是,经验—解释取向的解释结果是一线教师的长期的教学经验,这些经验是教师长期实践的智慧,具有强烈的实践性、可操作性,属于实践性知识。这些教学经验经研究者归纳、总结出来后,就成为具有理性的实践性知识,对于参与课堂教学研究的全体成员的专业成长及教学有效性具有不可估量的价值。

第二,评价工具是教师个体经验,无科学的指标与依据。

在本课堂研究中,教师的发言是缺乏证据的观点,属于漫谈式、即席发挥式的发言,发言效果是否科学,全凭个体的经验。比如,学科组长对本节课教学目标预设的评价,呈现出典型的"经验"性。科学预设的教学目标预设,至少应包括两个方面的内容:一是目标制定要"具体、清晰、可操作";二是制定目标要全面,特别是教学过程与方法的目标、情感态度与价值观的目标在预设时不可或缺。这就是教学目标的评价标准。

本节课教师教学目标预设的优点是明显的,正如评价教师所指出的那样,具有较强的可操作性,但其不足之处也是明显的,那就是不完整、不科学,缺失了一个重要的情感态度与价值观目标。结合本节课的教学内容"罗斯福新政",其情感态度与价值观目标是教给学生正确的历史观,即正确认识"罗斯福新政的本质,它的腐朽性是不容忽视的,它只是资本主义制度发展过程中的一个微调"。但是这一重要的目标却没有在教师预设目标中体现,并且学科组长评价时,也没有指出这一目标预设的缺失。这就是经验—解释取向的课堂教学研究范式的最大不足,即缺少专业的、科学的评价标准,其评价标准完全依赖评价者的经验。这样的评价经验有可能是零散的,甚至有可能是错误的。客观地讲,本节课学科组长科学预设教学目标的诊断效果,不仅不能促进教师科学地预设教学目标,反而会产生误导,达不到促进教师专业发展的目的。

第三,经验—解释取向的课堂教学研究,解释、归纳停留在"就课说课"层面。

教师的优秀经验是以教师的教学设计及教学行为来呈现的,属于教师个体的知识、实践性知识。如果能通过课堂观察、评价,使其上升到一般意义的理论高度,由对一节课的教学设计上升到对某一类课的教学设计层面,这样的研究结果对教师的教学设计技能的提升、教学有效性的实现具有重要的实践意义。理想的实践性知识生成路径见图1:

**图1 理想的实践性知识生成路径**

如果通过课堂教学诊断,能运用上述思路,把蕴涵于教学活动中的教师的优秀教学经验归纳出来,生成具有可操作性的实践性知识,无论是被评价者还是评价者,对于参与教学评价的全体人员而言,都将会促进他们的专业成长,提升他们的教学技能、实现教学有效性。总之一句话,这样的诊断操作将会实现经验—解释取向的课堂教学研究范式的价值追求。但是,在传统的经验—解释取向的课堂教学研究活动中,由于一线教师缺乏相应的归纳意识与研究素养,评价者难以把教学中呈现的典型个案经验上升到一般意义的理论高度,只是就事论事、就课评课,其结论仅仅停留在对本节课的教学改进提供建议的层面,没有跳出"就课例评价课例"的圈圈。比如,对本节课教学目标的评价。评价教师仅指出本节课预设的教学目标具有可操作性,但没有进一步指出,为何具有可操作性,什么样的预设目标才具有可操作性,同时,也没有指出什么样的预设目标是科学的、合理的。这种就课说课,没有归纳出教学活动中的教学经验或不足的典型案例,是中小学经验—解释取向课堂诊断研究中普遍存在的现象,也是最大的不足。

综上所述,广泛发生于中小学的经验—解释性课堂教学研究,其研究范式要素如下:

1. 研究的信念或价值追求——教师专业发展与教学有效性的提升;

2. 研究主体——中小学教师;

3. 研究工具——解释者所具有的经验、常识;

4. 研究结果——评价随意、主观,"就课评课"属于个案层面的判断、解释原因,没有归纳出教学经验或不足的典型的意识与做法。

综上所述,经验—解释取向的课堂教学研究,其诊断工具是教师的个体经验,具有主观性、随意性,不具有科学性,再加上传统的经验—解释取向的诊断结果是个案层面的优劣判断、原因解释,所以试图通过这种课堂教学研究范式,实现发展教师专业与提升教学有效性这一目标,是比较困难的,普遍存在于中小学校的经验—解释取向的中小学课堂教学研究范式之中,这种研究范式迫切需要改变与优化。

## 三、中小学课堂教学研究范式二: 指标—诊断取向的课堂教学研究

指标—诊断取向的课堂教学研究,是中小学教师以自制或借鉴的

量表为观课工具并收集信息,以相对固定的观察点及评价标准诊断课堂教学活动的优与劣,并赋予分值的课堂教学研究活动。

指标—诊断取向的课堂教学研究属于定量研究范畴,相对于经验—解释取向的课堂教学研究,具有相对固定的观测点及评价诊断指标,其评价结果的主观性、随意性有所改进,具有一定的客观性与科学性。指标—诊断取向的课堂教学研究被广大中小学学校普遍采用,几乎每所学校都有自制的诊断取向的观察量表,表1为某地区的小学所采用的课堂教学研究观察、诊断工具量表:

表1 小学课堂评价表

| | 评价指标 | 10—9分 | 8—7分 | 6—5分 | 4分以下 |
|---|---|---|---|---|---|
| 教学目标 | 目标明确、具体、适切,符合学科课程标准和学生学习实际 | | | | |
| 教学内容处理 | 内容正确、充实,符合学生规律,突出重点,联系实际 凸显学科内涵,能整合教学资源,力求恰当有效 | | | | |
| 教学过程 | 教学过程激发学生兴趣,培养旺盛的求知欲 学生学习主动、积极、投入,敢于质疑,发表自己的看法关注全体,重视学法指导,注重启发性和针对性教学方法灵活、生动,注意生成资源,发挥教学机智 | | | | |

注:本表是上海某小学课堂评价量表

表1是典型的指标—诊断取向课堂教学研究量表,它以定量的手段,把课堂分解为若干观测纬度也即观测点,每一观测点有相应的评价指标。上述观察量表预设的观测点分别是:教学目标、教学内容处理和教学过程。每一纬度假设了"好"的评价标准,并赋予分值,诊断结果是对被评价的课堂教学给予相应的分数。这种指标—诊断取向的课堂教学研究被广大中小学校普遍采用,其特点及不足笔者在下文中作详细叙述:

第一,观察量表中的观测点与评价指标赋值缺乏科学性。

中小学学校的观察量表多是自己开发设计，缺乏科学依据，其不足如下：

1. 学校自己开发设计的量表，其课堂观察纬度或观测点划分过于粗糙。表1中，"教学过程"这一纬度把整个教学活动全部涵盖，而教学过程中又包括教师的教、学生的学、师生互动等诸多要素，每一构成要素又可以进一步细化，但这些都被"教学过程"这一纬度所包括，显得笼统、粗糙，在实际观察过程中不易操作。

2. 诊断指标空、虚，指标赋予值不科学，诊断时主观性大于客观性。诊断工具的科学性是实证主义研究方法理想与否的关键要素。诊断指标设计的好坏，直接决定着诊断结果是否具有科学性，其中指标的可操作性是判断指标优与劣的最为重要的特征。若诊断指标设计不具有可操作性，那么判断、打分则具有主观性与随意性。比如，上述指标中关于"教学内容处理"的诊断指标是"凸显学科内涵，能整合教学资源，力求恰当有效"，这一指标相对笼统。因为，从一节课的教学内容来看，仅凭现场观课很难准确判断是否"凸显学科内涵"，更无法准确判断是否"恰当有效"。再如，关于"教学过程"的诊断指标是"关注全体……教学方法灵活、生动"，这一指标看似具体，但在面对一节真实的课堂时，依据"关注全体……"的诊断指标是很难做出准确判断的。

指标赋值是代表观察对象优、劣的重要表现，但上述指标赋值的度难以把握，不易操作，比如，第一层次10－9分与第二层次8－7分，第一层次的9分与第二层次的8分，两个分值之间紧密相连，在观课过程中如何进行区别、判断是很难把握和操作的。从表面上来看，观课者的判断采用的是量化的判断方法，其实这并不是真正的量化判断，而是主观判断。总之，粗糙的测量工具可能忽略或歪曲一些正确的教学设计活动。

第二，中小学教师不具备开发、设计课堂观察量表的能力。

指标—诊断取向的课堂教学研究，多是以量化研究方法为主，它是基于实证主义的方法论和结构主义的思想，通过采用结构化的封闭的观察工具来记录课堂。这些记录工具包括编码体系、核查清单等级量表。这些记录工具需要研究者自己开发，它对观课研究者的研究素养要求较高，体现了专业性与技术性。从学术研究的角度来看，中小学教师普遍没有接受过专业的学术研究训练,不具备较强的研究意识,也不具备专业的研究方法知识与研究能力,而指标—诊断取向的课堂教学研究,它需要依据本研究教学实践,开发出适合本校特点的标准化的观察量表,并要求观察者对观察指标进行赋值评分,这些要求对中小学教师而言是不能完成的。

总之,指标—诊断取向的课堂研究,要求科学的诊断量表,中小学教师由于受专业素养的限制而无法开发诊断量表,这一不可调和的矛盾制约了指标—诊断取向的课堂教学研究在广大中小学校的开展,现实的广大中小学校所进行的指标—诊断取向的课堂教学研究,具有实证主义的"壳",无实证主义的"质";具有科学的"形",无科学的"实"。

第三,指标—诊断取向的课堂教学研究,其诊断价值追求与中小学学校课堂教学研究的价值追求不契合。

指标—诊断取向的课堂教学研究只是给出被诊断课堂"是什么",没有给出"为什么"。

指标—诊断取向的课堂教学研究,其最终诊断结果是对课堂教学效果的量化评价,分为优、良、中、差 4 个等级,得出"优"与"劣"的评价,但没有给出"为什么",也即没有指出"优"与"劣"的原因,同时,也没有提出优化策略,更没有对教学活动中所呈现的典型经验进行归纳、提升,这对提升教师的专业素养意义不大。美国著名教育评价学者斯皮尔伯格曾说过一句精辟的话:"评价的目的不是为了证明,而是为了改进。"①指标—诊断取向恰恰仅是"证明",而不是为了"改进",这其实是犯了评价的大忌。"比如说一位教师的(课堂教学)得 85 分,那么这个分数是怎么来的?它说明什么?15 分扣在什么地方?比另一位教师高 5 分高在何处?比自己前一次的课少 3 分又少在哪里?(指标—诊断取向的课堂教学研究)并不是能说得很明白的。"②

在中小学场域中,有两个基本的命题贯穿整个学校的活动之中,分别是教师专业发展与教学的有效性,作为在中小学重要教学研究活动

---

① 顾志跃:《如何评课》,上海:华东师范大学出版社,2009 年,第 1 页。
② 尤炜:《听评课的现存问题和范式转型——崔允漷教授答记者问》,《当代教育科学》,2007 年第 24 期。

的课堂教学研究,其价值追求必须与上述两个命题相切合。指标—诊断取向的课堂教学研究,只给出了"是什么",但却没有给出"为什么",这与中小学课堂教学研究的价值追求严重背离。

综上所述,普遍存在于中小学的两种课堂教学研究范式存在着明显的不足,这导致传统的中小学课堂教学研究现状是"无合作、无证据、无研究",没有体现科学性与专业性的特征。

## 四、适切中小学的研究范式的特征

从研究范式的四要素来看,适切中小学的研究范式,应以促进研究范式四要素的良性互动为前提,特别是能够实现范式的价值追求,也即能够通过课堂教学研究,真切地促进教师专业成长与教学有效性的提高,这才是适切中小学学校的理想研究范式。下面以范式的4个核心要素为分析依据,结合中小学场域的特征,提出适切中小学学校的研究范式的基本特征:

**(一)理想教学研究范式,其诊断结果应该对教学活动中教师所呈现出的典型的教学经验进行归纳**

课堂教学诊断的任务是什么?准确判断教学活动的优与劣就达到目的了吗?这显然不是中小学课堂教学的最终目的。但是普遍存在于中小学之中的两类教学诊断范式无不是以判断被诊断对象的优与劣为结果或目的的,这就抛弃了"实现教师的专业发展与教学有效性提升"——这一中小学课堂教学研究的最终价值追求。从本质上说,我们的教学诊断所诊断的——外在的是教师的教学行为,内在的是教师的教学经验,它决定了教学行为的有效或低效、无效。总之,教学行为背后所呈现的教学经验才是教学活动中最关键的因素,它是决定教学有效或低效或无效的理论依据,具有极其珍贵的学术价值与实践价值,这才是中小学课堂教学诊断应关注的重点。

教师在教学实践中所呈现的经验是教师自身所拥有的知识的表述,这些经验的实践价值远大于宏大的理论叙述,它具有清晰、精确、可行和适应性强的特点。中小学教育研究的追求是永恒不变的,那就是促进参与研究的教师的专业化发展,提升教学的有效性。在课堂教学中,能有效提升教师教学能力、提升教学效果的,无非是教师在教学中体现出的优秀教学设计——经验,从知识的角度来看,这些经验属于实践性知识、个体的知识,具有强烈的实践性、情境性与个体性,是一线教师长期进行理论学习并运用于实践活动后内化生成的实践智慧,这需要对教师教学行为的发生规律进行归纳、总结与理性提升。因此,理想的教学研究范式,应以归纳、提升教师的教学经验为结果载体,这一研究结果将极大地促进教师的专业发展与教学有效性的提升,切合中小学课堂教学研究的最终价值信念。

通过考察已有的研究范式来看,经验—解释取向的课堂教学研究范式与指标—诊断取向的课堂教学研究范式,在实现"提升教师专业素养和教学有效性功能"方面并不理想:经验—解释取向的课堂教学研究范式解释得不科学,主观性强;指标—诊断取向的课堂教学研究范式的诊断工具开发困难,忽略了教学行为发生的过程与意义,仅侧重于赋予被考察教师一定的分值,这仅仅是完成了中小学课堂教学研究一半的任务——"是什么",但还需要完成另一半任务,还需要研究"为什么"。简而言之,传统的研究范式不具有明确的、具体的、提升教师专业素养和教学有效性的功能、措施。

总之,理想的中小学课堂教学研究范式,其诊断结果应落脚在教师教学行为发生的原因上,也即教师的教学经验,这是一个教学研究范式能否在中小学场域内持续开展、是否有生命力的核心标准。

**(二)理想教学研究范式,其诊断主体应是中小学教师与专业理论工作者所结成的研究共同体**

研究的主体是指由"谁"进行研究。这一问题在大学场域内似乎不是问题,因为,研究活动肯定是由研究者承担的,但在中小学场域内,课堂教学研究主体就有多种,比如,有中小学教师、专业理论工作者、中小学教师与专业理论工作者所结成的研究共同体等,这是由中小学教师的特殊性所决定的,这里的特殊性体现在以下三个方面:首先,中小学教师的核心任务是教学工作;其次,中小学教师普遍没有接受过专业的学术研究技能的训练,或不具有独立从事学术研究的素养;再次,中小学教学研究的目的在于促进个体的专业发展,而不仅仅以研究成果的学术价值为唯一追求。

由教师来研究和改革自己的教育实践是教育改革最直接和最适切的方式。但在目前中小学教师普遍缺乏研究能力和意识的条件下,由理论工作者和一线教师共同合作开展科学的课堂教学研究,有可能成为未来教师课堂教学研究的发展方向。理论工作者参与中小学课堂教学研究具有必要性。无论是解释性课堂教学研究,还是诊断性课堂教学研究,都需要理论工作者的参与,其参与的目的在于"不参与",当一线中小学教师掌握了课堂教学研究的基本要求,能够独立开展课堂教学研究时,理论工作者的使命就已完成。比如,在解释性课堂教学研究中,解释的标准需要理论工作者协助制定;在课堂观察时,解释什么问题,也需要理论工作者协助完成,如果单纯依靠实践工作者这些研究目标是无法完成的。在诊断性课堂教学研究中,对诊断工具——课堂观察量表的要求极其严格,这就需要理论工作者协助开发。但遗憾的是,当前中小学的课堂教学研究,几乎全是自发状态的开展,理论工作者并没有参与其中,导致当前中小学的课堂教学研究呈现"去专业化","无论是教研组层面还是学校层面,都缺乏对听评课的深入研究和有效规范,听评课的随意性较大……听评课简单处理、任务取向、不合而作等许多问题"①。

基于上述特殊性,在中小学场域中,具有生命力的课堂教学研究范式,其研究主体必须是中小学教师,这样才能体现出"校本"特征。另外,研究主体还可以是中小学教师与专业理论工作者所结成的研究共同体,专业理论工作者参与的目的在于提升研究品质、弥补一线教师研究素养不足的局限,但最终目的仍将是以中小学教师为研究主体。理论工作者如何参与中小学课堂教学研究?以何身份参与?更应是研究者思考的一个问题。因为,中小学课堂教学研究原本没有为理论工作者预留位置,这需要理论工作者的研究智慧与实践者的需求的恰当结合。

---

① 尤炜:《听评课的现存问题和范式转型——崔允漷教授答记者问》,《当代教育科学》,2007年第24期。

**(三)理想教学研究范式,其诊断工具应是科学性与实用性的兼顾**

课堂教学研究的质量与效果取决于研究工具的质量。经验—解释取向的课堂教学研究的工具是"人的经验",也即解释者的素养;其优点是易于一线教师掌握用运;其不足在于主观性、随意性较强,因此,经验—解释取向的研究工具需要丰富、提升。指标—诊断取向的课堂教学研究工具,由于受实证思维的影响,其观察量表过于复杂、繁琐,不易被一线教师掌握、运用。比如,为了使研究科学、充分,有的研究要求在课堂教学研究前对教师进行培训、课中观察、课后会议讨论,这样的操作方式在当前中小学学校是难以实现的,单从中小学教师的时间来看就不允许,会议时间难以保障。

总之,当前两种研究范式的研究工具都有明显的不足,适切中小学的课堂教学研究工具应具备以下特征:

1. 观察工具应具有科学性,符合"好课"的基本规律,应去除其主观性与随意性。

这一要求能保证研究手段的科学性,以获取科学的信息,为科学结果的得出做了铺垫。

2. 观察工具应具有实践性、可操作性,特别是应该能让一线中小学教师方便地使用。

指标—诊断取向的课堂观察量表是以"好课观"为基础设计的观察指标,这里的"好课"假设来自于专家的理论,有可能脱离教学实践,为了研究的科学性,观察量表的实证性越来越强,操作越来越复杂。因此,优秀的观察工具应以一线优秀教师的"好课"经验为基础进行开发,改造指标—诊断取向的观察维度及观察指标,使其在兼顾科学的基础上,突出实用性、可操作性。

3. 观察工具应具备对教学优秀经验进行归纳的功能。

当前的观察工具都不具备这一功能,忽略了优秀教学经验的研究,偏离了中小学课堂教学研究的最终追求目标。只有重视教学经验的课堂教学研究范式,才是指向教师专业成长的课堂教学研究,才会具有较强的实践性与生命力。

综上所述,中小学的课堂教学研究是教师专业生活与专业成长的重要组成部分,是教师专业学习的重要途径。传统的课堂教学研究范式是以考核、评价优劣为重要任务,缺乏专业的诊断工具,失去了基于证据、工具的评价,结果造成了"用业余的思维或方法处理专业的事情""诊断与没诊断一个样"的现象的产生,失去了课堂教学研究的本真目的。适切中小学的课堂教学研究范式,应具有以下特征:以归纳典型教学经验为直接任务;运用科学与实用兼顾的诊断工具,以中小学教师与专业理论工作者所结成的研究共同体为研究主体。这是一种强调专业、合作与研究性的课堂教学诊断范式。

原载《河南大学学报(社会科学版)》2018年第4期

教育史研究

# 历史制度主义与我国教育政策史研究的方法论思考

王保星①

1996年,彼得·豪尔(Peter Hall)和罗斯玛丽·泰勒(Rosemary Taylor)在合作撰写的《政治科学与三个新制度主义》一文中,将新制度主义分为"历史制度主义"(Historical Institutionalism)、"理性选择制度主义"(Rational Choice Institutionalism)和"社会学制度主义"(Sociological Institutionalism)三个派别。② 其中,历史制度主义为教育政策史、一

---

① 王保星,男,河南民权人,华东师范大学教育学系教授,博士生导师。
② Peter A. Hall, Rosemary C. R. Taylor. *Political Science and the Three New Institutionalism*. *Political Studies*, 5(1996). 关于新制度主义流派,存在多种划分方式。新制度主义政治学的综述理论家盖伊·彼得斯(Guy B. Peters)在《政治科学中的制度理论:新制度主义》(Guy B. Peters, *Institutional Theory in Political Science: the New Institutionalism*, 3rd Revised edition, New York: Continuum Publishing Corporation, 2012.)一书中提出,与旧制度主义、行为主义和理性选择理论相对应的七个新制度主义流派包括:规范制度主义(Normative Institutionalism)、理性选择制度主义(Rational Choice Institutionalism)、历史制度主义(Historical Institutionalism)、经验制度主义(Empirical Institutionalism)、社会学制度主义(Sociological institutionalism)、利益代表制度主义(Institutions of Interests Representation)和国际制度主义(International Institutionalism)。普林斯顿大学克拉克(William Roberts Clark)教授将新制度主义划分为以行动者为中心(agency-centered)的新制度主义和以结构为基础(structure-based)的新制度主义。就已有文献来看,多数学者采用了豪尔和泰勒的划分标准:理性选择制度主义、历史制度主义和社会学制度主义。历史制度主义区别于理性选择制度主义和社会学制度主义的主要表现是:将制度研究和历史过程结合起来,通过历史过程的追踪来展现制度作为因变量和自变量所具有的重大特征。

般教育史的研究及其分析框架的构建提供了方法论的指导。

## 一、历史制度主义的演变与发展

作为一个政治社会学理论流派,历史制度主义发展经历了起步、成型和扩展深入三个阶段的演变与发展。

起步阶段(20世纪40年代中期至80年代初期):卡尔·波兰尼(Karl Polanyi)《大转型:我们时代的政治经济起源①、巴林顿·摩尔(Barrington Jr. Moore,)《民主和独裁的社会起源:现代世界诞生时期的贵族与农民》②、萨缪尔·亨廷顿(Samuel Huntington)《变革社会中的政治秩序》③和西达·斯考切波(Theda Skocpol)《国家与社会革命:对法国、俄国和中国的比较分析》④等包含历史制度主义理论要素的代表性著作相继面世,这类著作将"制度"纳入政治社会学的研究领域,重视制度在社会发展中所发挥的动力作用的研究。

成型阶段(20世纪80年代初期至90年代末):一些更具鲜明新制度主义观的著作与论文就新制度主义理论规范进行了总结,提出了历史制度主义的名称和理论范式。

1984年,詹姆斯·马奇(JamesG. March)和约翰·奥尔森(JohanP. Olsen)等在《美国政治科学评论》上发表《新制度主义:政治生活中的组织因素》一文,首次提出"新制度主义"概念,将过去乃至当时行为主义时代的政治学类型与状况概括为背景化、简约化、功利化、功能化和工具化,主张重新恢复政治制度在政治学研究中的核心地位,并理清了制度研究的基本原则,标志着新制度主义的诞生。1982年8月,斯考切

---

① Karl Polanyi, *The Great Transformation: Economic and Political Origins of Our Time*, New York: Farrar & Rinehart, 1944.
② Barrington Jr. Moore, *Social Origins of Dictatorship and Democracy: Lord and Peasant in the Making of the Modern World*, Beacon Press, 1996.
③ [美]萨缪尔·亨廷顿著,李盛平等译:《变革社会中的政治秩序》,北京:华夏出版社,1988年。
④ [美]西达·斯考切波著,何俊志等译:《国家与社会革命:对法国、俄国和中国的比较分析》,上海:上海人民出版社,2013年。

波在"当今国家理论研究实质"的学术会议上交流的《回归国家》一文,提出政治学研究需要回归国家研究传统,重视国家在社会形成中所发挥的制度结构的作用的观点。

1992年,凯瑟琳·瑟伦(Kathleen Thelen)和斯文·史泰默(Sven Steinmo)发表《比较政治学中的历史制度主义》①一文,明确提出"历史制度主义"概念,并引用哈佛大学教授彼得·豪尔的制度观,将制度理解为"对行为建构起作用的政治组织或非正式规则、程序等"。"在历史制度主义的事业中,制度成为研究的基点,制度如何形成,如何在社会变迁中产生,又如何约束人的行为,构建人的偏好和动机,恰恰构成了制度作为因变量和自变量双重身份的特殊要素。"②1996年,彼得·豪尔与罗斯玛丽·泰勒合作完成《政治科学与三个新制度主义》,将历史制度主义的重要特征概括为:倾向于在相对广泛的意义上界定制度与个人行为之间的相互关系;强调在制度的运作和产生过程中权力的非对称性;在分析制度的建立和发展过程中强调路径依赖和意外后果;尤其关注将制度分析和能够产生某种后果的其他因素整合起来加以研究。③

扩展深入阶段(20世纪90年代末至今):自20世纪90年代末以来,历史制度主义研究步入扩展深入阶段,系统成熟的理论成果相继出现,相关实证研究不断深入。这一时期的代表性成果有鲍尔·皮尔森(Paul Pierson)的《增长回报、路径依赖与制度变迁》④,该文就路径依赖理论在政治学研究中的价值作了系统分析;2002年,鲍尔·皮尔森还

---

① Kathleen Thelen, Sven Steinmo, "Historical Institutionalism in Comparative Politics", in Steinmo, *Structuring Politics: Historical Institutionalism in Comparative Analysis*, London: Cambridge University Press, 1992.

② 刘圣中:《历史制度主义:制度变迁的比较历史研究》,上海:上海人民出版社,2010年,第95页。

③ [美]彼得·豪尔,[美]罗斯玛丽·泰勒著,何俊智编译:《政治科学与三个新制度主义》,薛晓源、陈家刚主编:《全球化与新制度主义》,北京:社会科学文献出版社,2004年,第196页。

④ Paul Pierson, "Increasing Returns, Path Dependence, and the Study of Politics", American Political Science Review, 2000, 251—267。

与西达·斯考切波合作完成《当代政治学中的历史制度主义》①,将历史制度主义的三个主要特征概括为:历史制度主义关注重大的、实质的问题;认真对待时间问题,细分序列和追溯规模不断变化的过程和转型,重视瞬时性问题;注重宏观背景分析,形成由重要议程、瞬时性观点、背景和框架构成的分析框架。2004年,鲍尔·皮尔森发表《时间中的政治:历史、制度与社会分析》,倡导政治学研究的"历史转向",把"政治植入时间当中"加以研究,注重解析历史因素、制度(正式制度与非正式制度)背景、权力结构和社群结构对政策结果的影响。

## 二、历史制度主义的基本理论取向

就基本理论取向而言,历史制度主义的理论取向是在阐明传统政治学基本特点的基础上确定的。按照詹姆斯·马奇和约翰·奥尔森在《新制度主义:政治生活中的组织因素》中的分析来看,自1950年以来,政治科学理论内容的基本特点表现为:"(1)背景论,倾向于把政治看作是社会整体的一个部分,而不太愿意将政治组织与社会其余的部分区分开来。(2)化约论,倾向于把政治现象当作是个体行为聚集的结果,而不太愿意把政治的结局归因为组织的结构和适宜的行为规则。(3)功利主义,倾向于把行动看成是来自自我利益筹算,而不愿把它看作是政治行动者对义务和责任的回应。(4)功能主义,倾向于把历史看成是达到唯一的适宜均衡的有效机制,而较少关注历史发展中的适应性欠佳和多种可能性。(5)工具主义,倾向于把决策和资源分配看作是政治生活关注的中心,而较少关注到政治生活围绕着意义的展开通过符号、仪式、典礼组织起来。"②

---

① Paul Pierson,Theda Skocpal,"Historical Institutionalism in Contemporary Political Science",In I Katznelson and H Milner,(eds.),Political Science:The State of the Discipline,W. W. Norton,2002.

② [美]詹姆斯·马奇,[挪]约翰·奥尔森:《新制度主义:政治生活中的组织因素》,何俊志,任军锋,朱德米编译:《新制度主义政治学译文精选》,天津:天津人民出版社,2007年,第20页。

依据西达·斯考切波、凯瑟琳·瑟伦和斯文·史泰默等人的表述，"历史制度主义"的基本理论取向是：阐明政治发展如何表现为政治规则、政策结构和非正式规范随时间的推移而展开的历史进程，说明政治斗争是如何接受社会政治制度背景的调节和塑造的，解析政治斗争是如何以具体的社会"制度情境"为中介的，阐明制度在决定社会和政治后果上的重大作用，以制度视角关注重大历史问题和现实问题，实现历史分析与制度分析的充分结合。

彼得·豪尔和罗斯玛丽·泰勒进一步将历史制度主义的理论取向具体表述为：重视在相对广泛的意义上对制度与个人行为间的相互关系做出阐释；关注在制度构建和运行过程中权力的非对称性；强调制度构建与运行过程中所存在的路径依赖和意外后果；关注运用能够产生某种政治后果的因素整合制度分析。① 鲍尔·皮尔森和西达·斯考切波则更是将历史制度主义的关注点简要表述为：关注和解析具有重大历史意义和充满历史魅惑的历史事件，凸显历史事件的背景与变量的序列，对历史事件和行为做出基于历史进程的解读和分析，以追寻历史进程的方式对事件与行为做出解释。

## 三、历史制度主义的历史观

历史制度主义将历史视为促使政治后果出现的结构性背景和人类克服理性局限的主要途径，并致力以宏大的历史视野描述影响政治进程的各因素，以动态联系的复杂性思维理解在不同历史阶段扮演自变量与因变量角色的各社会因素，并探查影响政治事件发生的关键因素。

### （一）时间观：历史制度主义历史观的基础

历史制度主义的历史观是建立在"时间观"的基础上，主张从时间角度分析政治政策的演变过程，分析时间要素对制度变迁和制度差异的影响和结果。保罗·皮尔森曾将历史制度主义的时间要素概括为：

---

① 何俊志：《结构、历史与行为——历史制度主义的分析范式》，《国外社会科学》，2002年第5期。

路径依赖、关键节点、序列、事件、持久性、时序和意外后果。

在历史解释的逻辑上,一方面,历史制度主义继承和进一步强调了历史解释的基本逻辑,将任何事物的存在都理解为一种时间性的存在,历史既是过去的时间性存在,又决定着当下的现实性存在;另一方面,历史制度主义对于历史解释的复杂性与风险性表现出清醒而冷静的立场:历史在决定当下行动兴趣,提供行动与制度互动背景的同时,还包含着偶然变量,历史过程中的偶然性将导致意外性制度变迁的发生。人们进入历史或解释历史的可能性主要源于三个方面:历史改变现在的性质;历史是时间的来源和替代性的愿景;历史帮助细分当代的政治地形学。①

在时间观问题上,不同于目的论时间观和实验论时间观,历史制度主义提出了"事件论时间观",主张偶然发生的事件具有改变社会因果关系的力量,认为"事件的发生并不是一致的、独立的,而通常是'路径依赖'的,也就是说,哪怕先前发生的微小事件,也会影响到后来事件的可能结果,甚至是重大的结果"②。事件改变历史结果的方式,往往通过改变人类行动的文化范畴来完成。

在历史的解释维度上,历史制度主义主张从两个维度对历史加以诠释:一是长时段的纵向的历史序列,具有稳定性和连续性;二是短时间的横向的历史节点,具有波动性和断裂性。关于历史序列,历史制度主义认为,时间的连续性促成历史序列的出现,历史序列主要是以"路径依赖"的形式表现出来,路径依赖对于既定的制度具有强化作用,并以多样平衡、偶然性、惰性、时间和序列特征的形式发挥这一强化作

---

① 刘圣中:《历史制度主义:制度变迁的比较历史研究》,上海:上海人民出版社,2010年,第150页。

② 刘圣中:《历史制度主义:制度变迁的比较历史研究》,上海:上海人民出版社,2010年,第162页。

用。① "追溯历史过程"是历史制度主义"认真对待历史"的重要形式,而所谓的"追溯历史过程",就是要考察历史演变的长期过程,分析重要的年份段落。历史制度主义还创造性地提出了"关键节点"概念,将"关键节点"视为特殊的历史时间点,在此时间点发生的重大事件对此后的历史发展产生了重大影响。"关键节点"被喻为历史制度主义的"黄油"和"面包"。

**(二) 历史制度主义历史观的基本内容**

第一,历史制度主义注重展示过往之于当下的影响和意义,即重视对历史启迪和历史经验的总结。历史制度主义主张,政治政策的制定和政策方案的实施,无不是在一定的政策制定模式中完成的,而政策模式的形成则又意味着一个经历具体的社会历史过程,表现出"路径依赖"的特征。相对于其他社会生活而言,政治生活的特质,即集体行动的核心地位,更多依赖政治权威提升权力的非对称性,制度的高密集型,以及政治行为的复杂性和模糊性,决定着以追求"报酬递增"为主要目的的"路径依赖"更容易出现于政治实践中,并在"路径依赖"中充分展示时间序列的重要性、政治制度的演变惯性、政治过程推进的偶然性和政治制度的继承性。依据皮尔森的解释,广义的"路径依赖"是指前一阶段发生的事情会影响到后一阶段所出现的一系列事件和结果;狭义的"路径依赖"是指"一旦一个国家或地区沿着一条道路发展,那么扭转和退出的成本将非常昂贵。即使在存在着另一种选择的情况下,特定的制度安排所筑起的壁垒也将阻碍着在初始选择时非常容易实现的转换"②。

第二,历史制度主义主张将历史理解为一个历史过程,主张将制度

---

① 按照历史制度主义理论家皮尔森的观点,"多样平衡"——在有助于积极反馈的内部条件下,大范围结果的出现是可能的;"偶然性"——特定时刻的偶然发生的小事件可能导致后来重大结果的出现;"时间和序列"——是指在路径依赖过程中,事件发生的时间极为重要,不同时间发生事件的序列将导致完全不同的结果;"惰性"——积极反馈的过程将导致单一的平衡,这一平衡将抵制变革的实现。

② 何俊志,任军锋,朱德米编译:《新制度主义政治学译文精选》,天津:天津人民出版社,2007年,第193页。

研究置于历史过程之中,即置于一个由具体的空间背景和时间秩序所构成的历史过程之中加以解析,主张同样的时间要素在历史过程中的不同组合及不同排列顺序往往导致不同历史结果的产生。在坚持历史过往启迪当下的同时,后来发生的历史事件对此前的历史实践也具有经验总结和规则承续的意义。就历史场域中的制度而言,它的构建与发展都是基于解决具体的社会问题,同时也都是要接受过去历史制度和政策的影响。因而,既需要从导致其产生的现实情境中寻找制度改变和延续的根据,也需要从历史背景中寻找原因。在历史分析中,将历史事件的发生理解为量的积累与质的跃升,即量变与质变交替进行的历史实践过程。对于具体历史事件所开展的历史发生学的原因追溯,既要关注导致事件得以实际发生的关键性因素,也要对非关键性因素在历史事件发生中所发挥的实际作用加以必要的剖析。

第三,历史制度主义在坚持"路径依赖"的同时,提出了"关键节点"和"阈值效应"的概念,构建起"制度变迁"理论。现实的政治制度表现为两种状态,即制度存续和制度断裂,制度变迁过程也就从整体上包括了制度存续的"常态期"(normal periods)和制度断裂的"关键节点期"(Critical Junctures)。在常态期,制度变迁的发生遵循路径依赖规律,制度内部诸因素,以及制度与环境之间保持着某种平衡;在"关键节点期",制度变迁表现为制度断裂,关键节点即是新的发展时期的某一重要转折点,在此时期,各种社会政治力量的博弈和冲突促成新制度的诞生。"阈值效应"则是指某些社会过程达到一定的阈值临界点会引发重大而激烈的质的变化。

第四,历史制度主义表现出"宏大史观",注重解析重大政治事件,注重将历史进程理解为一个微量增加的过程,注重借鉴法国年鉴学派的"长时段"概念,探讨那些对人类历史进程发挥着缓慢的、持久的然而又常常起着决定性作用的影响因素。人类社会发展的历史证明,重大的社会变迁在一个短时段内是不可能完成的,其发生与发展不可能是一蹴而就毕其功于一役的。因此,"历史制度主义在分析一些重大事件和进程时,就不但要找出那些共时性的结构因果关系,还要从事件变迁的历时性模式中发掘出那些历史性因果关系,从而使得它们的分析时段往往长达数年、数十年甚至数百年"①。

第五,历史发展的偶然性与无效性。历史制度主义的代表鲍尔·皮尔森在探讨社会发展轨迹时提出"裂口效应"概念,认为追求统一性的一体化机制发展到某一点时,就会在一定程度上摆脱机制控制,表现出"裂口效应",导致制度发展脱离最初设计者的本意而出现独立、自主的发展现象,历史发展呈现出偶然性和无效性。

## 四、历史制度主义的制度观

新制度主义并不是将"制度"理解为一种单一内涵,新制度主义各流派对于制度的概念也提出了各自的见解。道格拉斯·C.诺思将"制度"界定为:"制度是一系列被制定出来的规则、守法程序和行为的道德伦理规范,它旨在追求主体福利或效用最大化利益的个人行为。"②彼得·豪尔和罗斯玛丽·泰勒在《政治科学与三个新制度主义》中,对历史制度主义的"制度"做出了描述性界定:嵌入政体或政治经济组织结构中的正式或非正式的程序、规则、规范和惯例。其范围涵盖宪政秩序、官僚体制内的操作规程、对工会行为和银企关系起管制作用的一些惯例等。

历史制度主义对制度的理解更多具有中观层面的意义,认为中观层面的制度在政治分析中居于核心地位。历史制度主义不认可旧制度主义者的有关制度具有历史效率性和合目的性的理解,也不再强调国家能力和政策遗产对此后政策选择的影响,而是将制度理解为动态的社会发展变量,随时间和条件的变化而变化。既是自变量,也是因变量,现存制度充其量只能说是现存条件下最令人满意的政策结果而已。

历史制度主义主张,制度一旦形成,便具有自我强化和自我学习机制。制度自我强化的实现主要是通过"路径依赖"来完成。"路径依赖"

---

① 何俊志:《结构、历史与行为——历史制度主义的分析范式》,《国外社会科学》,2002年第5期。

② [美]道格拉斯·C.诺思著,陈郁,罗华平等译:《经济史中的结构与变迁》,上海:生活·读书·新知三联书店,上海人民出版社,1991年,第225—226页。

在社会政治实践中表现为,制度一旦被选择或被建构,导致退出该制度或变革该制度的成本将会随着制度实践过程的推移而越来越大,也就意味着如果一种制度实施的时间越久,则退出或变革该制度的可能性就会越来越小。

不同于理性选择理论和文化选择理论,历史制度主义认为,政治实践个体在很多情况下并不具备掌握所有理性信息的条件和能力,其行为并非全部基于理性选择,也并不是全由其所具有的世界观或文化模式所驱使,甚至也并不明确其自身所追求的最大化利益,其行动更多的是基于"满意"标准,而非"最优"标准。个体理性的形成过程伴随着对特定社会制度因素塑造的接纳,个体世界观或群体文化模式的形成也是在特定的社会制度条件下完成的,因而,个人行为选择在多大程度上是基于理性的选择,或在何种程度上接受文化模式的驱使,则完全取决于特定的社会制度背景。

## 五、我国教育政策史研究的方法论思考

一般而言,方法论是一种以解决问题为目标的体系或系统,通常涉及问题研究的理论基础、研究主题、分析框架等方法技巧,是对这些方法技巧的总体论述。就我国教育政策史研究而言,自20世纪80年代以来,教育政策史研究面临着与一般政策科学研究相似的困境:在研究取向上存在人文与科学的二元对立问题,在研究手段上存在泛技术化缺陷,在理论基础和分析框架的构建上尚不够完善。援引历史制度主义的理论和方法,为我国教育政策史研究摆脱困境寻求方法论支持,应该是一项有益的尝试。

### (一)教育政策史研究的理论基础

加强教育政策层面的制度分析,将"教育政策"视为一种教育制度的表现形式,通过解析教育行为者选择参与教育政策的价值倾向,将具体教育政策问题置于具体的教育历史情境中加以阐释,再现教育制度变迁和教育政策决策过程中的教育价值的选择,教育理论建构与教育实践关注并行,行为主义层面的教育科学理性彰显与人文主义层面的

教育价值追求并重。在教育政策史研究中,注重实现宏观的教育结构分析、教育法律分析与微观的教育心理分析、教育行为分析的结合,强调教育制度和教育结构对教育行为者的影响,强调运用政治背景和社会结构解释重大教育政策。注重将教育政策变迁的历史作为研究对象,注重对其实施案例的分析和比较研究,努力探明教育政策变迁历史过程中影响教育政策的变量之间的关系。①

### (二) 教育政策史研究的理论取向

在教育政策史研究中,应充分认识到作为教育体系的输出产品,具体教育政策无不是在一定教育制度、教育体制和教育结构中发生、实施和运行的。因而,教育政策史的研究不但要梳理教育政策发展与演变的纵向历史,而且更要探讨影响教育政策变迁的社会因素和教育因素。

在教育政策史研究的理论取向上,借鉴历史制度主义的基本理论和方法,明晰教育政策史的研究问题和研究进路,将教育政策所体现的教育理念、教育政策制定过程中基于不同群体的不同教育诉求所发生的教育博弈和教育冲突,以及将教育政策实施效果的分析置于具体的历史情境中加以解读,注重在教育政策变迁的历史过程中探究教育生活的因果关系,在梳理教育政策史的变迁过程中,在坚持以"线性史观"和"进步史观"的基本立场分析教育政策形成与实施中具有普遍联系意义的诸因素的同时,汲取历史制度主义有关历史发展的偶然性与无效性观点,关注教育政策实践层面的"裂口效应",关注历史偶然因素对于教育政策的制定和实施所具有的意义和价值,凸显教育政策史研究理论解释的具体性、解释性和条件性。

在教育政策史研究中加强教育政策史演变过程中制定教育制度的因素分析。教育制度对于教育政策所发挥的塑造作用十分突出,教育政策史研究主题需要聚焦于教育历史过程与教育中层结构的教育制度分析上,突出教育制度在教育实践和教育生活中所扮演的角色。要借助对教育制度的理解和分析,展示教育政策作为教育冲突与选择的结

---

① 庄德水:《论历史制度主义对政策研究的三重意义》,《理论探讨》,2008年第5期。

果,展示历时性的教育制度在塑造和构建不同历史时期的教育政策的途径和手段,将理解和把握教育制度的关键问题作为帮助人们理解教育权力分配与教育政策实施的基础与前提。

**(三) 教育政策史研究的主题选择**

在宏观的长时段的历史序列性教育政策史研究中,注重引入"制度背景""思想观念与意识""社会结构"等概念,注重寻找宏观教育政策演变,尤其是重大教育政策出台的经济结构、社会文化心理结构等对教育政策变迁发挥支配作用的社会背景,注重分析潜在的"民族文化背景"和"国际社会大环境"借助于外化为"价值判断"而对教育政策产生的深远影响,区分已有教育政策变革"路径依赖"的强弱情况对教育政策变革道路选择的影响。

注重运用"政策演进"与"政策断裂"等历史制度主义概念,从历史的文化、宗教、教育理想等这些对教育政策变迁提供制度背景的因素中,提炼出宏观的或历史的教育政策演进的结构框架,确定推动教育政策发生断裂的"关键节点期"和"常态期",厘清重大教育政策发生断裂的"关键节点"和"否决点",①合理确定教育政策史变迁的历史阶段和教育政策创新的重要契机。不但要努力探觅那些导致教育政策呈现一致性的共时性结构因果关系,还要从教育政策变迁的历时性模式中发掘出那些历史性因果关系,进而提升教育政策史研究的解释力度和现实价值。

在微观的短时段的历史节点性的教育政策史研究中,注重加强对于具有划时代意义的历史性的具体教育政策研究,将具体教育政策产生与发展的历史过程理解为民众教育意愿集中、国家教育意志体现、教

---

① 伊美格特(Ellen M. Immergut)在其论文《博弈规则:法国、瑞士和瑞典卫生决策的逻辑》中,提出了"否决点"这一概念,用以表达这样一种社会政治现象:社会政治决策的完成不仅仅表现为一个时间点的行为,更表现为一个处于不同制度位置的不同行动者的行动与决策序列。具有不同政治利益的机构在面对不同的项目时,既表现为一些行动者在决策点促成政策或法律的通过,也表现为一些行动者利用其在制度框架内的权利和机会阻止政策或法律通过,其否决的机会和场域即为"否决点"。

育实践政治工具和法律工具的使用过程,理解为社会不同层面的"教育行动者"之间的选择与博弈过程。

**(四)教育政策史研究的分析框架**

援引历史制度主义的时间观,将路径依赖、关键节点、序列、事件、持久性、时序和意外后果概念引入对教育政策历史的追溯之中,在纵向的线性的历史序列和横向的点状的历史节点两个层面上追溯并展示教育政策史,既注重分析教育政策史演变基于路径依赖所呈现的稳定性和连续性,又强调教育政策史在特定历史节点上受时序和意外后果及其他偶然因素影响所表现出来的波动性和断裂性,努力书写出具体生动的教育政策史。

援引历史制度主义确立的"宏观结构—中层制度—微观行动者"的分析框架,将社会经济体制转型(转变)、政治体制改革、科技体制创新、文化与教育体制变迁、教育哲学观与教育目的观更新确定为影响教育政策的"深层结构";将政府的教育资源配置方式、或集权或分权的教育管理体制、教育立法与教育政策内容及其制定程序等确定为影响教育政策变迁的"路径依赖"强弱的"中层制度";将教育政策的制定者、执行者、接受者、评价者等确立为具体教育政策研究的"微观行动者",解析具有不同教育利益立场和教育利益诉求的"教育微观行动者"教育选择的理性与非理性水平,探求由于教育政策内容设计或政策制定程序自身存在的缺陷所导致的教育政策实施的实践层面的"意外后果",剖析偏离政策价值取向的意外事件的偶然性和必然性。

原载《河南大学学报(社会科学版)》2017年第1期

# 义务教育发展政策变迁：
# 制度分析与政策创新

王星霞[①]

## 一、从非均衡发展到均衡发展：
## 义务教育的变迁历程

在整个基础教育体系中，义务教育具有基础性和先导性地位。义务教育既是每个公民接受基本教育权利的保证，又是提升全民族素质的基本途径。义务教育是政府提供的基本公共服务，具有强制性、免费性和普及性，是最能体现教育公平的领域。但由于历史和现实的原因，新中国在实施义务教育时主要是通过非均衡政策实现的，这虽然契合了地区之间经济发展不平衡的我国国情，较快地实现了"普九"的基本目标，但也导致义务教育发展不均衡。义务教育发展的不均衡，导致我国教育不公平，这成为新世纪政府和人民关注的焦点问题。从2002年《教育部关于加强基础教育办学管理若干问题的通知》提出"积极推进义务教育阶段学校均衡发展"时起，均衡发展就成为义务教育全面普及之后的战略性任务。至此，义务教育发展政策经历了从注重效率、数量到注重公平、质量的变革和跃迁的过程。

**（一）义务教育非均衡发展阶段：1978年—2000年**

十一届三中全会以来，改革与发展成为时代的主旋律，至此，我国

---

[①] 王星霞，女，河南商丘人，河南大学教育科学学院教授，博士生导师，教育学博士。

义务教育也迎来了一个大发展的历史时期。在扩大规模和提高质量的双重要求下，义务教育走上了"地方办学、分级管理""梯度战略"的发展路径。此外，城市优先发展的一贯安排和重点学校制度的重建，使义务教育"非均衡"格局得到进一步强化。

首先，改革开放以来，我国综合国力的竞争就是人才的竞争，归根到底是教育的竞争。因此，我国政府提出了要"像抓经济工作那样抓教育"的发展战略目标。于是，新中国成立后曾实施并取得较大成效的"两条腿走路"的教育发展政策，其中的发动群众集体办学的方法成为新时期基础教育发展的一个必然选择。这一思想在1985年5月27日颁布的《中共中央关于教育体制改革的决定》中得到了体现，规定"地方办学、分级管理"，并在次年颁布了《中华人民共和国义务教育法》，使地方承担义务教育经费的筹措和适当收取学杂费的做法以法律的形式确定下来。"地方办学、分级管理""人民教育人民办、办好教育为人民"成为这一时期教育的行动纲领，中央也因此将义务教育的责任进行最大限度的下放，"甚至连贫困地区的义务教育，国家在'补助'与'自助'的权衡中，也更加重视地方的'自助'作用"[①]。由于不同地方、不同级别的人民政府之间的财力相差巨大，使义务教育产生了明显的区域差别、城乡差别。此外，由于县、乡财政的短缺，尤其是乡镇一级的财政更是短缺，很多地方出现了较严重的拖欠教师工资的情况。"群众支持办教育"的收费政策，也在现实中逐渐演变成教育乱收费、以优质教育资源换取高额"择校费"等现象，大大加重了学生家庭的经济负担，也使教育公信力迅速下降，从而引起人们对教育公平问题的强烈关注。

其次，我国的现代化建设战略是一种梯度发展战略，这一发展战略是以不均衡为"发展起点"和"发展代价"的。梯度发展战略暗含"效率优先、兼顾公平"的发展理念，是"短缺社会"的必然选择，是以不平衡发展对"贫穷社会主义"进行否定的，1985年出台的《中共中央关于教育体制改革的决定》，对义务教育的发展沿袭了此战略，即根据我国经济、文化发展不平衡的现状，各地区义务教育的内容因地制宜，各不相同。

---

① 邵泽斌：《新中国义务教育治理方式的政策考察》，北京：北京师范大学出版社，2012年，第105页。

"全国可以大致划分为三类地区:一是约占全国人口四分之一的城市、沿海各省中的经济发达地区和内地少数发达地区。在这类地区,相当一部分已经普及初级中学,其余部分应该抓紧按质按量普及初级中学,在1990年左右完成。二是约占全国人口一半的中等发展程度的镇和农村。在这类地区,首先抓紧按质按量普及小学教育,同时积极准备条件,在1995年左右普及初中阶段的普通教育或职业和技术教育。三是约占全国人口四分之一的经济落后地区。在这类地区,要随着经济的发展,采取各种形式积极进行不同程度的普及基础教育的工作。对这类地区教育的发展,国家尽力给予支援。国家还要帮助少数民族地区加速发展教育事业。地方各级人民代表大会根据本地区的情况,制订本地区的义务教育条例,确定本地区推行九年制义务教育的步骤、办法和年限。"梯度发展的结果必然导致全国义务教育发展不均衡。

改革开放后,我国重点学校制度的重建对义务教育阶段的学校之间的均衡发展更为不利。1977年5月,邓小平同志在《尊重知识,尊重人才》中,针对我国现代化建设急需人才的状况,指出:"办教育要两条腿走路,既注意普及,又注意提高。要办重点小学、重点中学、重点大学。要经过严格考试,把最优秀的人集中在重点中学和大学。"[1]这是关于建设重点学校的明确指示。当时在教育资源不足的情况下,以"效率优先"的重点学校政策,为国家迅速培养了大批人才,但也给学校之间造成了越来越大的差距,义务教育发展的不均衡成为必然。

**(二) 义务教育政策由非均衡发展向均衡发展转变:2001年至今**

1. 义务教育均衡发展政策的提出:2001年—2009年

2001年,为适应农村经济体制改革的不断深化,特别是农村税费改革的全面推进,国务院召开了全国基础教育工作会议,颁布了《关于基础教育改革与发展的决定》,对农村基础教育管理体制做了重大改革:农村义务教育管理"实行国务院领导,由地方政府负责、分级管理、以县为主的体制"。这种义务教育管理体制被简称为"以县为主",包括以下几方面:"一是县政府对本地农村义务教育负有主要责任;二是县

---

[1] 《邓小平文选》第2卷,北京:人民出版社,1983年,第40页。

政府要抓好中小学的规划、布局调整、建设和管理;三是县财政统一发放教职工工资;四是县教育行政部门统一负责中小学校长、教师的管理;五是县教育行政部门负责指导全县学校的教育教学工作。对财政困难的县,省财政或中央财政应实施义务教育专项转移支付政策。"①"以县为主"体制的推出,旨在将农村义务教育的责任主体由原来的乡镇政府提升到县级政府,变三级办学为两级办学,以消除或降低由税费改革给义务教育发展带来的负面影响。

"以县为主"体制的实施,带来了农村教育的变化。以往的以农村集体和农民个体集资为主的供给方式让位给县级人民政府,同时中央和省级财政的扶持力度也有所加大。这些举措体现了政府开始全面承担义务教育供给责任的强大决心,因此农村大面积拖欠中小学教职工工资的现象得到扼制,也为义务教育均衡发展政策的制定做好了准备。

2002年颁布的《教育部关于加强基础教育办学管理若干问题的通知》首次提出"积极推进义务教育阶段学校均衡发展"的目标。2005年5月,教育部印发了《关于进一步推进义务教育均衡发展的若干意见》,这是第一个全面阐述国家义务教育均衡发展的政府文件。2006年6月,修订的《中华人民共和国义务教育法》明确指出,"国务院和县级以上地方人民政府应当合理配置教育资源,促进义务教育均衡发展""县级以上人民政府及其教育行政部门应当促进学校均衡发展,缩小学校之间办学条件的差距""不得将学校分为重点学校和非重点学校。学校不得分设重点班和非重点班",义务教育均衡发展由政策层面上升到法制层面。

2. 义务教育均衡发展政策的深化:2010年至今

自2010年以来,我国义务教育进入了全面普及、促进内涵发展的新阶段。2010年1月4日,教育部发布《教育部关于贯彻落实科学发展观进一步推进义务教育均衡发展的意见》,提出"把均衡发展作为义务教育的重中之重","要以县级行政区域内率先实现均衡为工作重点,大力推进区域内学校与学校之间义务教育均衡发展,积极鼓励有条件的

---

① 柳斌:《科教兴国战略要首先落实在义务教育上》,《人民教育》,2001年第10期。

地方努力推进区域与区域之间义务教育均衡发展"。① 2010年7月29日颁布的《国家中长期教育改革和发展规划纲要（2010—2020年）》，提出了"率先在县（区）域内实现城乡均衡发展，逐步在更大范围内推进"，到2020年"基本实现区域内均衡发展"的目标。为落实该《纲要》，2011年，教育部与27个省份和新疆生产建设兵团签订了推进义务教育均衡发展备忘录，明确了分地区推进义务教育均衡发展的目标和任务。

2012年1月20日，教育部出台了《县域义务教育均衡发展督导评估暂行办法》。2012年9月7日，国家颁布了《国务院关于深入推进义务教育均衡发展的意见》，确立了义务教育均衡发展的指导思想、基本目标、政策措施和体制保障。2012年10月，国务院印发了《关于深入推进义务教育均衡发展的意见》，对在新形势下推进义务教育均衡发展提出了基本目标。2012年11月，党的十八大报告以"办好人民满意的教育"为指导思想，提出"均衡发展义务教育"的新理念，实现了义务教育均衡发展政策的提升。2014年7月8日，《国家教育体制改革领导小组办公室关于进一步扩大省级政府教育统筹权的意见》指出："切实统筹管理义务教育，把均衡发展义务教育作为重中之重，认真履行义务教育均衡发展备忘录，实现每一所学校符合国家办学标准。"②

进入21世纪以来，国家对社会公平更加注重，为义务教育均衡发展政策的出台和实施营造了良好的环境。如，2003年9月17日，国务院做出决定：到2007年，争取全国农村义务教育阶段贫困家庭都能享受到"两免一补"的政策优惠。2005年12月，国务院颁布《关于深化农村义务教育经费保障机制改革的通知》，决定从2006年春季开始西部地区农村义务教育阶段学生全部免收学杂费；2007年，中部地区和东部地区农村义务教育阶段中小学生全部免除学杂费。全国义务教育阶

---

① 教育部：《教育部关于贯彻落实科学发展观进一步推进义务教育均衡发展的意见》，http://www.moe.gov.cn/srcsite/A06/s3321/201001/t20100119_87759.html，2010年1月19日。

② 政法司：《国家教育体制改革领导小组办公室关于进一步扩大省级政府教育统筹权的意见》，http://www.moe.gov.cn/s78/A02/zfs__left/s6528/s6529/201412/t20141222_182221.html，2014年12月22日。

段中小学生免除学杂费政策的实施,有效提高了义务教育阶段学生的入学率,也有效地治理了中小学乱收费的现象,使义务教育得到了稳步发展。再如,2006年,《中共中央关于构建社会主义和谐社会若干重大问题的决定》明确提出了"完善公共财政制度,逐步实现基本公共服务均等化"的政策目标,要求"加快建立有利于改变城乡二元结构的体制机制"。2014年12月25日,国务院办公厅发布《国家贫困地区儿童发展规划(2014—2020年)的通知》,要求针对贫困地区"制定义务教育阶段学校标准化的时间表、路线图,解决农村义务教育中寄宿条件不足、大班额、上下学交通困难、基本教学仪器和图书不达标等突出问题"①。

在社会追求公平的大背景下,义务教育均衡发展的实践创新层出不穷。在统筹义务教育学校发展上,建立规范的教师交流制度,缩小学校之间、城乡之间教育水平的差距;在统筹学校发展上,实现教师工资规范化,缩小学校之间教师工资差距,促进教师资源均衡配置和合理流动,缩小学校之间师资水平差距等。这些义务教育均衡发展政策的实施,显示了各级政府追求义务教育均衡发展的决心和努力,"也不断消解了业已存在的'义务教育城市优先发展、经济发达地区率先发展、重点学校重点发展'的教育'非均衡'发展的格局"②。但由于长期存在的地区之间的差距、城乡之间的差距、学校之间的差距,使教育发展不均衡的"大局面"难以得到根本改变。

## 二、义务教育发展政策变迁的制度分析

戴维·菲尼的制度理论将制度分为宪法秩序、制度安排和规范性行为准则三类。③ 义务教育发展政策本质上是一种制度安排,制度分析理论与方法完全适用于义务教育发展政策的分析。

---

① 国务院办公厅:《关于印发国家贫困地区儿童发展规划(2014—2020年)的通知》,《中华人民共和国国务院公报》,2015年第3期。
② 邵泽斌:《新中国义务教育治理方式的政策考察》,北京:北京师范大学出版社,2012年,第185页。
③ [美]V.奥斯特罗姆等编,王诚等译:《制度分析与发展的反思》,北京:商务印书馆,1992年,第134页。

### (一) 义务教育发展何以向均衡发展政策变迁？

义务教育均衡发展政策的制定彰显了我国教育政策的基本价值取向和追求。我国义务教育发展政策为什么会发生从不均衡到均衡的制度变迁？制度经济学的观点认为，制度变迁的发生可以从制度的稳定性、环境的变动性和不确定性，以及人们对利益最大化的追求三者之间的持久的冲突之中寻找原因。

1. 制度的稳定性

稳定性既是制度存在的理由，也是制度变迁的原因。制度的稳定性能使人们减少生活的不确定性的困扰。作为人们的行为规则和规范的制度，必须是现实的和具体的，而且也不能自行改变。在社会生活中的人，一方面需要制度的稳定，另一方面却又会因制度的稳定而苦恼。制度在沿着时间和空间展开的脉络发展中，会因环境和条件的变化失去一些原有的功能，彼时的合适会变为此时的不合适。义务教育制度作为我国法定的教育制度，当然具有制度的稳定性。1985年，我国颁布了《中共中央关于教育体制改革的决定》，明确规定"有步骤地实行九年制义务教育"。20世纪末，我国基本普及九年制义务教育，但在分步骤实施九年制义务教育政策时，其负面效应却显现出来，义务教育政策呈现出不平衡和不稳定状态，21世纪伊始，义务教育政策目标的转向迫在眉睫。原来已有的制度不可能自行变更，人们必须主动改变旧的制度，才会有新的更合乎时代需求的制度代替旧的过时的制度，进而形成新的稳定性。

2. 制度的变迁依存环境的变化

教育是社会发展大系统中的一个子系统，具有社会性，始终受社会政治、经济、文化等外部环境因素的影响和制约。

一定社会的政治形态和目标决定了教育发展的形态和目标。尤其在我国改革开放以前，义务教育的发展受政治因素的影响很大。改革开放以后，义务教育制度的法律化，即九年制义务教育的实施，在很大程度上受到了社会政治的考量，即要和世界接轨，要体现社会主义社会的优越性。此外，联合国教科文组织等世界组织的关注，也使我国政府对义务教育普及的政策制定更加重视。1993年12月，我国政府参加了在印度首都新德里召开的"九个人口大国全民教育首脑会议",并和与会国家共同签署了《德里宣言》,向国际社会作出了实现全民教育的庄严承诺。中国政府以实际行动实现了自己的诺言,到2000年年底,中国实现了"基本普及九年义务教育,基本扫除青壮年文盲"的既定目标。但新世纪仍有新问题。2001年8月23日,联合国教科文组织第四届九个人口大国全民教育部长级会议在北京通过了旨在推动九个人口大国全民教育进一步发展的《北京宣言》,《宣言》重申了九个人口大国政府在全民教育发展方面向国际社会的承诺,对提供平等接受有质量的全民教育给予必要的关注,保证为全民教育计划的实施提供人力、基础设施、资金等方面的帮助。

社会教育的发展需要经济作为基础。改革开放以来,我国义务教育政策变迁的制约因素主要是社会经济的发展状况及相关经济政策。"穷国办大教育"的基本国情直接导致我国义务教育出现城乡二元结构,制约了义务教育财政制度的变迁。国家为了使工业得到快速发展,实行了"重工轻农"的"城市中心"路线和义务教育的"离农"政策,政府对城乡义务教育的投资实行了两种不同的标准。这种城乡二元投资管理体制的长期存在导致我国城乡义务教育发展的差距不断拉大。① 由于经济的不发达,我国每年的教育财政支出长期低于世界平均水平,政府能够供给的资源远远不能满足义务教育发展的实际需求。为此,国家充分调动地方政府对义务教育投资的积极性,实行"分级办学"的投资管理体制;为了多、快、好、省地培养国家急需人才,又实行了重点学校制度,对一些学校进行重点投资,从而使学校之间产生了差距。随着我国国民经济的不断发展,长期以来制约我国义务教育制度变迁的经济贫困因素逐渐消除,国家在经济上具备了变革义务教育投资体制和扶持弱势群体的财力。于是,在进入21世纪以来,国家实行了"工业反哺农业""城市支持农村""弱势补偿"政策,变"分级办学"为"以县为主"的义务教育投资和管理体制。

历史制度主义强调理念对制度的影响作用,认为理念影响制度选

---

① 夏茂林:《我国义务教育资源配置差距的制度述源及变革研究》,西南大学博士学位论文,2014年,第126页。

择的方向、模式和结果。由此来看,作为非正式制度的文化和理念是影响义务教育政策变迁的重要因素。但理念影响政策不是直接的,"理念在特定制度结构下会对一定的政治人物产生重要的观念影响,从而推动其实施某项新的政策"①。新中国成立以来,我国主要领导人的执政理念不断发生转型,先后经历了以阶级斗争为纲的"政治本位"执政理念向以经济建设为中心的"经济本位"执政理念的转型,以及从效率优先、城市优先的梯度差异化发展观向以人为本、注重公平的科学发展观的转变。这些理念影响了人们对义务教育发展的观念和认识,进而也影响了国家层面和地方层面义务教育发展的路径选择。

3. 义务教育利益相关群体对利益最大化的追求

新制度经济学认为,只要是推动制度变迁,或者对制度变迁有影响的单位或组织,都是制度变迁的供给主体。因此,在义务教育均衡发展的政策中,各级政府、学校、教师乃至学生和家长都是能影响义务教育均衡发展政策变迁的利益相关者。因为,我国义务教育的相关政策变迁皆属于强制性变迁,各级政府是其中利益博弈的主导力量,因此,各级政府之间的利益博弈在很大程度上影响了义务教育均衡发展政策的变迁。长期以来,由于财力不足中央政府充分利用地方政府的财政能力,将义务教育的投资责任层层下放,最终形成了"地方负责、三级办学、两级管理"的义务教育体制。实际上,地方政府的财政能力也很有限,中央政府的强制性政策使地方政府不得不接受。例如,不少地方政府负债运行,甚至用随意拖欠教师工资、向百姓乱摊派、乱收费等办法来落实政策。同时,城乡学生、家长、教师群体之间的博弈也影响了各级政府对学校的投入,城市的学生、家长及教师相较于农村的学生、家长及教师在博弈中居于强势地位,并逐渐演化为城乡不同的教育投资体制。此外,地方政府为了获得优质教育资源的支配权,会进一步强化重点学校制度,而那些非重点学校在利益博弈中始终处于弱势地位。随着时间的推移,这种博弈使地方政府负债严重,农村教师工资拖欠严重,地区之间、城乡之间、学校之间的义务教育严重失衡,导致教育质量

---

① 刘圣忠:《理念与制度变迁:历史制度主义的理念研究》,《复旦公共行政评论》,2010年第1期。

和效率低下,背离了义务教育制度的本意,助长了教育腐败和择校风气,损害了社会的公平正义,加大了区域之间、城乡之间、社会群体之间的经济发展和分配的差距,制约了我国国民经济的快速增长和结构优化,甚至影响了我国政府的公信力。这种状况迫使中央政府对义务教育政策做出调整。

### (二) 义务教育均衡发展政策推进乏力的原因

我国义务教育从不均衡到均衡发展的政策变迁已经有十多年了,虽然取得了较大的成绩,但在政策实施时还是有困难的,所取得的成绩也不是特别令人满意,即仍不能满足广大人民群众对教育公平的呼唤。

1. 义务教育发展历史欠账多

从新中国成立到"文化大革命"发生之前的这段时期,是我国义务教育发展的奠基时期。这一时期形成的"两条腿走路"的教育思想、城市教育优先供给和重点学校制度的实施形成了义务教育非均衡发展的基本格局,造成历史欠账,使得今天义务教育均衡发展困难重重,步履维艰。

新中国成立后,建设科学的、民族的、大众的文化教育,有计划、有步骤地普及教育成为一项重要而紧迫的革命任务,因此,开始建立单一的国民教育体系。建立这一教育体系,主要是吸取解放区的教育经验,接管国民党举办的旧式教育,改造私立教育机构和各种接受外资援助的学校。在接管和改造这些学校的过程中,由国家完全承担教育责任普及教育来满足民众对教育的需求,国家的财力明显不足。因此,用"革命的办法发动群众、鼓舞群众办教育"的方式成为这一时期相对合理的政策选择。于是,由群众自己出钱创建的民办中小学逐渐出现并发展起来。许多地方还开始尝试直接向学生收费的方法弥补办学经费的不足。群众办学,可以说是1958年国家正式提出"两条腿走路"发展教育思想的前奏。所谓"两条腿走路"是指"国家办学与群众办学相结合、普及与提高相结合"。

"两条腿走路"发展教育的思想,主要是为了在农村实行民办教育。城市教育优先发展的逻辑是:教育跟着经济走,国家优先发展工业,工业集中在城市,这样城市经济较发达,因而城市教育可以优先发展。所以要在经济落后的农村提倡民办小学,实行"人民教育人民办,办好教育为人民"教育政策。两条腿走路和人民教育人民办的政策措施,带来了20世纪50年代民办教育的迅猛发展,中小学校的规模和数量都得到了很大的发展,但师资水平低下、校舍等设施简陋,教育质量下降。由此,社会各界开始反思教育数量与质量的关系问题。1953年5月,毛泽东主持了由中共中央政治局举行的教育工作会议,会议决定要办重点中学。此后,重点学校制度的实施又进一步扩展到小学和师范院校,各地相继开展了创建重点学校工作。重点学校制度的实施,集中了有限的优质教育资源,保证了我国教育"在普及的基础上提高"的政策目标的实现,同时也加大了重点学校与一般学校之间的差距。至此,义务教育在城乡之间、学校之间的非均衡发展格局基本形成,并对义务教育的发展政策的变迁产生了深远的影响。

2. 义务教育政策变迁路径依赖重

制度经济学认为,政策是依赖于初始条件而发生变迁的,具有自我积累、自我强化的性质,也就是具有路径依赖的特征。我国义务教育"重点学校"制度的反复实施及变相存在就是制度变迁中路径依赖的典型表现。新中国成立初期,我国教育实行的重点学校制度,经历"文革"之后仍被锁在制度框架之中。在1993年和1997年,虽然国家教委屡次强调"义务教育阶段不设重点学校、重点班、快慢班",事实上,"重点学校"制度仍在现实中运行,更多实行的是所谓均衡发展外表下的隐性"重点班"或"实验班"。如,我国进入21世纪以来确立的"以县为主",各级政府分担义务教育责任的新机制,虽然较以前有了较大的进步,但其实质是沿袭了过去"以地方为主"的"权责不统一"的义务教育供给体制。中央政府集中更多财权的状况使义务教育供给不足。据统计,分税制实施以来,地方政府承担了98%的义务教育财政负担。① 另外,在地区之间经济水平差异巨大的情况下,"以县为主"的新教育机制"是一

---

① 林皎:《公共经济视野下当代我国财政问题研究》,湖南大学博士学位论文,2006年,第131页。

个默许教育的地区差异的政策设计"①,这使一些地区出现基层政府经济供给能力不足的情况。

3. 义务教育制度变迁时滞长

制度变迁时滞是指在制度变迁过程中,从认知和组织制度变迁到启动制度变迁的时间间隔。影响制度变迁时滞的因素很多,现有法律和制度安排的状态、人的有限理性、信息成本和意识形态等都会影响制度变迁时滞的长短。在诸多因素中,现有法律和制度安排的状态是其中最重要的影响因素,其原因有以下四个方面:第一,已有的政策安排限制了政策变化的范围。如,2001年3月,国家颁布了《国民经济和社会发展第十个五年计划纲要》,规定"要加强县级人民政府对基础教育的统筹",至此义务教育制度才突破了1985年制定的《中共中央教育体制改革的决定》和1986年制定的《中华人民共和国义务教育法》的制度框架,实现了义务教育的管理体制从乡镇管理到县政府管理的政策变迁。但这种变迁仍不完善,因为,县级政府的管理最多也只能实现县域内义务教育的均衡发展,县与县之间的差别仍会长期存在。第二,政策的变迁是一个艰难的过程,在这个过程中,若无现存制度可资借鉴,就只能"摸着石头过河",从而出现变迁时滞的情况。如,我国教育法律是成文法,法律的立、改、废都需要经过严格的法定程序。因此,与义务教育均衡发展相关的一些法律法规也远远滞后于实际发展的需要。如,2006年,全国人大对《义务教育法》进行了修改,而对实施细则至今仍未修订。再比如,《国家中长期教育改革和发展规划纲要》规定:"实行县(区)域内教师和校长交流制度。"2014年,教育部、财政部、人社部联合印发《关于推进县(区)域内校长教师交流轮岗的意见》,对加快推进县(区)域内校长教师交流轮岗工作做了全面部署。这些关于教师交流轮岗的政策规定和1993年颁布的《教师法》所规定的教师法律身份和聘任制度相矛盾,在实施时存在着制度障碍。这一问题引起了学术界的广泛关注,并呼吁修改《教师法》,但制度创新是各个利益主体协调的结果,其矛盾必然形成对新方案的旷日持久的讨价还价。

---

① 邵泽斌:《新中国义务教育治理方式的政策考察》,北京:北京师范大学出版社,2012年,第256页。

#### 4. 义务教育政策缺陷多

由于信息不对称、认识能力的限制、客观环境的制约等原因,政策本身可能会存在一些缺陷,不会是完美无缺的。具体来说,义务教育政策的缺陷表现在以下几个方面:

(1) 政策不具体,责任模糊。好的政策应该体系完备,表述具体,责任明确,便于落实。但纵观我国义务教育政策,似乎还有许多规定比较模糊。如,关于我国农村义务教育管理制度改革的政策,从2001年到2003年,国务院先后颁布了3个文件,即2001年6月颁布的《国务院关于基础教育改革与发展的决定》、2002年5月颁布的《关于完善农村义务教育管理体制的通知》和2003年9月颁布的《关于进一步加强农村教育工作的决定》。这3个文件都是为了解决农村义务教育投入不足的问题,也是为了深化农村义务教育"以县为主"管理的改革。但在这些文件中,并没有对农村义务教育投入作出具体、明确的规定。如,县核定财力、逐级实行转移支付、调整县乡财政体制等关键的财政制度都语焉不详,以至于农村义务教育管理体制的改革难以落实到位。如,从2006年开始实施农村义务教育经费保障新机制,以"分项目、按比例"的方式划分农村义务教育阶段中央与地方各自承担的教育财政责任,但各级政府所承担的财政责任比例并没有明确规定。如,2006年颁布的新的《中华人民共和国义务教育法》第十二条规定:"适龄儿童、少年免试入学。地方各级人民政府应当保障适龄儿童、少年在户籍所在地学校就近入学。"但究竟怎样才算是"就近入学"却没有明确规定,这当然就难以保证适龄儿童和少年的"就近入学"的权利了。

(2) 政策内容相互矛盾,给各级地方政府相互推诿提供了机会。义务教育发展政策是由众多政策组成的政策群。从理论上说,这些政策都是为了一个共同的目标,理应互相协调、互相完善、内容一致。但由于政出多门,或者说政策主体在不同时间节点上对某一个问题的认识不一致等原因,使义务教育发展政策在内容上存在着矛盾,导致地方政府无所适从,甚至以此作为相互推诿的借口,进而影响整体目标的实现。例如,"以县为主"和"共同保障"这两种管理体制就存在着矛盾。国务院一方面明确提出"实行在国务院领导下由地方政府负责,分级管理,以县为主的体制",①另一方面又要"明确各级政府保障农村义务教育投入的责任。当前,关键是各级政府要进一步加大投入,共同保障农村义务教育的基本需求"②。显然,"以县为主"和"共同保障"两种管理体制是相互矛盾的,或者说二者的责任主体不明确。各级地方政府认为,"以县为主"就是要县级政府承担责任,而县级政府则认为是"共同保障",这就不单单是县级政府的责任。

（3）义务教育政策缺乏实质性的规定,可操作性不强。在义务教育发展政策中,有些是方向类的政策,许多规定类似口号,具体措施并不清晰、明确,缺乏可操作性,致使许多政策难以落实。例如,2006年8月24日发布的《教育部关于贯彻〈义务教育法〉进一步规范义务教育办学行为的若干意见》,要求依法规范公共教育资源配置,学校要均衡编班,不能以各种名义在校内分设重点班和非重点班等。有学者认为,该《意见》是"头疼医头,脚疼医脚……显示出治理行为滞后性;作为管理部门,既当裁判员,又当运动员,空喊追究,明确不了'谁来追究';'绝不姑息',体现出治理结构的缺陷性:面对乱象,依然拿不出切实有效的措施,不能彻底进行改革,还是隔靴搔痒的'老一套''不得'了事,显示出整个治理制度改革的疲劳性"③。例如,2010年发布的《关于贯彻落实科学发展观进一步推进义务教育均衡发展的意见》,虽然提出了"到2020年要实现区域内义务教育基本均衡"的政策目标,但对于实现此目标的途径和具体措施却未详细论述。另外,该政策规定,"省级教育行政部门要加大指导和统筹力度"等,这仅仅提出了解决问题的指导性意见,没有可操作性。"这些规划性的宏观解决思路由于缺乏具体的制度变革,必将导致在实施中得不到刚性保障而实效性不足。"④

（4）教育政策评估机制缺失。教育政策评估是指评估主体依据一

---

① 国务院:《国务院关于基础教育改革与发展的决定》,《教育部政报》,2001年第Z2期。
② 国务院:《国务院关于进一步加强农村教育工作的决定》,http://www.gov.cn/zhengce/content/2008-03/28/content_5747.htm,2003年9月20日。
③ 石敬涛:《新〈义务教育法〉凸显治理疲劳》,《教书育人》,2006年第31期。
④ 夏茂林:《我国义务教育资源配置差距的制度述源及变革研究》,西南大学博士学位论文,2014年,第3页。

定的标准和程序,对教育政策的效率、效益、价值等进行检测和评价的一种活动,其目的在于判断教育政策实施的结果对于教育目标的达成度,并作为判定教育政策是否继续、调整或更新的依据。① 教育政策评估是教育政策实施的重要一环,应该伴随教育政策实施的始终。盘点改革开放以来义务教育政策的发展历程发现,我国教育政策评估机制严重缺失:所谓强力国策的九年制义务教育的普及,使农村教育行政部门和学校背上了沉重的债务;1993年,中共中央、国务院印发的《中国教育改革和发展纲要》,提出教育经费占GDP的比例要达到4%和"三个增长"的政策目标,从中央到地方在落实该目标时都大打折扣;新一轮学校布局调整政策的实施几乎演变成对农村学校的撤并,造成大量适龄儿童和少年失学、辍学,也造成大量基层学校校舍等资产的闲置和浪费,加重了农民负担;实行"以县为主"的义务教育管理体制后,县级财政难以承担主体责任。上述种种问题的出现,却少有评估报告和预警。

## 三、义务教育均衡发展的政策创新

政策创新是一种正向的、积极的政策变迁。义务教育均衡发展的政策创新,是指用一种更有积极意义的、效益更高的义务教育均衡发展政策代替原有政策的过程或行动。

### (一) 反哺农村教育,消解历史欠账,大力推进城乡义务教育一体化

"城乡教育一体化"是为破解我国历史上形成的城乡二元教育结构提出的新的发展观,反映了我国政府对于城乡教育关系的新认识。教育的城乡二元结构是我国特有的国情,是实行城市教育优先发展制度形成的历史欠账,是当前推进义务教育均衡发展的主要障碍。为落实党的十六届四中全会提出和确立的"工业反哺农业"的政策,《国家中长期教育改革和发展规划纲要(2010—2020年)》提出了"建立城乡一体

---

① 褚宏启:《教育政策学》,北京:北京师范大学出版社,2011年,第219页。

化义务教育发展机制,在财政拨款、学校建设、教师配置等方面向农村倾斜"的要求,同时指出:"教育公平的关键是机会公平,基本要求是保障公民依法享有受教育的权利,重点是促进义务教育均衡发展和扶持困难群体,根本措施是合理配置教育资源,向农村地区、边远贫困地区和民族地区倾斜,加快缩小教育差距。"这需要各地政府能够真正用此理念指导行动。目前,一些地方政府在实践中存在着政府统筹缺位、城乡教育管理相割裂等问题;在具体行动中存在着内在动力不足、自觉性不强等问题。为解决上述问题应做到以下几方面:第一,我们应宣扬推进城乡义务教育一体化建设的意义,培养反哺农村教育理念,为实现城乡义务教育一体化打下基础。第二,完善城乡义务教育一体化的理论,制订构建城乡义务教育一体化的具体指标,为地方政府的具体行动提供正确的理论指导。第三,查找城乡义务教育一体化在培养目标、政策责任划分等方面存在的瓶颈与局限,为破解难题提供实用而有效的"处方"。第四,要对区域内经济社会发展总体状况做出综合考量,使各利益主体协调发展。城乡义务教育一体化是城乡一体化发展的重要组成部分,只有城乡公共服务水平相当,才能实现城乡义务教育一体化发展。第五,加强监督,各级政府需要统筹规划,将城乡义务教育一体化目标付诸具体的行动。第六,针对历史欠账,对农村地区和贫困地区的教育实行反哺和补偿政策。具体来说,与经济建设投入相比,对包括教育在内的公共服务应加大投入;与高等教育相比,应对基础教育,尤其是应对义务教育实行补偿性投入;与城市相比,应优先发展和重点投入农村义务教育;与经济发达地区相比,应该对中西部地区的义务教育实行教育补偿;与重点学校相比,应优先发展薄弱学校。

### (二)政府强力推进,打破路径依赖

作为一种制度,义务教育政策的变迁表现出明显的路径依赖和较强的制度惯性。这就需要政府具有强大的改革意愿和改革魄力,消除路径依赖的消极影响和政策变革的阻碍力量。首先,应坚定不移地实施义务教育均衡发展政策,尤其是应坚定不移地实施以2006年颁布的《义务教育法》和《国家中长期教育改革和发展规划纲要(2010—2020)》

两个重要政策文本为代表的新政策。其次,加强对义务教育均衡发展政策,以及教育法治、教育民主、教育公平等现代教育理念的宣传和教育工作,提高各相关利益群体对义务教育均衡发展政策的认同度,每一位社会成员应自觉摒弃传统文化中的等级、特权等落后思想,营造文明的文化氛围,为义务教育均衡发展政策的顺利实施清除思想障碍;再次,建立公开透明、公众参与的教育决策体制,打破利益集团对教育均衡发展的阻碍。这需要政府建立公开透明、公众参与、协商民主式的教育决策体制,将权利交给人民,使国家政策能够真正反映人民的愿望和要求,而不是为某些特殊利益群体谋求利益,这也是推进教育治理体系和治理能力现代化的应有之义。在义务教育均衡发展政策制定过程中,引入协商民主是体现利益主体本位价值、具有包容性的举措,既可以协调多元化的利益诉求、破解制度变迁过程中的路径依赖,又可以弥补政策决策过程中的"有限理性",同时还能保障决策的程序合法性。

### (三) 加强义务教育政策的学习,缩短政策变迁时滞

政策变迁的最基本的原因是对政策的学习。对政府来说,政策学习可以分为以下几个方面:对政策实施经验的学习、同部门内部的学习、跨部门间的学习、跨国间的学习。政策学习可以减少政策决策或实施时摸索的时间,加快政策的变迁,缩短变迁时滞。义务教育均衡发展在世界上或我国的某些地区是有经验和教训值得借鉴和汲取的。当前,急需通过政策学习,及时出台新《义务教育法》的实施细则,修改《教师法》中关于教师身份和任用制度的相关规定,规避政策变迁时滞带来的负面效应。

### (四) 完善现有政策,弥补制度缺陷

针对现有的义务教育均衡发展政策的缺陷,须在政策学习和协商民主的基础上完善现有政策。具体来说,应完成以下几个方面的工作:

第一,明确划分各级政府的责任,为推进义务教育均衡发展提供刚性保证。切实改变当前中央政府过于集中的财权而事实上义务教育供给责任不对称的格局,明确中央政府应当承担的供给责任。考虑长远

发展,及早规划县域义务教育均衡发展的政策目标,对于省域义务教育均衡发展的目标及实施路径,也需要中央政府进行国家层面的通盘谋划、顶层设计及整体协调。在义务教育经费供给上,改变"以县为主"或"以省为主"等单一的教育管理方式,建立由中央、省、市、县和乡共同分担义务教育经费的供给机制,"以确保各级财政对于义务教育经费的具体分担有法可依、稳定可期、公开透明,以便公众对于政府以及各级政府相互之间能够依法监督、依法问责"①。

第二,协调统一现行有关义务教育均衡发展的教育法律和政策。当前,急需对现行有关义务教育均衡发展的教育法律法规和各级政府出台的众多相关政策进行清理,在了解法律和政策实施现状的基础上,汇集民智,在民众深度参与的基础上,按照价值合法、程序合法的原则,及时对现有法律和政策进行修改和完善,为义务教育均衡发展提供一个具有良好政策支持的环境。

第三,细化政策内容,切实提高义务教育均衡发展政策的可操作性。政策的实施是实现政策目标的基本途径。好政策至少要有可操作性,义务教育均衡发展目标的真正实现需要强化政策的可操作性。这就需要各级政府和教育政策研究人员在细节上下功夫,让公众参与协商、讨论,找出可行的最佳路径并体现在政策内容中,以提高义务教育均衡发展政策的可操作性。

第四,构建有效的义务教育均衡发展的督导检查制度,加强教育政策评估和监测。政策评估与监测是政策管理最重要的工具,应该覆盖政策决策和实施的全过程。通过政策评估,教育政策过程可以处于不断选择和改进的状态,这不仅有效地保证了政策目标能够最大限度地实现,而且还能从已有政策的制定与推行中获取经验和教训。② 义务教育均衡发展政策应建立有效的民主监测机制,也应引入外部的监督

---

① 吴康宁:《及早谋划省域义务教育基本均衡发展的国家战略》,《教育研究与实验》,2015年第2期。

② 路德维柯·科拉罗,胡咏梅,梁文艳:《国际组织教育政策监测与评价体系的架构及其对中国的启示》,《比较教育研究》,2011年第2期。

力量,以自评、社会中介组织和利益相关群体为主体,科学评估政策实施的效果,随时发现和解决问题,推动政策的变革和完善,确保义务教育均衡发展政策公平、科学、有效。

原载《河南大学学报(社会科学版)》2017年第2期

# 空间与教化：
# 文庙空间现象及其教育意蕴的生成

邓凌雁①

文庙，又称孔庙、夫子庙、学宫、庙学、先圣庙等，是中国封建社会从中央到地方最典型的也是最普及的一种传统建筑类型。它既是祭祀儒家创始人孔子的场所，又是培育儒学人才的基地；既鲜明地体现着官方意志和文教礼治，又与儒家生徒的治学求学之路紧密相连。正如意大利建筑史学家布鲁诺·赛维在《建筑空间论》中所说的那样："建筑的特性就在于它所使用的是一种将人包围在内的三度空间'语汇'……人可以进入其中并在进行中来感受它的效果""它只能通过直接的体验才能领会和感受，这种空间就是建筑的'主角'"。②循着这样的思路，笔者尝试用建筑学和建筑现象学的相关理论来解读文庙的建筑空间，文庙建筑所呈现出的空间现象，具有特殊的文化内涵和教育意蕴，这扩大了我们研究中国古代官学教育活动史和文庙学的视角和范围。

## 一、重返于物：展现文庙空间现象

"重返于物"（return to things）③是建筑现象学的一条重要原则。同样，研究文庙空间现象不能抽象化，应返回鲜活生动的、具体形象的文

---

① 邓凌雁，女，河南漯河人，华中师范大学教育学院博士生。
② ［意］布鲁诺·赛维著，张似赞译：《建筑空间论：如何品评建筑》，北京：中国建筑工业出版社，2006年，第9—10页。
③ ［挪］诺伯·舒兹著，施植明译：《场所精神：迈向建筑现象学》，武汉：华中科技大学出版社，2010年，第7页。

庙建筑空间本身。

　　文庙的建筑形制和空间样态是在时代发展的过程中逐步完善的。文庙最早是祭祀孔子的家庙。孔子逝后,鲁哀公下令以其故居为庙,所以孔庙初立时仅是一座草屋形式的家庙,"尼山东十一里有颜母庙,又曰孔庙,即夫子故宅,庙屋三间"①。之后,因国家统治者欲借助学统和道统之力量加强统治,故文庙得以普及。"高祖过鲁以太牢祀孔子"②,《通典》记载:"今殷荐上帝,允属武帝,百代不毁其文庙乎!诏:可。"③不毁文庙是历代封建统治者沿袭下来的传统,是以"内圣"为核心的道统和以"外王"为核心的统治者对学统的支持与维护。北魏孝文帝曾下诏,令全国各郡的县学均祭祀孔子,又在山西平城"立先圣庙"。之后,曲阜之外的其他地区也开始修建孔庙,并突破家庙性质,逐渐演变为官方的祭祀场所,以及中央和地方各级官学的学署所在地。文庙发展的鼎盛时期是宋代。宋太祖时期,实行崇儒尚文的基本国策,在县、州、府等地方学官广泛修建文庙,据相关统计显示,我国约有三分之二现存的孔庙是建于宋代。文庙承载了时代的变迁和发展,不同地方建造的文庙呈现出差异化特征,但是随着宋、明以降文庙建筑形制的日趋完善,其营建规律和空间特征也呈现出共性,突显了文庙空间存在的普遍性和程序化。笔者拟对文庙空间现象的共性进行讨论。

### (一) 空间势态:藏风得水,起伏律动

　　自古以来,中国人讲究"风水",这是中国传统建筑空间的一大特色,与西方建筑相比也是最为独特的地方。梁启超在《论中国学术思想变迁之大势》中曾说:"郭璞葬经注青囊,为后世堪舆家之祖。而嵇康亦有难宅无论吉凶,则其风水之说盛行可知。"可见风水术或风水学是一门长期盛行的显学。文庙的选址和营建都讲究风水,这是中国传统建筑与西方建筑的最大不同之处。

　　晋代郭璞在《葬书》中提出"气乘风则散,界水则止""风水之法,得

---

① 《皇清文颖续编》卷11,清嘉庆武英殿刻本。
② 《明集礼·吉礼十六》卷16,清文渊阁四库全书本。
③ 杜佑:《通典·礼典四吉礼三》卷44,清武英殿刻本。

水为上,藏风次之"的观点。①《葬书》并不是阴宅风水的专著,也有很多关于阳宅的论述,例如,关于"开府建宅"的论述,所以古代文庙堪舆也不能离开"风水"。"风水之法"的"风"指的是"生气噫而形成的风",是"生气盈而外溢"或"聚齐不良而扩散"。所谓"藏风"并不是指屏蔽外来空气而流动的风,"因为这种风是遮蔽不了的"。"藏风"的真正意思是"使生气不噫",防止"生气"向四面八方无节制地扩散。所谓"得水",是因为水是"生气"所化而成,"有水就表明生气旺盛,没有水就表明生气薄弱","水源长、流量大是与生气的旺盛成正比的"。② 按《葬书》的意思就是气忌风喜水,得水可以有较旺的"生气";简单地说,要想聚气,就应该背风临水。乐山文庙就是这样的例子,它所处的位置有"九峰屏峙,二水环流,一郡之胜也"之说,所以旧时文人把文庙称为"凤翥龙蟠之所"③。

　　文庙"堪舆"十分讲究空间的"藏风得水",历史上也有不少因地势或水文等风水因素不佳而不得不把文庙迁走的事例。例如,《嘉定州增葺庙学记》中记载:"按州学堂在城南隰地,沫水为害,始迁城中龙头山阿未善,再迁北原。天顺八年乃奏迁之于高标山下,即今址也是谓庙学三迁。"④由于自然环境和地势形态直接影响着文庙的规划布局和施工营建,文庙选址时要查看方位、地形、地质、水文、气候、风向、日照等,也就是查看该地是否藏风聚气。一方面,文庙选址如果遵循风水的基本要求,那么客观上就能保证文庙的采光、通风和保温达到最佳效果,也就是说,文庙的亮度、温度和湿度能达到最佳效果。另一方面,古代人普遍认为,风水会影响一方文运,会左右学宫学子的学业和仕途,甚至会直接影响当地生徒的科举考试结果。例如,明代正德年间江西瑞州

---

① 房玄龄等人所撰的《晋书》中有《郭璞传》,但后世已有不少学者论证出郭璞的《葬书》实际上是宋朝人借助相地行业先师郭璞之名而作。郭璞:《葬书》,清文渊阁四库全书本。

② 李定信:《堪舆类典籍研究》,上海:上海古籍出版社,2007年,第200页。

③ 张在军:《当乐山遇上珞珈山——老武大西迁往事》,南京:江苏凤凰文艺出版社,2015年,第26页。

④ 马理:《嘉定州增葺庙学记》,周文华编:《乐山历代文集》卷5,乐山市市中区编史修志办公室,1990年,第84页。

知府认为："府学的风水不佳造成当地科举中第者少。"①

按五行、八卦之说，东南有"文德意象""朝气蓬勃"，所以文庙通常位于城市的东南方向。如，平遥文庙、洛阳文庙、韩城文庙、兴城文庙、汉中府庙等都是按此建造的。文庙多"借山""借水"。如，曲阜尼山孔庙坐落在城东南的尼山，背靠五老峰，东临沂河，且隔河与颜母山相望；桂林恭城文庙位于印山脚下，前临茶江，背靠印山。从风水角度看，在丘陵或山地之上建文庙，可以"借山"，但到了地势平坦的平原地区，又该如何遵循此原则呢？从当前保留的许多文庙建筑遗迹及其周边环境来看，在平原地区营建文庙时，以建塔或堆山来弥补这方面的不足，这不失为一种表现古人风水智慧的方法。如明朝天顺四年，在嘉定孔庙前曾筑建一座土山，作为屏障阻隔，此山取名"应奎""其址绵亘二十余丈""山之前浚河萦回"，以此达到"乾象坤势，山高水深"的风水景观。②

文庙得水为上，水聚气，即聚文运。例如，上海县学文庙碑文记载，康熙十年"知县朱光辉浚泮池"；雍正元年，"知县巴哈布重修并浚内外泮池"。③嘉定文庙前的汇龙潭，是引其附近的河流之水而成，"学宫之前数十步有野奴泾，东南趋于横沥会和，如襟左右、分流环抱，昔之建学育才盖取诸此"。④

韵律，本来是音乐中用以表示音调的高低起伏和节奏的，但人们把建筑也形象地比喻为"流动的音乐"⑤。文庙建筑空间虚实相生、张弛有度、起伏相倚，其韵动体现在建筑物的高矮、物体间距的疏密、排列的层次、泮桥与流水的动静交织等方面。文献记载，义乌文庙"庭东西相

---

① 彭荣：《中国孔庙建筑与环境》，郑州：中州古籍出版社，2011年，第48页。
② 转引自刘楚邕：《嘉定孔庙碑记研究》，中国孔庙保护协会编：《中国孔庙保护协会论文集》，北京：文物出版社，2004年，第58页。
③ 应宝时修，俞樾等纂：《同治上海县志》卷9，同治十一年刻本，台北：台北成文出版社，1975年影印，第634—635页。
④ 王善继：《重浚学前二渠碑记》，韩浚，张应武等撰修：《万历嘉定县志》，上海嘉定区地方志办公室编：《上海府县旧志丛书·嘉定县》卷1，上海市地方志办公室，2012年，第382页。
⑤ 彭一刚：《建筑空间组合论》，北京：中国建筑工业出版社，1998年，第39页。

距二十五步为两庑,庑几间,高半于殿,深四步,袤如相距之数","基之峻卑,饰之华简,森有法度,无相背戾"。① 另外,文庙大成殿的建造讲究殿前遮挡景观,穿过大成殿则空间豁然开朗。大成殿两侧庑殿以中轴线为中心左右对称工整,就像华美乐章中的固定节拍。记载文庙沿革和当地重大政治事件、社会事件的一块块石碑呈一字形排开,如行云流水,如弹奏古筝的滑音;它承前启后,将祭祀空间和教学空间紧密地衔接起来。

### (二) 空间布局:庙学相邻,形断意连

从空间布局上看,大成殿和明伦堂是文庙建筑的双重核心。两者的布局结构主要有左庙右学、右庙左学和前庙后学三种形式。儒家向来有"崇左""尚左"的传统,"昭穆之制"中也有"以左为祖"的原则,所以符合左祖(宗庙)右社(社稷)原则的"左庙右学"布局出现得较早且较为普遍,是文庙的基本建制。宋代庆历年间,朝廷诏令各地效仿苏州文庙,规定了"左庙右学、庙学合一"的文庙建筑结构形式。与之相反的"右庙左学"的文庙布局则是在南宋及其之后流行起来的。如,嘉定文庙就是"文庙居右,儒学居左"②的结构。靖康之乱使政治、社会乃至文教领域均发生了重大变革,这一时期,大量文庙出现"右庙左学"的结构布局,教育建筑空间毫无疑问地传达着"金瓯缺何时圆"的愤慨与反叛,表达了兴学育人、延续学统的期望与追求。由此颠覆传统的"右庙左学"也成为一种基本的文庙格局。南宋庙学另一种常见的布局结构是"前庙后学",它一直延续到明代。"前庙后学"是"左庙右学"的一种变体,由于部分地区的文庙在建设时受环境因素限制,难以横向排列所有建筑,所以才出现了前庙后学的折中布局。此外也有少量文庙建成"中庙左右学"的结构布局。如,云南建水文庙就是一庙两学的结构布局,这是当地府学、县学建设在一处的情况,两个不同层次的教学场所相毗邻,共享一个祭祀场所。

---

① 李鹤鸣:《义乌县庙学记》,《义乌县志》卷3,清嘉庆本。
② 中国孔庙保护协会编:《中国孔庙保护协会论文集》,北京:北京燕山出版社,2004年,第58页。

大成殿和明伦堂都是独立的建筑,但两者相距不远,庙学接邻。乾隆十二年(1747),凤山县《新建明伦堂碑记》记载:"大成殿外必有明伦堂,以为敷教之地,通郡邑皆举为法,所以养士之制甚备。"①大成殿主要用于祭祀孔子及其他大儒先贤,是祭祀空间。"庙学有堂,在京师曰彝伦,明建极之所自也;在郡县曰明伦,见设教之有由也"②,明伦堂是读书、讲学、弘道和论辩之所,是综合性的教学空间。大成殿和明伦堂共同指向文庙教化育人的教育目的,"噫!庙祀使人知所尊崇,堂室使士有所处"③。形断意连的不仅是庙与学,还包括文庙建筑群中的细微之处。如,照壁、泮池、棂星门、明伦堂、庑殿、尊经阁、乡贤祠、名宦祠、钟鼓亭、藏书楼、魁星阁、碑亭等,尽管它们不是建筑主体,但这些分散的建筑物作为文庙的有机组成部分与文庙共生,共同构成了一方文脉。

(三) 空间组合:景观加减,虚实结合

文庙建筑的空间组合形式其实并无统一规制,往往各地有很大差别。彭荣在《中国孔庙建筑与环境》中说:"地方孔庙的基本建筑制度是大成殿居中,前有月台,殿前左右设东西两庑,殿前为大成门(也称戟门),在前为棂星门和万仞宫墙照壁,泮池位于棂星门内外,崇圣祠位于大成殿北部或东北。地方官学孔庙只有完全具备以上建筑,才能算是形制完备。"④一般来说,狭义的文庙是由祭祀建筑物与其附属建筑物组合而成;广义的孔庙或文庙除具有上述建筑外,还应包括"教学建筑""学宫"。如,明伦堂、尊经阁、魁星阁等。

围墙→挖池→引水→建塔→植柏→立碑→筑房,是构筑文庙空间结构的步骤,是在自然空间添加上实实在在的建筑物而形成的景观。吉安文庙碑文记载了文庙建筑空间一步一步完善的过程,"首,文庙成,

---

① 黄耀明:《明清台湾碑碣选集》,台北:台湾省文献委员会,1994年,第309页。

② 徐璈:《阳城重修庙学记》,晋城市地方志丛书编委会编著:《晋城市地方志丛书·晋城金石志》,1995年,第812页。

③ 李东阳:《永宁县重修庙学记》,政协延庆县委员会编:《延庆文史资料第5辑教育专辑》,2009年,第195页。

④ 彭荣:《中国孔庙建筑与环境》,郑州:中州古籍出版社,2011年,第98页。

两序从焉;东序又东启圣祠焉,西序又西神御厨焉。次,仪门成,左祠文昌、乡贤并焉;右祠名宦、上神列焉。总以戟门,皆在泮池之上。又其次,明伦堂成,前有精舍,东西分教斋焉。后有高亭,《敬一刻箴》藏焉。公廪、官廨附堂左隅,皆在庙之西。尔乃缭以周垣,巍然焕然,实生肃穆羽,足慰斯民之心"①。

万仞宫墙之名来自《论语·子张》:"譬之宫墙,赐之墙也及肩,窥见室家之好。夫子之墙数仞,不得其门而入,不见宗庙之美,百官之富。得其门者或寡矣。夫子之云,不亦宜乎!"②文庙高大庄严的红色围墙是用建筑语言表达孔子学问的高深。学问好比宫墙有万仞之高,一般人无法用肉眼窥探到其中的奥妙,若想取得功名,并无捷径,唯有进黉门潜心修习,才能领悟儒学的奥妙和领略孔子学问的高深。棂星门是孔庙的第一座门,多为石质牌坊。"棂星"即灵星,又名文曲星、天田星。《后汉书》记载,汉高祖祭天祈年,命祀天田星。天田星是二十八宿之一"龙宿"的左角,因为角是天门,门形为窗棂,故而称门为棂星门。在宋代棂星门又称"乌头门"。因为古时皇帝祭天时要先祭棂星,文庙建筑棂星门,把孔庙的第一道大门命名为棂星门,寓意祭孔如同尊天。棂星门外东西两侧各有下马碑竖立,上面刻有"官员人等在此下马"。

泮池又名砚池、墨池、月牙塘等,"泮者教化也",泮池的半月形定制又代表着学无止境之意。泮池一般是引入活水,寓意学宫学子不要固步自封,应善于接受新知识。汉中府文庙"前凿泮池,梵以石甃,架桥于上,引流其中"③。在泮池上,一般建有泮桥一座或三座,名为"状元桥",比如,河州文庙"门之内凿以泮池,并构方桥三道,准古制也"④。大成门又称仪门和戟门,是大成殿的入口,祭祀孔子主场所的大成殿取

---

① 刘麟:《安吉州重修庙学记》,温菊梅主编:《安吉文献辑存》,上海:上海古籍出版社,2015年,第44页。
② 朱熹:《四书章句集注》,上海:上海古籍出版社,2006年,第251页。
③ 谢文:《汉中府重修庙学记》,贾连友主编:《历代名人笔下的南郑》,西安:西安出版社,2014年,第138页。
④ 刘卓:《河州重修庙学记》,王沛编著:《王庄毅公纪念文集》,乌鲁木齐:新疆人民出版社,2001年,第95页。

"孔子之谓大成"①之意,显示了孔子的地位和成就至高无上,表达了人们对孔子的最崇高敬意。

崇圣寺在清雍正以前被称为"启圣寺",用于供奉孔子的祖先。大成殿左右两侧的庑殿,主要用于供奉先贤大儒的塑像或牌位。例如,重新修缮的洪洞文庙的"东西两庑,旧止二十四楹,今增为四十有八。像皆壁画,今易为塑像"②。有一些地方的文庙也常将东西两庑作为"六艺斋为诸生肄业场所"③。庑殿规模大多较宏大,例如,文献中记载,均州文庙"两庑之为间者十,今加之为二十六"④。明伦堂是综合性的教学场所,学子可以聚集于此读书、读经,可以汇集儒学高深的学者们在此论辩、争鸣,还可以在此宣扬伦理纲常、讲圣谕等。文庙中的魁星阁是张贴榜文之处。尊经阁又名藏经楼,是两到三层不等的建筑,为古代官办学校藏书之处。敬一亭内安放有《敬一碑》,寓意"君子之学始于一,敬以致之,终于一,敬以成之,此圣学之正也"⑤,敦促诸生恪守圣人之道,一心向学,兢兢业业。

表现文庙建筑空间的内涵和价值的手法有"实"也有"虚",有"加法"也有"减法"。每年春秋丁祭时奏乐和歌舞的佾台是遐想空间;从地下引入活水的泮池和池上的状元桥是暗示空间;大成殿、明伦堂前开阔的场地留下了光影空间;镂窗、照壁、假山屏障、隔而不断的院墙带来了美的视觉空间。文庙建筑空间既重视"有"也重视"无",它所借鉴的园林艺术表现手法——"减法",是指将有减为无的虚化空间,使空间具有含蓄的意境。

---

① 朱熹:《四书章句集注》,上海:上海古籍出版社,2006年,第396页。
② 李国富,王汝雕,张宝年主编:《洪洞金石录》,太原:山西古籍出版社,2008年,第97页。
③ 黄耀明:《明清台湾碑碣选集》,台北:台湾省文献委员会,1994年,第309页。
④ 沈晖:《重修学记碑》,党居易,马应龙,贾洪诏等著,萧培新主编:《均州志》校注本,武汉:长江出版社,2011年,第86页。
⑤ 钟芳:《钟筠溪集》上册,海口:海南出版社,2006年,第172页。

### （四）空间装饰：祈福符号，"厌胜"象征

"厌胜"物是文庙建筑群中随处可见的富有特别意义的辟邪装饰。"厌"字，通"压"，有倾覆、适合、抑制、堵塞、掩藏等的意思。"厌胜"《辞海》释义："古代方士的一种巫术，谓能以诅咒制服人或物。"尽管其数量不多，但却在屋脊、棂星门、泮桥、照壁等上面占据着显著位置，是文庙具有代表性的建筑符号。文庙"厌胜"符号不仅仅是为了增强观赏性，更多的是以此来体现祈福的寓意，同时，也传递驱凶避邪的民俗习惯。

文庙的第一道门是棂星门，多为石质冲天柱，石柱上端一般刻有鲤鱼跳龙门、麒麟、狮子等吉祥物。棂星门上精美的雕刻的含义是文人学士通过在这里的长期读书生活会发生质的飞跃，从此处能走上仕途。

屋脊是中国传统建筑装饰的重点。文庙大成殿屋脊可谓文庙建筑最精彩的部分。文庙屋脊常常使用非常繁琐的透雕和高浮雕，题材有盘龙、祥云、花草等。大成殿屋脊的正脊中间位置，常常有突起的复杂且精美的雕刻装饰，称为"吻兽"，有张开大嘴的龙、夔龙、狮子、麒麟等走兽。传说龙能呼风唤雨，所以龙形神兽被视为灭火消灾、防雷电的"镇物"。除了大成殿屋脊的正脊外，其垂脊（又称岔脊）上也排列了众多护脊神兽，这些神兽是兽头向外的"望兽"，是文庙建筑的"守护神"。

大成门铜门环上的兽头叫"蒲首"，相传龙生九子，"蒲首"就是其中之一。由于它性情好静，所以把它装在门上驱邪避鬼，看守门户，使文庙能得到清静与安宁。

文庙里的魁星阁供奉的是魁星神。据古籍记载，"魁星"是古代天文学中二十八宿之一"奎星"的俗称，指北斗七星的前四星，即天枢星，主宰文运、文章。魁星神鬼脸人身。"魁"字是以一种非常形象的、类似绘画的书法结构呈现出来的，"魁"字表现这位魁星神一只脚立于鳌头之上，一只脚向后翘起如大弯钩，一只手捧斗，另一只手执笔，寓意"才高八斗、独占鳌头"。

受已有经验和概念的暗示，文庙全息空间也存在着某种心理定式和"集体无意识"代码。文庙的诸多富有厌胜意味的装饰符号，都有心理暗示的作用，是主体心态的投射。这些祈福、辟邪的文庙装饰表达了人们美好的期盼，使文庙学子获得了心理慰藉和心理支持。尽管其中

夹杂着不少封建迷信内容，但许多雕刻、壁画仍体现了一定建筑美学价值和民俗研究价值，所以我们应注意鉴别和扬弃。

## 二、形义联结：把握文庙空间特点

### （一）功能性与艺术性

"有用"是事物存在的首要意义。① 文庙是人们按照祭孔和办学的基本需要，以建筑手段进行组合，创造出具体的建筑群体。满足祭祀与教学的实用功能，始终是文庙建筑空间的首要作用。此外，《雷州府修庙学记》还这样描述文庙建筑："建戟门棂星两庑以严神栖，斋号以养士，泮池以节观，乡贤以劝来，名宦以彰往，皆并工建筑。"②文庙除了有实用功能外，其观赏性也非常重要。因为中国传统山水画、园林艺术甚至建筑都强调"散点透视"，追求"笼万物于形内"的宏观感，所以文庙空间也如古代文人作山水画，富有艺术感：以砖木为笔在"宣纸"上绘画，山为远，水为近，风水相称；俏台泮池为虚，庙宇楼台为实；以五进院、三进院来勾勒，以棂星门、大成殿来白描。当然，文庙空间的艺术性还可以从碑刻、建筑、绘画等方面进行展现，建筑空间需要依靠一定的外在形式来表现其艺术性，这种外在形式是多种多样的，这里虽然只是在视觉上的淡然一瞥，但却使人们感受到了它的多样的建筑美。

### （二）秩序性与韵动性

"礼者，天地之序也。"③孔庙是严格遵循礼制规范的建筑，体现了主次尊卑的礼法空间和一定的秩序性。曲阜孔庙为九进院，是地方建筑孔庙的样板，也是最高规格的文庙建筑形式；府、州、县等地方孔庙也有相应的规模和标准，一般为三进院或五进院。文庙是一种礼制建筑，

---

① ［德］海德格尔著，孙周兴译：《林中路》，上海：上海译林出版社，2004年，第13页。
② 钟芳：《钟筠溪集》上册，海口：海南出版社，2006年，第171页。
③ 陈戍国：《礼记校注》，长沙：岳麓书社，2004年，第276页。

首先，孔庙建筑群体现着一种秩序美，大成殿为中心，其两侧庑殿等建筑基本是对称分布；其次，孔庙序列空间采取院落组群形式划分庭院，一般呈现为前导、过渡、主体、尾声的空间秩序，层层关联、渐次递进；再次，祭祀对象的位置排序更是鲜明地体现了封建社会的宗法等级观念。文庙承载着官方教育功能，彰显着传统社会规则和教育秩序，这些都是通过建筑的程序化、制度化来落实的。此外，文庙屋脊、门、照壁等处的动物雕刻、绘画栩栩如生，藏经楼、明伦堂、泮池等错落有致。文庙空间高低起伏律动，虚实、动静相结合，疏密、张弛、收放，都是随着人们的移动体验到建筑空间景观的不定性，增加了文庙空间的韵味，这使文庙既彰显秩序性，又蕴含韵动性。

### （三）具象性与意象性

文庙建筑空间是实实在在的物象，有物质属性，更具有丰富的含义，有精神属性。由泮池、棂星门、藏经阁、明伦堂等建筑集合而成的文庙空间"具象"是外显的形式，而更为深层的却是文庙空间绵延的"意向"。事实上，建筑空间不是孤立存在的，文庙空间承载着社会、伦理、审美、民俗等教育功能，优秀的、有价值的建筑设计往往自身带有某种意境，具有超越物象层面的意象。好比历史上的"阿房宫""铜雀台""岳阳楼""滕王阁"等，这些实物或原型都已不复存在，但由历史故事、诗文营造的意境却让人熟知它们。如，"六王毕，四海一，蜀山兀，阿房出。覆压三百余里，隔离天日"的意境直接指向阿房宫这一建筑空间；"落霞与孤鹜齐飞，秋水共长天一色"的意境连接着滕王阁这一建筑空间。同样道理，文庙建筑空间既展现具象性，又蕴含意向性，寓意于形。醒目、威严的万仞宫墙起着空间隔绝作用，隔离繁杂事务的侵扰，庇护儒生的人身安全，使他们能够一心向学；同时，万仞宫墙还象征着孔子学问的渊博和儒学文化的深不可测。大成殿供拜的先师先贤、名宦乡贤等都是封建社会树立的楷模，是学子奋发学习的榜样。文庙通过实在的建筑空间，以隐喻、暗喻等方式，表达了文庙的教育理念。

## 三、移情体验：文庙空间教育意蕴的生成

"身与物接而境生，心与境接而情生"，文庙不但是由棂星门、泮池、大成殿、明伦堂、魁星阁、万仞宫墙等建筑构成的组合体，还是一个承载着独特精神和文化的空间，一个教化民众、兴学育人的教育场所。在重返于物的基础上体验文庙的建筑空间与人的交流，经由形式层面、意向层面和意义层面的展开，理解文庙空间教育意蕴的生成。

### (一) 具身认知空间，感受文庙空间主题

"具现"是以"物(things)"的概念来呈现文庙教育的物理空间，文庙首先是一种"存在空间的具现"。具身认知是指生理体验与心理状态之间有着强烈的联系，通过生理体验"激活"心理感知。文庙是富有魅力的建筑群，泮池、泮桥、棂星门、大成殿、明伦堂、屋脊装饰、万仞宫墙等都可以引发人的直观感受。如，光感、温感、平衡感、距离感等体验，但这种短暂的生理体验很难激活心理感知，因为当人离开文庙现场后，这些知觉就会立刻淡忘。那么如何超越形式层面的短暂的具现化，领悟隐藏其中的深层意义呢？布鲁诺·赛维说："建筑分析即分析其空间观念，分析在活动中所感受的内部空间构成方式。"[①]超越文庙本体就是超越视觉和触觉等生理知觉，因此，文庙的儒生或学人对感受的阐述就显得十分重要。

如何描述文庙空间的感受，不妨借鉴梅洛·庞蒂《知觉现象学》中"建立空间与身体的关联"的观点。庞蒂"开辟出了通过身体来理解空间的第三条道路"[②]，强调辨识感受中的"主体化"和"对象化"。文庙并非纯粹对象化的事物，从心理学的认知理论角度看，文庙所展现的空间是一种处于"内在"与"外在""主观"与"客观"之间的独特的空间。人们

---

① [意]布鲁诺·赛维著，张似赞译：《建筑空间论：如何品评建筑》，北京：中国建筑工业出版社，2006年，第38页。

② 刘胜利：《身体、空间与科学：梅洛·庞蒂的空间现象学研究》，南京：江苏人民出版社，2015年，第6页。

如果看到万仞宫墙、大成殿、魁星阁等,在视觉、触觉等生理活动激发下,在文庙空间中很容易引发心理感知、情感关联和社会认同,以及尊卑感、神秘感、荣耀感、敬畏感等。"来游来歌,相规相劝,陶于诗书,渐以礼乐,必能体公之得意。"①

文庙空间或多或少地带有主体化或人格化色彩,人在文庙建筑空间可以体验它所传达的教育意蕴和教化意义。《南召县庙学记碑文》中记载:"前尔庙焉,时春时秋,以祭以祀,肃然有起人心之敬;后而堂焉,或旦或夕,左挹右让,秩然有严师生之礼。"②理解文庙的"建筑话语",感受文庙的"空间主题",需要认真解读文庙建筑语码,并抓住其主题。文庙空间不能抽空文化意义和教育意义,而仅仅简单地解释为势态、布局、功能、结构、装饰等。文庙是句法严格、叙事宏大的礼仪建筑,其意义蕴涵于形式,透过文庙的空间势态、空间布局、空间组合、空间装饰等空间现象,我们体验到的是儒家天人合一的自然观、天地君亲师的伦理观。应特别指出的是,文庙作为一个主题鲜明的"教育场",蕴涵着鲤鱼跃龙门的教育期许、唯有读书高的教育评价、学而优则仕的教育理念和学而不倦的治学精神。在并州文庙重修后,宋代人韩琦认为:"夫庙学之新,其于为治之道,窃有志达其本者,而诸生其达学之本乎""今学兴矣,处吾学者,其务外勤于艺,而内志于道,一旦由兹而仕也,则思以其道为陶唐氏之臣,心陶唐乎其君,心陶唐乎其民。能如是,吾始谓之达其本。"③当然,体验感受中的"我们"也不仅仅是当下的"你""我",还有过去千百年来文庙在各级学宫就读的莘莘学子、来来往往的文人骚客、络绎不绝的民众百姓等。

**(二)扩展文庙空间,丰富教育内涵**

形式层面的文庙空间的区分、连接、隔离、划界,有别于意象和意义

---

① 李东阳:《永宁县重修庙学记》,政协延庆县委员会编:《延庆文史资料第5辑教育专辑》,2009年,第195页。
② 平邢鸾:《南召县庙学记碑文》,中国人民政治协商会议南召县委员会文史资料研究委员会:《南召文史资料第9辑南召览胜》,1994年,第125页。
③ 韩琦:《并州新修庙学记》,《太原历史文献辑要第3册宋辽金元卷》,太原:山西人民出版社,2013年,第468页。

层面的文庙空间。文庙教育意义的升华是通过跨越学庙核心空间和形式空间,以文庙意义空间的扩展为基础的,这有助于我们深入理解文庙的教育意蕴。

从活动空间角度来说,文庙不但是儒生个人的学习空间,还是师徒交往的礼仪空间,也是教化民众的公共空间。文庙空间庙学相邻,教学与祭祀相结合。祭祀是文庙里的"隐性课程""活动课程",可以对生员进行道德教育和纲常熏陶,从而使道德教化深入人心。"伦理明,人才盛,风俗厚,则其为天下国家之福可济!"①文庙空间的开放性、多用途性等,都有助于不同教育介质的渗透、融合。张鹏在《泽州重修庙学记》中感叹:"青青子衿,来游来歌,叫忭跃舞,各自矜奋。殿墀有桧一、松二、柏二,其大蔽牛,皆数百年物。贮阴下庇廊庑。诸生弦诵之馀,憩息树下,谈仁义,说王道,陋青紫而若污,抗贤哲以为友。其趋而之善也,如或驱之;而耻于为恶也,如或禁之。穆穆乎化邹鲁矣!"②19世纪心理学大师帕格森《材料与记忆》认为,记忆不是纯粹的神经系统的生理机制,人可以借助记忆媒介"超越空间性"来获得"时间性"③。从时间角度来说,文庙空间中"现在"的人除了立足"当下""此刻""现在"外,还可以借助思维、记忆、联想等绵延至"过去"和"未来"。④ 文庙供奉着孔子、荀子等神像(塑像或图像)、牌位,先圣与后学共在;"现在"的人相对于后世学人来说也是"先人",存在着因治学出色而被供奉的可能。徐复观在《程朱异同——平铺地人文世界与贯通地人文世界》一文中也曾讨论"先人先贤"的"临在"问题,⑤无论是"临在""被临在"还是"共在",都说明了文庙时空的扩展。

文庙空间既有显性的教育教化,又有隐性的教育意义。文庙空间

---

① 李穆:《重修房县庙学记》,《文赋房陵》,珠海:珠海出版社,2011年,第193页。

② 张鹏:《泽州重修庙学记》,晋城市地方志丛书编委会编著:《晋城金石志》,北京:海潮出版社,1995年,第504页。

③ 昂利·柏格森:《物质与记忆》,北京:华夏出版社,1999年,第11页。

④ 冯雷:《理解空间:现代空间观念的批判与重构》,北京:中央编译出版社,2008年,第37—38页。

⑤ 《徐复观文集》第2卷,南京:江苏人民出版社,2009年,第300页。

在藏风得水、韵律起伏方面使我们感受到了一种儒道互补的灵动。文庙的风水厌胜及庙学接邻的结构布局就说明它不是隔绝、孤立的空间表达形式,它是与大时代背景下的社会、思想潮流、文化、习俗等密切相关的而具有同构性的。也就是说,文庙空间与封建社会的文教政策,甚至与中国士阶层的精神领域、儒家大同世界都存在着不同程度的、微妙的同构性。譬如,中国文庙与希腊神庙、基督教堂等西方传统建筑有着本质性的区别。文庙建筑是开放的人性空间而非神性空间,文庙不但祭祀先贤先儒,也容纳学者儒生,文庙中"祖先""子孙""先师""弟子"共在;文庙的设置不是为了寻找一种终极意义的生命阐释和表达一种神圣的精神世界的宗教寄托,其实二元对立思维在文庙文化中不是主流,"治学"也不是儒家教育单一的和终极的目的,而是应具有"修身""齐家""治国""平天下"等多元内涵。《重修汉阳府庙学记》说:"诸士学古修文,饬躬端本。以一身而计天下身,以一时而计万世,何其大远也?"①因此,文庙的教育内涵是极其丰富的,它与中国传统思想文化和社会政治的同构性,又使它远远超越狭义的育人的局限性而具有丰富的内涵,管窥"一沙一世界"的博大。笔者认为,研究文庙空间是研究中国古代教育、社会等的一个非常有价值且被长期忽视的领域。

### (三)"定居"文庙空间,回归场所精神

海德格尔曾提出"定居"(dwelling)的概念,这一概念被建筑现象学研究领域频繁引用,甚至还启发了挪威建筑理论家诺伯·舒兹产生了"存在立足点"和"场所精神"学说。诺伯·舒兹将建筑视为"场所精神的形象化",人可以借助"有意义的场所精神"而获得"定居"。②

"定居"不只是建筑营造,而且还是人的生存方式。③ 如果说"宣圣

---

① 湖北人民政府文史研究馆,湖北省博物馆整理:《湖北文徵》第1卷,武汉:湖北人民出版社,2014年,第331页。
② [挪]诺伯·舒兹著,施植明译:《场所精神:迈向建筑现象学》,武汉:华中科技大学出版社,2010年,第3页。
③ 邓波:《海德格尔的建筑哲学及其启示》,《自然辩证法研究》,2003年第12期。

庙是汉族民众世世代代尊奉的精神支柱"①,"州县学则是士子儒生的现实支柱,是实现儒家兼济天下之志的起点,更代表着中国文化传统的承续"②。"定居"是求学治学的儒生们将文庙建筑理解为一种与自身有共同立足点的生活和存在方式。"县学生员"或"府学生员"等是儒生们最鲜明的身份标志,他们在文庙获得了接受教育的机会,也寻找到了契合自身教育追求的庇护所和归属地,并随着学业进步而被容纳,置身其中如鱼游于水,身心自如却浑然不觉。

"无条件、无场所的行为是不存在的",人"在社会参与中进入意义世界"。③ 文庙建筑以具象手段将中国封建社会儒家教育生活表达了出来,成为一个具有"筑以载道"意义的世界,以"场所"传达着儒家的教育精神。"望先师而教,以愿学孔子也;步两庑而教,以思齐群贤也。守当代之名言,则教以敬,一治其心也;应科第之旁求,则教以道德有于身也。教之以羲、轩以下诸圣,为必可师而绳武也;教之以横渠、载之以上诸贤,为必可友而比肩也。必如是教,而后可以为学。"④文庙为生徒们的教育活动提供场所,并与之建立精神交往和精神联系。例如,文庙鲤鱼跃龙门的雕刻装饰、半月形的泮池、典雅的状元桥、威严的万仞宫墙等都诱发着学子们学而不倦的学习动机。文庙始终是一个向儒生传达锐意进取精神的教化场所,塑造着他们的意志。其实,理解文庙的场所精神并不需要高度的抽象思维能力,而是在潜移默化中塑造,在精神向度上契合,在情感诉求中回归。

随着现代社会信息化、科学化的发展和实用主义、技术主义的膨胀,教育意蕴在教育建筑空间的设计规划中似乎正在消解。越来越多的学校建筑忽视学生的体验和教育意蕴,沦为基本办学条件层面的衍生物,或是超标豪华建设,或是样式趋同,或是胡搭乱建,甚至屡屡从新

---

① 李国钧:《中国书院史》,长沙:湖南教育出版社,1994年,第406页。
② 陶然等:《宋金遗民文学研究》,杭州:浙江大学出版社,2014年,第144页。
③ 刘永德:《建筑空间的形态·结构·涵义·组合》,天津:天津科学技术出版社,1998年,第11页。
④ 龚懋贤:《重修庙学记》,严如熤主修,郭鹏校勘:《嘉庆汉中府志校勘》下,西安:三秦出版社,2012年,第896页。

闻中听到中学、小学甚至幼儿园在屋顶上铺设操场、让学生在屋顶上体育课的新闻报道。因此,今天更有必要重新审视文庙空间建筑及其教育意蕴。尽管文庙建筑已成为远去的封建社会儒家教育的"博物馆",早已不能适用于当前形势下的学校教育,但作为一种重要的传统建筑类型,至少体现了其基本的教育意蕴,对今天的教育建筑规划有一定的借鉴意义。

原载《河南大学学报(社会科学版)》2017年第5期

高等教育研究

# 论当前我国高等教育布局结构的内涵、问题及其优化策略

王振存[①]

高等教育布局结构是关涉高等教育事业能否科学、健康发展的关键。优化高等教育布局结构是亟待研究的重要课题,对推动我国教育事业科学发展、促进教育公平、办好人民满意的教育具有重要意义。1986年出版的《高等教育结构学》[②]、1987年出版的《中国高等教育结构研究》[③]是较早研究高等教育结构的学术专著。1990年,刘劲姿的《从我省高等教育的布局结构看市办大学面临的问题及对策》[④]是较早以高等教育布局结构为研究主题的学术论文,该研究从调查入手,对市办大学所面临的问题进行了梳理分析并提出了对策,对学者研究高等教育布局结构问题具有重要的启发价值和意义。在此之后,相关研究不断增多,代表性研究成果有:《优化布局结构改革管理体制——对当前高等教育布局结构调整的思考》[⑤]《对中国西部高等教育布局和管理

---

[①] 王振存,男,河南滑县人,河南大学教育科学学院副教授,教育学博士,教育科学研究所研究人员。

[②] 齐亮祖,刘敬发主编:《高等教育结构学》,哈尔滨:黑龙江教育出版社,1986年。

[③] 郝克明,汪永铨主编:《中国高等教育结构研究》,北京:人民教育出版社,1987年。

[④] 刘劲姿:《从我省高等教育的布局结构看市办大学面临的问题及对策》,《辽宁高等教育研究》,1990年第2期。

[⑤] 胡瑞文,卜中和:《优化布局结构改革管理体制——对当前高等教育布局结构调整的思考》,《上海高教研究》,1997年第2期。

体制改革的思考》①等。近年来,相关研究呈现出多元化趋势,主要集中在以下几方面:一是对高等教育与经济发展协调性的研究,如《高等教育结构与经济发展的协调性分析》②《我国高等教育布局与区域经济相关性研究》③。二是对新型城镇化建设背景下的高等教育布局结构调整的研究,如《适应新型城镇化建设的高等教育布局与结构调整》④。三是对共生理念下省域高等教育布局结构的研究,如《共生理念下的广西高等教育布局结构优化》⑤。四是运用实证方法对我国高等教育布局结构及特点进行梳理和剖析,如《我国高等教育布局结构分析——基于1998—2009年的数据》⑥,该文章认为,从1998年到2009年,我国高等教育布局结构逐步得到优化,区域人口逐渐成为影响高等教育布局结构的关键因素;同时,该文章还从我国区域经济发展和高等教育资源分配的角度进行研究,认为我国高等教育布局结构呈现外部均衡、内部非均衡,整体均衡、区域非均衡的特点。五是从国际视角对高等教育布局结构调整的发展历程及其特点进行研究,如《20世纪70年代以来美国高等教育结构调整的特点及启示》⑦,该文作者认为,美国自20世纪70年代以来,高等教育结构调整呈现出如下特点:副学士学位和硕士学位的授予量大大增加;私立营利性大学和应用学科获得快速发展。我国高等教育结构调整应与经济社会发展相适应,应重视研究生教育

---

① 刘尧:《对中国西部高等教育布局和管理体制改革的思考》,《宁夏大学学报(哲学社会科学版)》,1999年第4期。

② 傅征:《高等教育结构与经济发展的协调性分析》,《武汉大学学报(哲学社会科学版)》,2008年第2期。

③ 李硕豪,魏昌廷:《我国高等教育布局与区域经济相关性研究》,《国家教育行政学院学报》,2010年第12期。

④ 雷培梁:《适应新型城镇化建设的高等教育布局与结构调整》,《中国高等教育》,2015年第7期。

⑤ 贺祖斌,王国亮:《共生理念下的广西高等教育布局结构优化》,《广西社会科学》,2013年第1期。

⑥ 李硕豪,魏昌廷:《我国高等教育布局结构分析——基于1998—2009年的数据》,《教育发展研究》,2011年第3期。

⑦ 饶燕婷:《20世纪70年代以来美国高等教育结构调整的特点及启示》,《中国高教研究》,2009年第10期。

和高等职业技术教育的发展,大力发展民办高等教育。《战后发达国家高等教育结构调整的特点及启示》认为,二战后发达国家高等教育结构调整有如下特点:在层次结构上,向上拓展、向下延伸;在类型结构上,研究型、应用型与实用型高校并存;在形式结构上,正规教育与非正规教育互补;在布局结构上,中心城市与偏远地区兼顾。① 我国高等教育布局结构应不断调整优化,使之与社会经济结构的发展相适应。目前,学术界以我国高等教育布局结构内涵、问题及其优化策略为对象的研究还不够深入系统。

# 一、高等教育布局结构的内涵

自20世纪80年代以来,有关高等教育结构的研究逐步增多,但对其内涵的理解也不尽相同,主要有以下几种观点:一是关系说,认为"高等教育结构是高等教育系统的组成形态及其内部因素的关系形式"②;二是比例说,认为高等教育结构"为高等教育系统内部各要素之间相对稳定的联系方式和比例关系"③;三是构成状态说,认为"高等教育结构是指高等教育的内部构成状态"④;四是系统说,认为"高等教育结构是一个规模庞大、因素众多、功能综合、目标多样、多层次、多维度的结构系统,是高等教育系统各组成部分通过一定的关联方式和比例关系所构成的动态综合体"⑤。潘懋元先生认为,高等教育结构是指高等教育系统内部各要素的构成状态,可以分为宏观结构与微观结构。⑥ 高等

---

① 董泽芳,张继平:《战后发达国家高等教育结构调整的特点及启示》,《中国地质大学学报(社会科学版)》,2010年第5期。
② 齐亮祖,刘敬发:《高等教育结构学》,哈尔滨:黑龙江教育出版社,1986年。
③ 谢维和,文雯,李乐夫:《中国高等教育大众化进程中的结构分析——1998—2004年的实证研究》,北京:教育科学出版社,2007年,第1页。
④ 郝克明,汪永铨主编:《中国高等教育结构研究》,北京:人民教育出版社,1987年。
⑤ 郑启明,薛天祥主编:《高等教育学》,上海:华东师范大学出版社,1988年。
⑥ 潘懋元主编:《新编高等教育学》,北京:北京师范大学出版社,2004年,第128页。

教育宏观结构是指与经济、社会发展等外部因素关系密切、与高等教育总体相关的结构,它包括层次、科类、形式、分布(布局)、管理体制结构等。高等教育的层次结构,也称水平结构,主要是指不同程度和要求的高等教育的构成状态,包括高等专科教育、本科教育、研究生教育三个层次,它反映了社会分工的纵断面。高等教育的科类结构是指高等教育发展中不同学科领域的构成状态,在我国主要由工科、农科、林科、医药、师范、理科、财经、政法、体育、艺术、管理、文科、军事 13 大类组成,它反映了社会分工的横断面。高等教育的形式结构主要是指不同办学形式、学校类型的构成状态。①

由上述可知,高等教育结构是高等教育不同构成要素(不同类型学校、不同类别学科)在不同层次、不同空间的多维构成状态。高等教育布局结构是高等教育系统中的一个重要形式,主要是指高等教育机构在地区的分布构成状态,高校、学科在各地的分布状况,不同类型和不同层次高校的分布状况,不同类别的学科分布构成了高等教育的整体布局。高等教育的布局结构及其优化包括高校的空间分布、地理位置,以及高等教育资源的配置优化状况等。从宏观上看,高校布局结构的演变过程实质上是"空间重构、空间断裂、空间延伸和空间整合的过程;从中观上看,高校布局结构的变革与城市的关系表现为集聚—扩散—再集聚的过程;从微观上看,高校与城市的空间关系随着城市化进程逐渐密切"②。高等教育布局结构优化,是指在一定区域内按照一定的理念、原则(如公平)对不同类型、层次的高等学校进行增设、合并、撤销、调整等。

高等教育是社会中的一个子系统,高等教育布局结构作为高等教育系统的一个重要组成部分,是随着经济社会的发展变化而不断发展变化的,其比例关系、构成状态也会随着教育系统各要素的变化而变化,从这个意义上说,高等教育的发展史就是高等教育布局结构不断演变的历史。高等教育布局结构不是一时形成的,它受历史因素的影响,

---

① 潘懋元、王伟廉主编:《高等教育学》,福州:福建教育出版社,2002 年,第 65 页。

② 陈慧青:《中国高校布局结构变革研究》,厦门大学博士学位论文,2009 年。

具有历史性;受文化传统、社会价值观的影响,具有文化性和价值倾向性;受经济、社会、教育政策、意识形态的影响,具有政策性、阶级性和政治倾向性。高等教育是根据自身的发展规律和经济社会发展要求进行布局结构的调整和优化的,是高等教育实现协调、健康发展,充分发挥其服务、引领社会功能的重要途径。

## 二、优化高等教育布局结构是当下中国高等教育发展的必然选择

### (一) 经济社会转型对教育的诉求

教育系统是经济社会发展中的一个子系统,高等教育作为教育系统的重要组成部分,是科技第一生产力和人才第一资源的重要结合点,具有高端引领作用,其发展水平和质量决定着对人才创新能力、创造能力的培养水平,决定着产业在全球价值链中的地位,决定着我们站在什么样的制高点上来发展高等教育。当前,我国经济社会正在从传统的以强调数量增长和扩大外延为主的发展方式向以创新驱动、内生增长为主的发展方式转变,经济发展步入了新常态:增长速度正从高速增长转向中高速增长;发展方式正从规模速度型粗放增长转向质量效率型集约增长;经济结构正从增加数量为主向提高质量转变;发展动力正从要素驱动、投资驱动转向创新驱动。① 高等教育在经济社会发展中的地位、作用凸显,迫切要求高等教育布局结构的优化和质量的提升。2015年3月30日《中共中央国务院关于深化体制机制改革加快实施创新驱动发展战略的若干意见》的颁布,标志着我国高等教育创新驱动发展战略正式启动。2016年5月19日,中共中央、国务院印发的《国家创新驱动发展战略纲要》提出到2020年进入创新型国家行列,到2030年跻身创新型国家前列,到2050年建成世界科技创新强国"三步走"目标,标志着我国以创新驱动发展战略推动创新型国家建设已进入实施阶段。"创新驱动实质是人才驱动,没有人才优势就不可能有创新优

---

① 杜玉波:《把握新常态下的高教发展》,《光明日报》,2015年3月2日。

势、科技优势、产业优势。"①没有创新优势、科技优势、产业优势就无法保证创新驱动战略的顺利实施,就无法为创新型国家建设提供有力的人才支撑和智力支持。创新驱动发展战略的实施必须解决人才来源问题,即高层次创新人才从哪里来,就是高层次创新人才的培养问题。《国家创新驱动发展战略纲要》为解决这一问题提出了新要求:拥有一批世界一流的科研机构、研究型大学和创新型企业,涌现出一批重大原创性科学成果和国际顶尖水平的科学大师,成为全球高端创新创业人才的重要聚集地,这是实现社会和谐发展、科学发展和区域经济协调发展的关键。高等教育布局结构直接影响人才培养的规格、层次、质量、水平,影响了区域产业布局结构调整的能力和区域经济创新能力。因此,经济社会发展的转型升级与实施国家创新驱动发展战略、区域发展战略都要求高等教育不断调整发展类型、优化布局结构。

### (二) 办好人民满意的教育的客观需要

教育事业是今天的事业、明天的希望,是人力资源开发的主要途径。十八大报告提出,教育作为民生问题是六项社会建设任务之首,要"推动高等教育内涵式发展","努力办好人民满意的教育"。高校作为培养人才的摇篮、科技创新的源泉,在经济发展进入新常态的背景下,其服务经济社会发展的功能更加凸显。"办好高等教育,事关国家发展、事关民族未来。我国高等教育要紧紧围绕实现'两个一百年'奋斗目标、实现中华民族伟大复兴的中国梦,源源不断培养大批德才兼备的优秀人才。"②新中国成立以来,特别是改革开放以来,我国高等教育取得了巨大成就,2015年,全国各类高等教育在学总规模达到3647万人,高等教育毛入学率达到40%。进入"世界大学学术排名"500强的中国大学数量快速增长,2004年,入围世界500强的中国大学只有8所,2014年,入围世界500强的中国大学已有32所,增长了三倍,反映

---

① 王志刚:《创新驱动发展战略与科技创新》,《行政管理改革》,2015年第10期。
② 《2016年4月22日习近平总书记致清华大学建校105周年的贺信》,《人民日报》,2016年4月23日。

出我国高水平大学整体上的进步(如表1、图1所示)。但同时还应该看到,在这32所大学中,中西部地区的大学很少,特别是占全国人口十分之一的河南省没有一所大学入围。从各省名校数量分布情况看,区域差别也很大,这导致一些省区学生考取名校的难度系数加大,高层次人才对区域经济社会发展支撑能力不足(如表2所示)。

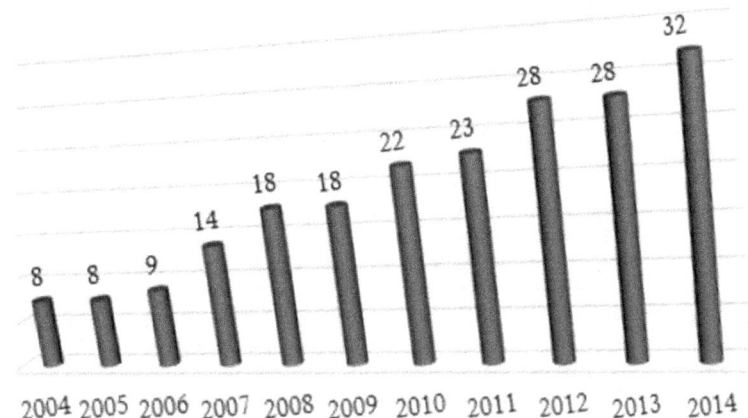

图1 2004—2014年中国大学进入
"世界大学学术排名"500强的数量①

当前,我国高等教育布局结构不合理状况直接影响了高等教育的内涵特色发展,影响了人民群众的公平感、获得感,影响了办好人民满意的教育的战略目标的实现。优化高等教育布局结构既是办好人民满意的教育的重要内容,也是办好人民满意的教育的客观需要。优化调整高等教育布局结构有助于增强教育发展的整体协调性、科学发展水平和核心竞争力,有助于实现优质教育资源的全覆盖和加快高等教育强国战略目标的实现,使全体人民在共建共享教育中有更多获得感。

---

① 程莹:《从世界大学学术排名看中国高水平大学十年间的进步》,http://www.sohu.com/a/11146432_111981,2015年4月16日。

表1 中国大学进入"世界大学学术排名"500强的时间和名次[①]

| 序号 | 学校名称 | 首次进入"世界大学学术排名"500强的时间（2004年开始统计） | 2004—2014年排名 |
| --- | --- | --- | --- |
| 1 | 清华大学 | 2004 | 101—150 |
| 2 | 北京大学 | 2004 | 101—150 |
| 3 | 上海交通大学 | 2004 | 101—150 |
| 4 | 浙江大学 | 2004 | 151—200 |
| 5 | 复旦大学 | 2004 | 151—200 |
| 6 | 中国科学技术大学 | 2004 | 151—200 |
| 7 | 南京大学 | 2004 | 201—300 |
| 8 | 中山大学 | 2007 | 201—300 |
| 9 | 哈尔滨工业大学 | 2008 | 201—300 |
| 10 | 华中科技大学 | 2008 | 201—300 |
| 11 | 西安交通大学 | 2010 | 201—300 |
| 12 | 北京师范大学 | 2011 | 201—300 |
| 13 | 吉林大学 | 2004 | 301—400 |
| 14 | 山东大学 | 2006 | 301—400 |
| 15 | 中国农业大学 | 2007 | 301—400 |
| 16 | 南开大学 | 2007 | 301—400 |
| 17 | 四川大学 | 2008 | 301—400 |
| 18 | 大连理工大学 | 2008 | 301—400 |
| 19 | 兰州大学 | 2008 | 301—400 |
| 20 | 东南大学 | 2010 | 301—400 |
| 21 | 厦门大学 | 2010 | 301—400 |
| 22 | 北京航空航天大学 | 2011 | 301—400 |
| 23 | 中南大学 | 2012 | 301—400 |
| 24 | 同济大学 | 2012 | 301—400 |
| 25 | 华南理工大学 | 2012 | 301—400 |
| 26 | 天津大学 | 2007 | 401—500 |
| 27 | 武汉大学 | 2010 | 401—500 |
| 28 | 北京协和医学院 | 2012 | 401—500 |
| 29 | 华东理工大学 | 2014 | 401—500 |
| 30 | 苏州大学 | 2014 | 401—500 |
| 31 | 南京医科大学 | 2014 | 401—500 |
| 32 | 首都医科大学 | 2014 | 401—500 |

① 程莹：《从世界大学学术排名看中国高水平大学十年间的进步》，http://www.sohu.com/a/11146432_111981，2015年4月16日。

## （三）推进教育公平发展的内在需求

**表2　中西部13省区高考难度排名及其高水平大学分布情况**

| 省份 | 考名校难度排名 | 全省总人口（万人） | 2015在校大学生人数（万人） | 2015考生人数（万人） | 一本录取率 | "985工程"大学数(所) | "211工程"大学数(所) |
|---|---|---|---|---|---|---|---|
| 西藏 | 1 | 318 | 3.35 | 2.1 | 6.45% | 0 | 1(西藏大学) |
| 贵州 | 2 | 3 508 | 46.04 | 35.06 | 7.6% | 0 | 1(贵州大学) |
| 江西 | 3 | 4 542 | 91.64 | 34.46 | 8.1% | 0 | 1(南昌大学) |
| 河南 | 4 | 9 436 | 167.97 | 77.2 | 8.2% | 0 | 1(郑州大学) |
| 广西 | 5 | 4 754 | 70.19 | 31 | 8.39% | 0 | 1(广西大学) |
| 云南 | 6 | 4 714 | 57.70 | 27.21 | 8.9% | 0 | 1(云南大学) |
| 山西 | 7 | 3 648 | 71.32 | 34.23 | 9.2% | 0 | 1(太原理工大学) |
| 河北 | 8 | 7 384 | 116.43 | 40.48 | 12% | 0 | 1(华北电力大学) |
| 新疆 | 9 | 2 298 | 29.04 | 16.05 | 12.8% | 0 | 2(新疆大学、石河子大学) |
| 内蒙古 | 10 | 2 505 | 40.64 | 18.4 | 14.51% | 0 | 1(内蒙古大学) |
| 海南 | 11 | 903 | 18.06 | 6.2 | 14.88% | 0 | 1(海南大学) |
| 宁夏 | 13 | 662 | 11.14 | 6.77 | 19.39% | 0 | 1(宁夏大学) |
| 青海 | 12 | 583 | 5.29 | 4.3 | 15.12% | 0 | 1(青海大学) |

数据来源：教育部网站 http://www.moe.edu.cn

公平正义是人类不懈追求的永恒主题。正如罗尔斯所说的那样："公正是社会制度的首要善，正如真理是思想体系的首要善一样。一种理论，无论多么高尚和简洁，只要它不真实，就必须拒绝或修正；同样，某种法律和制度，无论怎样高效和得当，只要它们不公正，就必须改造或废除。"①教育公平是社会公平在教育领域的体现，教育公平通常可以分为区域、城乡、校际、阶层等方面的公平。"教育公平是社会公平的重要基础，要不断促进教育发展成果更多更公平惠及全体人民，以教育公平促进社会公平正义。"②由于我国区域发展不均衡，区域教育公平问题突出，主要表现是高等教育领域存在着优质教育资源区域布局不均衡：从国家经济区"985"高校分布来看，环渤海经济圈有14所，长江三角洲有7所，成渝经济区和关中—天水经济区各有3所，珠江三角洲有2所，海西经济区有1所；然而，拥有近1亿人口的中原经济区却没

---

① Rawls. J., *A Theory of Justice*（Revised Edition），The Belknap Press Of Harvard University Press, Cambridge, Massachusetts, 1999, 3.
② 《2016年9月9日习近平总书记在北京市八一学校考察时的讲话》,《人民日报》,2016年9月10日。

有"985"院校和教育部直属高校,仅有1所"211"院校。当前,我国高等教育布局结构不合理状况直接影响了教育资源科学、合理的配置,进而影响了教育公平、社会公平的实现。

**(四) 全面提高高等教育质量的要求**

目前,我国高等教育发展呈现出稳定规模、优化结构、强化特色、注重创新的特征,并进入以质量提升为核心的内涵式发展阶段。"当前和今后一个时期,人民群众对优质高等教育资源的选择性需求越来越旺盛,经济结构调整和转型升级对高层次人才的需求越来越多样,日趋激烈的国际竞争对提升高等教育质量的要求越来越迫切。"[①]高等教育是一个复杂系统,其规模、质量、结构、效益、公平等方面相互联系、相互影响。高等教育发展有多种形式,如规模扩大、质量提升、结构优化、效益提高等,以及由上述指标相结合所呈现出来的整体质量、综合效益的提高。

全面提高高等教育质量,推动高等学校内涵式发展不是局部学校或少数学校质量的提升,而应是全体高校、高等教育事业整体质量的提升。全面提高高等教育质量包括制定和完善高等教育政策,优化高等教育资源配置,调整高等教育布局结构等内容。当前,我国高等教育布局结构的不合理状况表现在资源配置、政策供给等方面,阻碍、限制了一些高校的发展,妨碍了全面提高高等教育质量目标的实现。

## 三、我国高等教育布局结构存在的主要问题

**(一) 理念不先进**

由于受历史等多种因素影响,"在每个地区内部,仍普遍存在着高

---

① 钟秉林:《转变方式:推进高等教育内涵发展和质量提升》,《光明日报》,2016年2月25日。

校专业和资金都集中在一两个中心城市的情况"①,造成"每个地区(区域)高校集中的城市变成了中心,其余地方则成了边缘。借助于高校的发展,中心城市也日益发展为经济、文化中心,远远地超过了其它边缘地区"②。针对上述问题,我国也采取了一些措施,但并没有从根本上解决这些省份和地区高等教育资源尤其是优质高等教育资源不足、发展不均衡的问题。究其原因,首先是观念和认识的问题。在高等教育布局结构调整方面,政策的制定和执行存在着歧视性、保守性、死板性的缺陷,因地制宜、与时俱进不够。有人认为,高等教育布局结构的调整主要是受既有政策(如一省一校)的限制,不宜突破。人始终是教育的核心,着眼全体学生可持续、全面的发展应始终是教育发展最根本、最核心的原则和价值。各省区人口数量、受教育人口数量是教育资源配置最核心的要素,单纯按照行政区划分而不考虑人口数量、受教育人口数量等要素,这既是不科学的也是不公平的,因此,当前高等教育资源配置的理念、方式亟待转变。

**(二)布局不合理**

目前,我国有39所"985工程"大学、112所"211工程"大学,这两类堪称"国"字号的高水平大学是国家优质高等教育资源的代表,是具有社会公信力的高水平大学。但由于受历史等因素的影响,这些高校主要集中在经济发达省、市或地区,而山西、内蒙古、江西、河南、河北、海南、青海、宁夏、西藏、新疆、广西、云南、贵州这13个中西部地区的省、自治区各有一所"211工程"大学。中原经济区有1.6亿人,却没有一所"985工程"大学,"211工程"大学仅有1所,这与中原经济开发区的战略地位很不相称,如表3所示。

---

① [加]许美德著,许洁英主译:《中国大学1895—1995:一个文化冲突的世纪》,北京:教育科学出版社,2000年,第120页。
② [加]许美德著,许洁英主译:《中国大学1895—1995:一个文化冲突的世纪》,北京:教育科学出版社,2000年,第309页。

表 3  部分经济区"985 工程"大学和"211 工程"大学分布状况

| 地区 | | "985 工程"大学总数（所） | "211 工程"大学总数（所） |
| --- | --- | --- | --- |
| 经济区 | 主体省市自治区 | | |
| 长江三角洲 | | 7 | 14 |
| | 江苏 | 2 | 9 |
| | 上海 | 4 | 5 |
| | 浙江 | 1 | 0 |
| 珠江三角洲 | | 2 | 4 |
| | 广东 | 2 | 2 |
| 环渤海经济圈 | | 14 | 22 |
| | 北京 | 8 | 18 |
| | 天津 | 2 | 1 |
| | 辽宁 | 2 | 2 |
| | 山东 | 2 | 1 |
| 海峡西岸经济区 | | 1 | 1 |
| | 福建 | 1 | 1 |
| 成渝经济区 | | 3 | 4 |
| | 四川 | 2 | 3 |
| | 重庆 | | |
| 关中—天水经济区 | | 3 | 4 |
| | 陕西 | 3 | 4 |
| 中原经济区 | | 0 | 1 |
| | 河南 | 0 | 1 |

数据来源：教育部网站 http://www.moe.edu.cn

以人口大省、教育大省河南为例，河南有 1 亿多人口，占全国总人口数量的 7.75％，受教育人口数量达到 2600 多万人，超过全国受教育总人数的 10％，但河南高等教育明显存在"四缺"：第一，缺名校，没有教育部直属高校和"985 工程"大学，"211 工程"大学只有一所（如表 4 所示）；第二，缺名师，两院院士、长江学者、国家杰出青年学者等大师级、领军人才较少；第三，缺高端平台，在全国上千个国家重点学科中河南省只有 8 个，100 多个国家重点实验室河南省只有 4 个，北京、上海、武汉和广州 4 个城市有中科院系统研究所 71 个，中西部地区的河南、内蒙古、宁夏、贵州这 4 个省、自治区却没有；第四，缺高质量的学生，这是因为研究生培养单位、学位授权点、招生规模等远低于全国平均水平。2016 年，河南省高等教育毛入学率为 38.80％，低于全国平均水平；从 2008 年到 2015 年国内一流大学对河南考生的录取率仅为 0.83％，是全国录取率最低的省份，全国录取率最高的省份是 5.93％；河南人口占全国总人口的 7.75％，在校研究生仅占全国在校研究生的 1.99％；每年河南省博士生招生指标仅有 567 个，而经济发达地区高校的博士生招生指标就有 2000 多个。全国政协委员、河南大学校长娄源功认为,全国 39 个"985 工程"大学,从人口数量角度来划分,如果 4000 万人口就应该有一个,那么河南就应该有 2—3 个"985 工程"大学;在若干个国家级战略经济区中,只有河南没有"985 工程"大学,这是中原经济区人民心中永远的痛。

**表 4　不同时期我国"211 工程"大学和"985 工程"大学在各省区的分布状况①**

| 省市区 | 211 工程大学 | | | | | | 985 工程大学 | | | | | | |
|---|---|---|---|---|---|---|---|---|---|---|---|---|---|
| | 1996 名单 | | 2003 名单 | | 2005 名单 | | | 一期名单 | | 二期名单 | | 三期名单 | |
| | 数量 | 所占百分比 | 数量 | 所占百分比 | 数量 | 所占百分比 | 排名 | 数量 | 所占百分比 | 数量 | 所占百分比 | 数量 | 所占百分比 | 排名 |
| 京 | 7 | 25.9% | 19 | 20.0% | 23 | 21.5% | 1 | 6 | 17.7% | 8 | 20.5% | 10 | 22.7% | 1 |
| 沪 | 3 | 11.1% | 10 | 10.5% | 10 | 9.35% | 3 | 3 | 8.82% | 4 | 10.3% | 4 | 9.09% | 3 |
| 津 | 2 | 7.41% | 3 | 3.16% | 3 | 2.80% | 8 | 2 | 5.88% | 2 | 5.13% | 2 | 4.55% | 5 |
| 渝 | — | — | 1 | 1.05% | 2 | 1.87% | 9 | 1 | 2.94% | 1 | 2.56% | 1 | 2.27% | |
| 冀 | — | — | 1 | 1.05% | 1 | 0.94% | 10 | — | — | — | — | — | — | |
| 晋 | — | — | 1 | 1.05% | 1 | 0.94% | 10 | — | — | — | — | — | — | |
| 蒙 | — | — | 1 | 1.05% | 1 | 0.94% | 10 | — | — | — | — | — | — | |
| 辽 | 1 | 3.70% | 4 | 4.21% | 4 | 3.74% | 7 | 1 | 2.94% | 1 | 2.56% | 1 | 2.27% | |
| 吉 | 1 | 3.70% | 3 | 3.16% | 3 | 2.80% | 8 | 1 | 2.94% | 1 | 2.56% | 1 | 2.27% | |
| 黑 | 1 | 3.70% | 3 | 3.16% | 4 | 3.74% | 7 | 2 | 5.88% | 2 | 5.13% | 2 | 4.55% | 5 |
| 苏 | 2 | 7.41% | 12 | 12.6% | 11 | 10.3% | 2 | 2 | 5.88% | 2 | 5.13% | 3 | 6.82% | |
| 浙 | 1 | 3.70% | 1 | 1.05% | 1 | 0.94% | 10 | 1 | 2.94% | 1 | 2.56% | 1 | 2.27% | |
| 皖 | 1 | 3.70% | 2 | 2.11% | 3 | 2.80% | 8 | — | — | — | — | — | — | |
| 闽 | — | — | 2 | 2.11% | 2 | 1.87% | 9 | 1 | 2.94% | 1 | 2.56% | 1 | 2.27% | |
| 赣 | — | — | 1 | 1.05% | 1 | 0.94% | 10 | — | — | — | — | — | — | |
| 鲁 | — | — | 3 | 3.16% | 3 | 2.80% | 8 | 2 | 5.88% | 2 | 5.13% | 3 | 6.82% | |
| 豫 | — | — | 1 | 1.05% | 1 | 0.94% | 10 | — | — | — | — | — | — | |
| 鄂 | 2 | 7.41% | 4 | 4.21% | 7 | 6.54% | 5 | 2 | 5.88% | 3 | 7.69% | 3 | 6.82% | 4 |
| 湘 | 2 | 7.41% | 4 | 4.21% | 4 | 3.74% | 7 | 2 | 5.88% | 3 | 7.69% | 3 | 6.82% | 4 |
| 粤 | 1 | 3.70% | 4 | 4.21% | 4 | 3.74% | 7 | 2 | 5.88% | 2 | 5.13% | 2 | 4.55% | |
| 桂 | — | — | 1 | 1.05% | 1 | 0.94% | 10 | — | — | — | — | — | — | |
| 川 | — | — | 5 | 5.26% | 5 | 4.67% | 6 | 1 | 2.94% | 1 | 2.56% | 1 | 2.27% | |
| 滇 | — | — | 1 | 1.05% | 1 | 0.94% | 10 | — | — | — | — | — | — | |
| 黔 | — | — | — | — | 1 | 0.94% | 10 | — | — | — | — | — | — | |
| 陕 | 2 | 7.41% | 7 | 7.37% | 8 | 7.48% | 4 | 4 | 11.8% | 5 | 12.8% | 5 | 11.4% | 2 |
| 疆 | — | — | 1 | 1.05% | 1 | 0.94% | 10 | — | — | — | — | — | — | |
| 甘 | — | — | — | — | 1 | 0.94% | 10 | 1 | 2.94% | 1 | 2.56% | 1 | 2.27% | |
| 合计 | 27 | 100% | 95 | 100% | 107 | 100% | — | 34 | 100% | 39 | 100% | 44 | 100% | |

"高等教育对经济增长的贡献,主要是通过人才、科技进步等中介因素来实现的,而这些中介因素恰恰是区域经济增长的决定性因素。"②自 2009 年以来,人口大省河南的优质高等教育资源匮乏的现状

---

① 韩梦洁,宋伟:《新中国成立以来高等教育区域结构的制度安排与反思》,《河南大学学报》,2014 年第 1 期。
② 周异决,张丽敏:《高等教育与区域经济发展互动机制研究》,《国家教育行政学院学报》,2011 年第 6 期。

直接影响了国家粮食生产核心区、中原经济区①、郑州航空港经济综合实验区、郑新洛国家自主创新示范区等战略规划在河南省的实施；妨碍了《河南省全面建成小康社会加快现代化建设战略纲要》提出的奋斗目标的实现，成为制约区域经济发展和国家战略规划实施的短板。

这种状况的形成除了有历史方面的原因外，还有政策方面的原因，比如，具有鲜明的计划管理特征的"一省一校"政策是导致中西部地区优质高等学校布局不合理的主要原因，该政策在一定程度上违背了教育公平原则。教育公平有三个层次的意义：平等地对待相同的、有差别地对待不同的、对弱势进行补偿，即平等对待原则、差别对待原则、弱势补偿原则。根据教育公平的第二个原则，即有差别地对待不同的原则，采取"一省一校"的行政手段和计划管理的方式来配置教育资源，没有考虑各省的差别，尤其是没有考虑各省人口与受教育人口的巨大差别。人始终是教育的中心，推进教育公平，配置优质教育资源必须充分考虑人这一要素，一方面，体现了以人为本的教育政策，另一方面，也体现了教育最核心、最本真的价值追求。在进行教育资源配置的时候不能忽视人这个最重要的资源配置要素，那种把人口过亿的省份与仅有几百万人口的省份等同起来的做法，仅仅是平均，不是公平。

### （三）政策跟进迟缓

配第—克拉克定理是研究经济发展中产业结构演变规律的理论学说，揭示了劳动力在三大产业中分布结构的演变规律，从经济学人力资本的角度为优化高等教育结构提供了理论支持。配第与克拉克认为，区域经济的协调发展在很大程度上依赖于区域产业结构的调整、优化、升级，产业结构的优化升级又加速了劳动力在各产业之间的流动，调整优化了就业结构和人才结构，从而实现了劳动力就业结构依次从第一产业向第二产业、再从第二产业向第三产业的有序转移，第一、二、三产

---

① 中原经济区的地理位置重要，粮食优势突出，市场潜力巨大，文化底蕴深厚，包括河南省全境，河北、山西、安徽、山东等省部分地区，区域面积28.9万平方公里，2011年末总人口达到1.6亿，该地区生产总值4.2万亿元，这三项指标分别占全国的3%、13.3%和9%。

业呈现出逐渐升高的良好态势。产业结构的升级带动了劳动力就业结构的变化,从而对人才结构提出新的要求,人才结构的变化又对高等教育的结构提出了新要求,进而推动了高等教育的发展。同时,产业结构优化升级的根本动力在于科技创新和对高素质创新型人才的培养,高校作为科技创新动力和高素质创新型人才培养的摇篮,其结构的调整优化必然带来人才结构的优化,进而促进产业结构的优化、升级。

全面实现小康社会的奋斗目标,推进"一带一路"等国家战略目标的实施,迫切需要高层次人才、高水平大学的有力支持,亟待优化区域高等教育布局结构,改变我国中西部地区优质高等教育资源不足的局面。《中西部高等教育振兴计划(2012—2020年)》明确提出,教育部在设置高等学校时,对中西部地区实行单列审批,推动区域内高等教育协调发展,深入推进省部共建地方高校等中西部地区高校布局结构的优化,但相关政策并未及时跟进。

**(四)机制调节不顺畅**

高等教育资源配置方式的变革,"不仅仅有赖于制度支持者所控制的资源,也有赖于权力的性质和提供、分配、控制资源的具体制度规则"①。在高等教育布局结构调整中,高度集中统一的管理体制尚未从根本上加以改变,行政决定、审批等仍然是政府管理高等教育的主要手段。虽然政府、高校、市场之间已经构成博弈关系,但政府在教育资源分配上居于垄断地位,其"主导"的权重过大而使高校"从属"的色彩太浓。社会调节机制,尤其是利用市场竞争来优化资源配置的机制尚未真正形成。高等教育较为灵活、科学的布局结构调整机制还未建立起来。

---

① [美]沃尔特·W.鲍威尔,[美]保罗·J.迪马吉奥主编,姚伟译:《组织分析的新制度主义》,上海:上海人民出版社,2008年,第72页。

# 四、制定高等教育布局结构调整优化政策的建议

## （一）秉持科学发展、促进公平的理念

科学发展观是经济社会发展应秉持的重要理念，也是高等教育布局结构调整优化应恪守的基本理念。高等教育布局结构调整优化有助于推进高等教育事业的整体发展，有助于推进不同类型、不同层次、不同区域高等学校的发展，有助于教育事业和经济社会健康、协调、可持续发展。

公平不是平均，也不是让强者更强、弱者更弱。公平是平等地对待相同的，有差别地对待不同的，对弱势进行补偿。公平是人类有史以来一直追求的核心价值理念，也是教育事业所追求的目标。高等教育布局结构的调整优化同样要秉持公平理念。一是要平等地对待相同的。虽然我们的学生来自于不同的家庭、不同的地方，属于不同的民族，说着不同的方言，有着不同的风俗习惯，但作为中华人民共和国的公民在享受教育机会等方面应该是平等的。教育要面向全体学生，不能漏掉任何一个学生，不能让任何一个学生掉队。既要不断扩大、拓展、提升优质教育资源，又要公平配置教育资源，把"教育蛋糕"做大、分好，不断缩小区域、城乡、校际、阶层、群体等之间的教育差距，深入推进教育公平。因此，高等教育布局结构调整和高等教育资源配置都应该把人口、受教育人口作为重要指标。按照这一原则，从国家发展大局出发，从推进教育公平的实际出发，通过合作办学、建立分校（研究机构）等方式拓展中西部地区人口大省的优质高等教育资源。二是有差别地对待不同。根据经济社会发展程度、教育基础等因素和不同省、区的特殊境况实行差别对待。如由于河南的历史贡献、人口基数、教育基础与其他省份相比明显不同，所以政策的制定和实施不宜采取一刀切的办法，否则只会产生平均主义，而不是公平。三是弱势补偿原则，即对弱势地区、弱势群体实行政策、资源投入等方面的倾斜。长期以来，我国实施的是向东部沿海地区倾斜的教育发展政策，我国东、中、西部地区高等教育发展还不均衡，中西部地区高等教育发展相对滞后，需要国家出台相关

政策加以扶持。因此,根据差别对待和弱势补偿原则,不仅需要国家在当前的世界一流大学、世界一流学科建设方面给予中西部地区更多的政策倾斜和经费支持,而且还需要国家在高等教育布局结构调整和高等教育资源配置方面向河南倾斜、补偿。

高等教育结构调整优化是一个复杂的系统工程,需要秉持科学公平的发展理念,按照系统设计、统筹规划、稳步推进、服务国家、面向区域、支持特色、防止趋同、分类指导等总体思路,正确处理重点与一般、局部与整体、短期与长期、效率与公平等关系,不断优化高等教育的布局结构;同时,引导高等学校合理定位,提高办学水平,争创一流大学,以推动不同区域、不同层次、不同类型的高等学校健康、快速、协调和可持续发展。

**(二)恪守适度超前发展原则充分发挥教育的引领功能**

十年树木,百年树人。经济发展,教育先行。马克思在谈到教育与社会发展关系时指出:"这个问题有一种特殊的困难之处。一方面,为了建立正确的教育制度,需要改变社会条件,另一方面,为了改变社会条件,又需要相应的教育制度。因此我们应当从现实出发。"①这实际上是在告诫我们,教育的发展必须有社会基础和条件,同时,教育在社会的改革过程中起着不可忽视的作用。教育不仅有服务经济社会发展的功能,还有引领经济社会发展的功能,教育的先导性、长周期性决定了教育必须秉持适度超前发展的原则和充分发挥其引领功能。但事实上,在很长一段时期,由于缺乏科学、长远的发展眼光,缺乏科学和富有前瞻性的规划,在我国高等教育发展史上,对高等学校布局的调整多次出现大起大落现象,对高等教育和经济社会的发展都产生了不良影响,过分注重教育服务经济社会发展的功能,过分注重教育适应经济社会的发展的要求,忽视了教育尤其是高等教育对经济社会发展的引领作用。我国高等教育布局结构调整的经验教训应该认真总结。

由此来看,高等教育布局结构的调整,一方面,应充分考虑高等教育与经济社发展相适应,另一方面,还应充分发挥高等教育在经济社会

---

① 《马克思恩格斯论教育》,北京:人民教育出版社,1979年,第314页。

结构优化中的引领作用。以制定和实施好《中国教育 2030》为契机,加强科学规划,树立前瞻性战略思想,恪守适度超前发展原则,充分发挥高等教育的引领功能,做到前瞻性与可行性相结合,不仅研究当前的经济社会发展状况,更要对未来经济社会的发展走向作出科学研判,根据未来经济社会结构调整优化的需要,科学制定高等教育布局结构发展政策,着重解决高等教育发展过程中的不平衡、不协调、不可持续发展等问题,先期进行高等教育布局结构调整,为未来经济社会结构调整做好人力资源储备工作;同时,根据教育对经济社会的支撑能力,做好高等教育布局结构调整优化工作,不断提高高等教育的服务水平,充分发挥高等教育对社会发展的引领作用,在转变高等教育发展方式、优化教育结构、促进教育公平、提高教育质量等使高等教育得到科学发展。

### (三) 充分发挥三种力量、三个主体的作用

在计划经济体制下,中央和地方政府运用各种资源、手段对高校实行以权力服从为基本原则的领导、组织和管理。无论在形式上还是在实质上,高校仍然是政府的隶属机构,大学围绕行政指令运行。[①] 国家、社会和高校之间形成了金字塔式的角色结构,处于顶端和绝对主导地位的是国家,处于中间的是社会,处于最基层的是高校,它们对高校布局结构的影响程度是不同的。

自 1978 年改革开放以来,社会经济体制开始步入市场经济时期。原"总体型"社会结构向"分化型"社会结构转变,社会结构的多元化或多极化发展逐步衍生出多重力量,它们在相互制衡中促进社会的迅速发展。计划经济时期是以计划为导向,高等教育及高校布局结构要与国家经济建设相匹配,直接纳入国家建设体系与范畴,具有明确的行政指令性。市场经济时期则是以市场为导向,高等教育及高校布局结构要与社会经济发展相适应,特别是要与区域社会经济发展相适应,这在客观上要求高校服务于社会经济发展需要的同时,还要注重自身发展的内在需要。在从"计划经济"走向"市场经济"的过程中,国家、社会和

---

① 王伟,陈于后:《高校章程与高校治理结构的重塑》,《湖南科技大学学报(社会科学版)》,2012 年第 2 期。

高校三个主体随着社会形态与结构的变化,在高等教育布局结构变革中发挥的作用已出现明显的变化。

市场经济的建立,使我国传统的计划经济共同体发生改组,分化出政治领域、市场领域和介于二者之间的社会领域即第三部门。在这种宏观背景下,高校、政府、社会三者之间的关系有了新内涵,政府职能发生了转变,高校成为具有自主权的独立办学主体,社会公众成为自主选择的教育消费者。在计划经济体制下,对高等教育的管理主要是依靠一个超经济的政治体制及其派生的教育管理体制,政府控制着高等教育领域的各个方面,社会自主力量比较薄弱。随着市场力量在教育领域的介入,教育领域正在发育着制约教育发展的三种力量,即学术力量、政府力量和市场力量;同时,又逐步形成了主导教育运行的三个主体,即举办者、办学者和管理者。在高等教育布局结构调整优化过程中,应充分发挥这些力量和不同主体的作用。

### (四)制定和实施补偿、差异并重政策

由于我国经济社会发展不平衡所导致的教育发展不均衡,高等教育布局结构亟待优化,仅仅依靠"撒胡椒面"式的平均政策已经不能有效解决高等教育布局结构不合理问题,要解决问题应科学制定和实施补偿、差异并重的政策。《上海高等教育布局结构与发展规划(2015—2030年)》立足社会需要培养人才,调整优化上海高校布局结构,构建普通高校分类发展和分类管理体系。上海高等教育以构建二维分类管理体系对高校进行分类,在横向维度上,按照学科门类及一级学科发展情况,把高校划分为综合性、多科性和特色性三类;在纵向维度上,按照人才培养类型和学术研究功能,把高校划分为学术研究、应用研究、应用技术、应用技能四类,使上海高校形成了"十二宫格"结构特色。同时,主管部门在与高校充分沟通并由高校自主定位后,把上海全市所有高校分别放进"十二宫格"中相应的格子里,建立相应的资源配置和评价机制,引导高校在各自领域和类型中争创一流大学、办出特色,从原有"一列纵队"变为"多列纵队"。当前,中西部地区应在充分借鉴历史和上海等地经验的基础上,制定和实施补偿、差异并重的高等教育布局调整政策,尽快解决高等教育布局结构不合理问题。建议国家在建设

"双一流"大学和支持中西部地区重点建设高水平大学时,按照公平三原则(平等地对待相同的、有差别地对待不同的、对弱势进行补偿)中的第二个原则,充分考虑不同省区的人口数量、经济总量、历史地位等综合因素,把人口过亿的省区与仅有几百万人口的省区加以区别对待,支持中西部地区特别是支持人口大省能有更多大学进入"双一流"建设、国家重点支持建设和综合实力提升工程建设行列。根据公平三原则中的有差别地对待不同的原则和对弱势进行补偿的原则,通过新建、新增、合建、搬迁等方式合理分配国家优质教育资源。同时,正视高等教育资源过度集中于大城市向中小城市和小城镇辐射效用不足的问题,正视正规山区院校发展缓慢等问题,重视借鉴国际经验,优化城乡高等教育布局结构。国外一些高校通过在不同地区建立分校来实现高等教育资源的合理分配,以及实现对小城市、小城镇和边远山区的有效覆盖。如,美国加利福尼亚大学就先后在不同地区创办了9个分校,并逐步成为当地重要的组成部分。在充分考虑中心城市高等教育饱和的情况下,结合我国城镇化建设和高校发展实际,可通过校地、校企合作办学,在产业发展相对集中的中小城市、开发区、产业园区乃至中心城镇设置分校区、二级学院、研究院及教学点等,不断优化城乡高等教育布局。

**(五)建立科学的动态优化调整机制**

建立科学的高等学校动态优化调整机制,既是高等教育协调、健康发展的需要,也是经济社会发展对高等教育的要求。

1. 建立专家咨询机制。成立专业化高等教育布局结构调整优化研究机构,组建由具有广泛代表性的高素质专家队伍构成的高等教育布局结构优化调整咨询委员会,充分发挥专家在高等教育布局结构优化调整中的作用。在专家委员会组建时,要体现专业性、广泛性和公平性,从有关政府部门、高校、科研机构、行业组织选聘专家,并确定这些专家合理的比例,体现回避制度,畅通监督质询渠道。切实加强高等教育布局结构调整优化专题研究,针对重大理论和实践问题,开展具有前瞻性、基础性、战略性研究,认真借鉴历史和国外高等教育发展的经验,深刻剖析我国高等教育布局结构中存在的突出问题,把高等教育布局结构的调整建立在科学研究的基础之上。

2. 建立科学决策机制。完善高等学校设置标准体系，依据我国高校设置现状，借鉴发达国家经验，按照国家整体发展目标和区域经济社会发展要求，依据学校的发展目标、功能定位、服务对象、办学主体等特征，完善高校类型和层次设置标准。建立由国家统筹、分级调控，并由政府、高校、社会和学术研究机构四方共同参与的科学决策机制，建立高等教育布局结构调整统计服务系统，搭建综合数据平台，确保高等教育布局结构调整优化政策的制定是建立在深入调研、广泛征求意见的基础之上。

3. 建立运行保障机制。加强高校设置与布局支持体系建设，健全高等院校设置、调整、优化等相关法律、法规，完善相关政策，在《高等教育法》的基础上出台《高等教育布局结构调整法》《高等教育布局结构调整条例》等，确保高等学校的调整优化有法可依、有章可循。从国家发展战略视角和办好人民满意的高等教育的角度提高对高等教育布局结构调整优化重要性的认识；加强对高等教育布局结构调整的组织领导；设立专项资金，加大对高等教育布局结构调整优化的经费投入力度。

4. 建立评估反馈机制。根据科学发展观的要求，秉持教育公平理念，适时对高等教育布局结构现状、问题进行调研分析，根据经济社会发展要求和高等教育发展状况对高等教育布局结构调整规划方案及时进行修改完善，定期对高等教育布局结构调整优化效果进行评估、反馈，确保高等教育布局结构调整方案的科学性。

高等教育布局结构内涵丰富，优化高等教育布局结构对推动教育公平、办好人民满意的高等教育具有重要意义。高等教育布局结构问题既有历史原因，也有现实因素，不是一时形成的，也不是一时可以改变的，需要政府、学校、研究者、社会等多方通力配合和长期不懈的努力才能解决。

原载《河南大学学报（社会科学版）》2017年第4期

# 新中国成立以来高等教育区域结构的制度安排与反思

韩梦洁,宋 伟①

《国家中长期教育改革和发展规划纲要(2010—2020年)》高举教育公平的大旗,彰显教育公平理念,提出要真正实现教育公平,不能忽视国家优质高等教育资源的区域结构布局的问题。当前,国家优质高等教育资源非均衡问题仍然存在,如何解决这一问题,成为我们当前的首先任务。中华人民共和国成立以来,中央人民政府为解决这一问题做出了积极的努力和探索。总结经验教训,检视得失,有助于我们对中国高等教育地域结构布局非均衡的现状和历史原因有一个科学、全面的认识,有助于我们为解决这一问题做出符合逻辑的制度设计和路径选择。关于这一问题的学术研究,散见于其他学者的研究成果,例如,加拿大著名汉学家许美德在《中国大学1895—1995——一个文化冲突的世纪》一书的每一个章节中,都有中国大学地域结构布局的描述和评析,并提出了很重要的观点。日本学者大塚丰在《现代中国高等教育的形成》一书中,对不同时期的中国大学的地理分布进行了探讨。张德祥在《高等教育社会学》一书中,对中国大学的地域结构分布进行了考察。② 在本文中,笔者重点探讨新中国成立以后的大学地域结构布局问题。

---

① 韩梦洁,女,河南周口人,大连理工大学高等教育研究中心博士生,美国威斯康星大学联合培养博士生;宋伟,男,河南民权人,河南大学教育科学学院教授,博士生导师,教育学博士。

② 张德祥:《高等教育社会学》,北京:高等教育出版社,2002年。

# 一、新中国成立之初(1949—1952年) 中国高等教育区域结构布局状况

近代中国(1860—1949年)的高等教育一直存在着区域结构布局不均衡的问题。尽管不同时期的中央政府都曾试图解决高等教育地域结构布局不均衡的问题,但由于受战乱、政治腐败、经济落后等各种因素的制约,所以,这一问题一直没有从根本上得到解决。①

新中国建立之初,我们从国民党政府手中接管的正规的高等院校共223所。从新中国成立之初的行政区的划分情况来看,中国大学的布局很不均衡(见表1)。华东区共有高校96所,位居全国第一;西南区共有高校42所,位居全国第二;中南区共有高校33所,位居全国第三;华北区共有高校26所,位居全国第四;东北区共有高校18所,位居全国第五;西北区最少,只有高校8所,仅是华东区的十二分之一。②

表1  1949年全国高等院校的地域分布概况

| 行政区 | | 华北 | 东北 | 华东 | 中南 | 西南 | 西北 | 合计 |
|---|---|---|---|---|---|---|---|---|
| 大学 | 国立 | 7 | 7 | 13 | 6 | 4 | 2 | 39 |
| | 省立 | | | | | | | |
| | 私立 | 5 | | 12 | 7 | 3 | | 27 |
| 独立专门学院 | 国立 | 2 | 3 | 6 | 3 | 4 | 4 | 24 |
| | 省立 | 4 | | 8 | 7 | 1 | 1 | 21 |
| | 私立 | 5 | | 15 | 2 | 19 | | 41 |
| 专科学校 | 国立 | 2 | 5 | 10 | | 4 | 1 | 22 |
| | 省立 | 1 | | | | | | 24 |
| | 私立 | | 17 | 4 | 4 | | 25 | 50 |
| 合计 | | 26 | 18 | 96 | 33 | 42 | 8 | 223 |

注:1.表1所列入的学校,包括1949年9月中国共产党所领导的东北区和各根据地实有学校;

2.凡在1949年9月前已改建的学校均列入表1,此后改建的学校不再列入;

3.各地区在新中国成立前夕设立的高等学校(多数是私立的),由于建校时间短、规模小、学生少(有的学校甚至没有学生),并且这类学校在新中国成立时已自行停办或解散,故均不列入表1。

---

① 宋伟,韩梦洁:《近代中国高等教育地域非均衡布局考察》,《史学月刊》,2009年第4期。

② 季啸风,王显明,徐敦潢:《中国高等学校变迁》,上海:华东师范大学出版社,1992年,第1128—1131页。

从高等教育发展历史来看,华东区一直是中国现代高等院校的主要聚集地;西南区因为抗战 8 年而成为国民党中央政府的政治、经济、军事和文化中心,国民党中央政府将当时沦陷区的大多数高校西迁,使西南地区成为当时中国高等院校相对集中的地区。①

根据郝维谦、龙正中的《中国高等教育史》记载,我们制作了表 2。表 2 充分反映了新中国成立初期,我国部分省、直辖市高等学校的分布情况。

表 2 新中国成立初期部分省、直辖市高等学校分布概况

| 省市 | 高等学校数(所) | 在校本专科学生数(人) | 每十万人在校学生数(人) |
|---|---|---|---|
| 北京 | 15 | 14700 | 722 |
| 河北 | 11 | 5300 | 103 |
| 上海 | 37 | 20900 | 386.3 |
| 江苏 | 15 | 7200 | 21.6 |
| 四川 | 36 | 14100 | 28.5 |
| 广东 | 12 | 5800 | 20.6 |
| 河南 | 2 | | |

注:在该表中,河北的高校数量包含天津的高校数量;四川的高校数量包含重庆的高校数量;详情请见郝维谦、龙正中主编:《中国高等教育史》,海口:海南出版社,2000 年,第 82 页。

内地和西部边远地区的高等学校数量较少,在校生人数也很少,例如,内蒙古、西藏、青海、宁夏等省、自治区没有大学,山西、河南、新疆等省、自治区各有 1—2 所大学,且学校规模较小。值得注意的是,民国时期我国国立大学的总数较少,但地域结构布局较为均衡,尽可能做到了每个省区各有 1 所高校。河南只有两所大学,其中一所是国立大学,即国立河南大学。② 由此可以看出,新中国接管和接办的旧中国高等院校的整体数量不多,地域分布不均衡,但为数不多的国立大学的分布却相对均衡、合理。

---

① 宋伟,韩梦洁:《近代中国高等教育地域非均衡布局考察》,《史学月刊》,2009 年第 4 期。

② 宋伟,韩梦洁:《近代中国高等教育地域非均衡布局考察》,《史学月刊》,2009 年第 4 期。

## 二、20世纪50年代(1952—1957年)高校院系调整与高等教育区域结构调整的制度设计

新中国成立之后,我国的工作中心从战争转向经济建设。国家百废待兴,需要加快工业建设和经济社会发展的步伐,迫切需要发展高等教育,对旧中国遗留下来的高等学校区域结构布局不均衡状态进行大幅度的调整和制度改革。20世纪50年代初,中央人民政府对全国高等学校进行了大规模的院系调整,经过多年的调整,民国时期的高等教育制度和区域结构布局被彻底打破,高等学校区域结构布局不均衡状况得到有效改善。

1950年6月上旬,教育部在北京召开第一次全国高等教育会议,确定了新中国大学制度改革的基本方针与方向:"以理论与实际一致的方法,培养具有高度文化水平的,掌握现代科技成就的,全心全意为人民服务的,高级的国家建设人才。应该准备和开始吸收工农干部和工农青年进高等学校,以培养工农出身的新型知识分子。"①1952年,在全国范围内按照如下方针开始对高校院系进行调整,"以培养工业建设人才和师资为重点,发展专门学院与专科学校,整顿和加强综合性大学,逐步创办函授学校和夜大学,并在机构上为大量吸收工农成分入高等学校准备条件。按照这个方针,原有的高等学校经过调整后,分别称为综合性大学、专门学院与专科学校,今后即可按照各校的性质与任务,朝着确定的方向发展。这就改变了原有大学一般化与盲目设置的不合理现象"。②

1950年,高等学校院系调整的方式是,合并专业、院系,撤销学校,建立新的专业学院,保留一小部分以文理学科为主的综合性大学。院

---

① 高等教育部办公厅:《高等教育文献法令汇编(1949—1952年)》,高等教育办公厅,1958年,第18页。
② 《做好院系调整工作,有效地培养国家建设干部》,《新华月报》,1952年第9期。

系调整的原则是,按照大学、专门学校和专科学校三类分别进行调整,各大行政区至少有1所培养科学研究人才和培养师资的大学;工学院为这次调整的重点,以少办或不办多科性的工学院,多办专业性、单科性的工学院为原则;农学院以集中合并为主,每一大行政区办好1—3所农学院;师范学院每一大行政区办好1—3所。① 经过一年的调整,全国高校由211所减少到205所。1953年,继续进行高等学校院系调整,"仍着重于改组旧的庞杂的大学,加强和增设工业高等学校并适当地增设高等师范学校;对政法、财经各院系采取适当集中、大力整顿及加强培养与改造师资的办法,为今后发展做准备。今年院系调整工作主要以中南区为重点。华北、东北、华东三区因去年已基本完成了院系调整工作,今年主要是进行专业调整。西南、西北两区今年进行局部的院系和专业调整"。② 经过这次高等学校院系的调整,全国高校减少到182所。

表3 1953年院系调整后高等学校在不同地区分布的情况③

| | | 全国 | 华北 | 东北 | 华东 | 中南 | 西南 | 西北 |
|---|---|---|---|---|---|---|---|---|
| 机构数(所) | 1949年(A) | 205 | 27 | 20 | 74 | 34 | 42 | 8 |
| | 百分比(%) | 100.0 | 13.2 | 9.8 | 36.0 | 16.6 | 20.5 | 3.9 |
| | 1953年(B) | 181 | 39 | 25 | 50 | 34 | 19 | 12 |
| | 百分比(%) | 100.0 | 21.5 | 13.8 | 27.6 | 18.9 | 10.5 | 6.6 |
| | 增加率%:B/A | 88.3 | 144.4 | 125.0 | 67.6 | 100.0 | 45.2 | 150.0 |
| 学生数(人) | 1949年(A) | 116504 | 20936 | 16562 | 42452 | 15471 | 16716 | 4367 |
| | 百分比(%) | 100.0 | 18.0 | 14.2 | 36.5 | 13.3 | 14.3 | 3.7 |
| | 1953年(B) | 212181 | 50905 | 35809 | 58019 | 35989 | 19798 | 10889 |
| | 百分比(%) | 100.0 | 24.0 | 16.9 | 27.3 | 17.0 | 9.3 | 5.1 |
| | 增加率%:B/A | 182.1 | 243.1 | 216.2 | 136.7 | 232.6 | 118.4 | 249.3 |

从表3可以看出,经过1953年的高校院系调整,全国高等学校的数量由205所减少到182所。高等学校增加的地区有:华北地区,由27所高等学校增加到39所,增长率为144.4%;东北地区,由20所高等学校增加到25所,增长率为125.0%;西北地区,由8所高等学校增加到

---

① 金一鸣:《中国教育类别与结构的研究》,上海:上海教育出版社,1999年,第217页。

② 上海市高等教育局研究室,华东师范大学高校干部进修班,教育科学研究所编:《中华人民共和国建国以来高等教育重要文献选编》(上),上海:上海市高等教育局研究室,1979年,第39页。

③ [日]大塚丰著,黄福涛译:《现代中国高等教育的形成》,北京:北京师范大学出版社,1998年,第109页。

12 所,增长率为 150.0%。高等学校负增长的地区有:华东地区,由原来的 74 所高等学校减少到 50 所,负增长率为 67.6%;西南地区,由原来的 42 所高等学校减少到 19 所,负增长率为 45.2%;中南地区高等学校的数量没有发生变化。调整后,华东地区高校的数量占全国高校总数的比例由 36.0%下降到 27.6%,但是,它仍然居于全国首位;华北地区高校的数量占全国高校总数的比例由 13.2%增加到 21.5%,由原来的全国第 4 位上升到第 2 位;中南地区高校的数量仍然居全国第 3 位;东北地区高校的数量占全国高校总数的比例由原来的全国第 5 位的 9.8%,上升到全国第 4 位的 13.8%;西南地区高校的数量由原来的全国第 2 位的 20.5%下降到全国第 5 位的 10.5%;西北地区高校的数量由原来的全国第 6 位的 3.9%上升到 6.6%,仍居全国第 6 位。

1950 年的中国高等学校院系调整具有以下几个突出特点。第一,涉及面广、时间长,几乎涉及全国所有的高等学校。各地高校从新中国成立之后就开始进行调整,直至 1957 年结束。第二,在体制上,学习和借鉴苏联高等教育的经验,甚至可以说是照搬苏联的模式。第三,在地域分布上,以六大行政区为单位进行调整,力求做到六大行政区的高等学校的结构布局相对均衡,这虽然缩小了六大行政区之间高等教育结构布局的巨大差距,但没有照顾到各省区内部高等学校结构布局的严重不均衡性,这一区域布局制度的安排影响至今。第四,通过合并逐渐取消私立大学、教会大学。1949 年,全国私立高校共有 84 所,1950 年减至 56 所,1951 年又减至 28 所,1952 年仅剩下了两所,到了 1953 年,在高等学校院系调整之前,私立大学全部取消。第五,取消多科性大学,建立以文理学科为主的综合性大学,重点发展单科性学院,为适应国民经济的发展和建设的需要而快速培养人才。第六,重视师范、农业和工业院校的发展,新建一批大学,尤其是新增设国家建设迫切需要的科系,例如,设立采矿、冶金等专业和学院。20 世纪 50 年代的高等学校的院系调整,使新中国高等学校的结构布局有了较大改变和发展。

在院系调整的过程中,特别强调了新兴工科大学的发展。例如,坐落在武汉的华中工学院(今天华中科技大学的前身),就是当年中央在中南地区重点建设的工科大学,它将当时的武汉大学、湖南大学、南昌大学和广西大学的工程系、专业师资力量调整合并在了一起,于

1952年建立。为此,许美德曾评论说,在国民党时期,地方性综合大学的一部分工程系、科曾经是各个地区的优秀院系,它们被要求贡献出来支持坐落在武汉的华中工学院这所中心大学的建立。① 这个案例充分体现了 20 世纪 50 年代院系调整的主要原则,即在某些中心地区集中最好的大学,并由这些大学负责整个地区的高层次人才的培训。② 这一原则是牺牲了各个省区内部稀缺的优质高等教育资源,过分强调了六大行政区之间的优质高等教育资源的相对均衡,却打破了民国时期省区内的均衡,客观上加剧了各省区高等学校结构布局的非均衡性。

20 世纪 50 年代,始终处于高等学校院系调整状态,但大的调整主要是在 1952 年、1953 年和 1957 年进行的。

如果考察学生的变化情况,从全国范围来看,这一时期学生总数由 116 504 人增加到 212 181 人,增长率为 182.1%。虽然各个地区的高等学校数量有增有减,但是,各个地区的在校学生数量都有不同程度的增加,这说明高等教育的办学效率大大提高。在校学生增幅最大的地区是西北地区,该地区由 4367 人增加到 10 889 人,增长率为 249.3%;增幅排在第 2 位的是华北地区,在校学生达 50 905 人,增长率为 243.1%;增幅排在第 3 位的是中南地区,在校学生数达 35 989 人,增长率为 232.6%;增幅排在第 4 位的是东北地区,在校学生达 35 809 人,增长率为 216.2%;增幅排在第 5 位的是华东地区,在校学生达 58 019 人,增长率为 136.7%;西南地区增幅最小,在校学生达 19 798 人,增长率为 118.4%。各个地区的在校学生占全国在校学生总数的比例如下:华东地区为 27.3%、华北地区为 24.0%、中南地区为 17.0%、东北地区为 16.9%、西南地区为 9.3%、西北地区为 5.1%。

日本广岛大学大学院教授、国际知名亚洲高等教育比较研究学者大塚丰(Yutaka Otsuka)对此评论说,中国大学院系调整的一个主要目标,是改变新中国成立前长期存在的高等学校地理分布不合理的状态,具体是将集中在沿海各大城市的高等学校分散到内地办学,以促进内

---

① 校史编写组:《华中理工大学》,北京:华中理工大学出版社,1993 年。
② [加]许美德著,许洁英译:《中国大学 1895—1995:一个文化冲突的世纪》,北京:教育科学出版社,2000 年,第 112 页。

地高等教育的发展。在抗战时期,由于西南地区是国民党政府的政治、军事、学术和文化中心,高等教育机构的数量有较大幅度增加,但是,随着战后高等学校的大量回迁,剩下的高等学校受师资力量和办学等条件的限制,教育质量无法得到保证,理应进行适度精简和调整,因此,在这次调整中,西南地区的高等学校的数量减少得最多。华东地区,尤其是上海一直是全国高等教育的中心,拥有高等学校的数量一直处于全国领先地位。由于这一地区高等学校的数量较多,水平参差不齐,外国资助的教会学校也集中于此,所以该地区成为高等学校调整的主要对象。北京是新中国的首都,是全国的政治、经济、文化、军事和学术中心,需要大力发展高等教育。东北地区是当时新中国的主要工业基地,也是解放最早的地区,该地区通往苏联的交通较为便利,是整个国家的大后方,也是朝鲜战争的后方,只有快速发展高等教育,才能适应这一地区政治、经济和文化发展的需要。[①]

在经历了 20 世纪 50 年代院系调整之后所形成的高等学校的格局,对后来直至今天的全国高等学校的结构布局产生了重要影响。新中国成立之初,全国被划分为东北、华北、华东、中南、西南、西北六大行政区,实行党政军一体化管理,也即国家实行的是大区的管理体制。1952 年,各大行政区机构一律改为行政委员会,大区行政委员会代表中央人民政府对地方(省、市)人民政府的机关行使领导与监督权。[②] 华东区军政委员会所在地是上海,东北区军政委员会所在地是沈阳,中南区军政委员会所在地是武汉,西南区军政委员会所在地是成都,西北区军政委员会所在地是西安,华北区军政委员会所在地是北京。这些大行政区的政治、军事、经济和文化的中心城市,以及交通枢纽城市成为这次高等学校院系调整中最大的受益城市,高等学校相对集中于这些城市,这些城市的高等教育在短时间内获得迅猛发展,成为全国高等教育中心城市。同时,每一军政行政区又有一座次中心城市,它们是华北区的天津,东北区的哈尔滨、西北区的兰州、中南区的广州、西南区的

---

① [日]大塚丰著,黄福涛译:《现代中国高等教育的形成》,北京:北京师范大学出版社,1998 年,第 110—111 页。
② 靳德行主编:《中华人民共和国史》,开封:河南大学出版社,1989 年,第 23 页。

重庆、华东区的南京,这些次中心城市也都在这次高等学校院系调整中发展成为全国高等教育的重要城市。在当时,我国政府将高等学校结构布局均衡问题放在大行政区域内考虑,力争做到大区之间高等学校结构布局的相对均衡,而没有、实际上也很难做到各省区内部结构布局的均衡。应该说,这种按照大区均衡结构布局的做法成效显著。

然而,遗憾的是,在1953年院系调整之后的第二年即1954年,各大行政区委员会撤销,各大区之间高等学校结构布局均衡问题不复存在,各个省、市之间的布局不均衡问题日益凸显,并且在以后相当长时间内,甚至到今天仍没有得到根本解决。许多学者都意识到了这一问题的严重性。许美德先生曾评论到,高等学校在全国各地分布的合理化所取得的成功,本应该与人们长期对全国高等学校地区分布不平衡的关心有密切关系。但是,这种再分配方式却过于人为化和机械性。从六大行政区来看,高等学校的地区再分配,对解决高等学校结构布局非均衡问题确实有效果。然而,在每个大行政区之内,仍存在着高校集中在一两个中心城市的情况。

**表4　中部四省1953年高校院系调整前后大学变化情况(单位:所)**

| 省份 | 1949年院校数 | 1953年院校数 | 增减情况 |
|---|---|---|---|
| 湖北 | 10 | 11 | +1 |
| 广东 | 12 | 7 | -5 |
| 湖南 | 2 | 5 | +3 |
| 河南 | 2 | 4 | +2 |
| 合计 | 26 | 27 | +1 |

注:日本学者大塚丰《现代中国高等教育的形成》一书中的第111页所描述的中南地区还包括江西、广西,这与本文表6中的中南地区高等学校的数量不一致。

以中部四省为例,湖北、广东的高校数量虽然被减少,湖南、河南的高校数量有所增加,但与湖北、广东相比,湖南、河南高校的数量仍然很少,它们之间的差距依然很大,这种差距延续到今天依然严重存在。同时,中南区把武汉作为该地区的中心城市,导致本区其他省的大批高校,如工程学和技术学领域的高校,都从河南、湖南、广西等地迁到了武汉。① 这次高等学校专业、学科的调整、迁移,对这些省区高等教育的发展所造成的消极影响直到今天依然存在。以西北区为例,这个面积巨大的地区,高等教育资源主要集中在此地区的主要中心城市西安和次要中心城市兰州。而幅员辽阔的新疆、青海、宁夏等地的高等教育,在相当长的时间内没有得到较好的发展。

六大行政区的建制被取消后,对各个省区的高等学校的地域分布情况进行考察就会发现,非均衡问题更加凸显。"苏联模式造成了新的等级不平衡,六个行政大区中都有一个中心,由此向四周辐射,这是集权制在地方上的反映。"②高等学校结构布局的非均衡问题引起中央的重视。1955年7月30日,高等教育部发出《关于1955—1957年高等学校院系调整有关事项的通知》,指出:"高等教育建设必须和国民经济的发展计划相配合,学校的设置分布必须避免过于集中,学校的发展规模一般不宜过大;高等工业学校应逐步地和工业基地相结合。"按照这一精神,1955—1957年全国高校继续进行院系调整,以改变高等学校过于集中在少数大城市,尤其是集中在沿海城市的状况,并将沿海地区的一些高等学校的同类专业、系迁至内地组建新校,或加强内地原有学校,或将一些学校全部或部分迁往内地建校,增设新专业,扩大内地高校规模。③ 这种高校院系调整的典型案例是,将上海交通大学整体搬迁到西安,作为对1953年进行院系调整时忽视西北地区高等教育发展

---

① 关于这个问题,1953年河南大学的调整是一个典型案例。调整前的河南大学是一所国立综合重点大学,在调整中,河南大学的很多学科、专业被调整、迁移,因此,受到了重创。1953年,河南大学水利系调往武汉大学水利系,财经系调往武汉的中原大学财经学院,畜牧兽医系调往江西农学院,无病虫害系调往在武汉的华中农学院。河南大学的行政学院搬迁到郑州单独设置为河南省政法干部管理学校。此前的1952年,河南大学的农学院搬迁到郑州独立设置为河南农学院,河南大学的医学院搬迁到郑州独立设置为河南医学院。河南大学校史对此有详细记载。

② [加]许美德著,许洁英译:《中国大学1895—1995:一个文化冲突的世纪》,北京:教育科学出版社,2000年,第126页。

③ 王保华等:《高等学校设置理论与实践》,武汉:华中师范大学出版社,2000年,第21—22页。

的重要补充,这一做法对于地区高等教育的均衡发展意义重大。

高等学校的管理体制和隶属关系,也在院系调整中得到明确,并不断发生变化。1953 年,高等教育部确定了 148 所高等学校的隶属关系,高教部管理 8 所,中央业务部门管理 30 所,大行政区管理 72 所,委托省、直辖市、自治区管理 38 所。1954 年,国家撤销大行政区,原大行政区直接领导的 72 所院校绝大多数移交给高教部和中央业务部门管理。1954 年,在全国 188 所高等学校中,由省、直辖市、自治区代管的学校只有 17 所,仅占全国高等学校总数的 9.5%;1955 年,全国高等学校 227 所,全部由高教部和中央业务部门管理;1956 年,在全国 229 所高等学校中,有 129 所下放给省级政府管理,调动了地方办学的积极性。①

## 三、"大跃进"时期至改革开放之前（1958—1977 年）中国大学区域结构布局的制度变迁

从 1958 年至 1959 年间的"大跃进",标志着中国在政治和经济发展方面坚决脱离了苏联模式,②在高等教育领域也是如此。在 20 世纪 50 年代早期,我国教育深受苏联的影响,曾建立了一种具有等级特征的高校体制,这种体制被过细的专业划分分割成许多条块,并完全由某一高层中心所控制。

1958 年,随着高等教育部的取消和一大批省属院校的建立,中国高等教育开始走向非集权化。

在 20 世纪 50 年代后期,中国高等教育的重点转向了由各地自己建立一批有地方特色的院校。中医学院的建立是一个标志性的开端,从 1956 年到 1960 年,几乎各个省和自治区都建立了一所中医学院。

---

① 王保华等:《高等学校设置理论与实践》,武汉:华中师范大学出版社,2000 年,第 23 页。

② Suzanne Pepper, *New Directions in Education. Cambridge History of China*, London: The Cambridge University Press. 1999,398—399.

同时，各个地区都做出巨大的努力，创建自己的高等教育中心，甚至像青海、内蒙古和宁夏这些从未有过高等学校的地方都建立了本省、自治区的高等学校。

从1957年至1960年，我国高等学校的数量和入学人数的增长幅度是惊人的。全国高校由1957年的229所增加到1960年的1289所，在校学生人数由1957年的441 000人增加到1960年的961 000人。①值得注意的是，在此期间，成人高等教育发展迅速，它的办学渠道，一种是在正规大学中开展函授或夜大学教育；另一种是在国有企业和人民公社附设的业余大学中开展成人教育。②在早些时候，这类学校的学生数量几乎可以忽略不计，但进入20世纪50年代以后则发展很快，其人数从1955年的16 000人迅速增加到1956年的64 000人，到1958年超过400 000人。实际上，高等学校入学人数的膨胀被转移到了这种国家很少拨款的非正规的高等学校。③

由于受三年自然灾害和"大跃进"时期经济衰退的不良影响，对高等教育体系进行改革所取得的成果在这一时期也遭到了破坏。在1965年，全国高校只剩下434所，入学人数也只有674 436万人。④

1966—1976年的"文化大革命"，使我国高等教育的发展出现了前所未有的逆转，大学入学人数与"大跃进"时期的96.1万人相比有了急剧下降。从1966年到1969年3年期间，正规大学没有招生。从1967年起，高等学校的入学考试曾几度中断，直到1970年，正规院校招生工作才得以恢复，招生人数为47 815人，到1976年招生人数逐渐增加到564 715人。这些大学生在那个年代被称为"工农兵学员"。

当时的中国一改几千年传承下来的"万般皆下品、唯有读书高"的

---

① 中华人民共和国教育部计划财务司：《中国教育成就统计资料1949—1983》，北京：人民教育出版社，1984年，第50页。

② Jonathan Unger, *Education Under Mao*, New York: Columbia University Press, 1982, 50.

③ [加]许美德著，许洁英译：《中国大学1895—1995：一个文化冲突的世纪》，北京：教育科学出版社，2000年，第130页。

④ 潘懋元，刘海峰：《中国近代教育史资料汇编：高等教育》，上海：上海教育出版社，2007年，第97—99页。

观念,到处泛滥着"读书无用"的论调。把读书人、知识分子搞得斯文扫地、神经兮兮、筋疲力尽。在"七二一指示"指导下,实行开门办学,要把大学办在工厂车间、田间地头,于是一批工厂大学、农村大学应运而生,其数量之多、规模之大都是前所未有的,这其实是一种全民兴办职业教育的有效尝试。在开门办学的大环境下,地方有关部门也十分谨慎,它们不支持以科学研究、培养社会精英为主的高等学校。① 一批以理工科为主的正规大学遭到了冷落,成了不被人们待见的弃儿,这从中国科学技术大学的搬迁经历中可见一斑。1970 年,当该大学准备从首都北京迁到其他地方时,受到了人们的排斥,难以找到立足之地。它的首选迁移地点是河南省会郑州市,可是当时该省思想保守的领导把它的迁入当作一个负担而加以拒绝,但如今在工程教育方面一直很薄弱的河南省对当时的这一行为却追悔莫及。由此我们便可以看出,当时河南省政府的主要领导的这一决策的时代局限性。最后,在万里副总理的帮助下,中国科技大学被迁到了安徽省会合肥,并逐步发展成为一所全国重点大学,它在改革开放中为提高该省的科技创新能力、学术地位起了很大的作用。

由上所述可以看出,"文化大革命"时期的高等学校不存在地区分布的均衡问题。

## 四、加强重点大学建设的制度设计和区域分布

新中国成立之后,中央集中财力建设少量的重点大学,成为我国当时创建高校的一个重要特点,也是中国高等教育建设重点大学的基本思路。把有限的资金集中用于几所重点大学,以此作为促进这些大学提高教育质量的手段。②

在 20 世纪 50 年代的高等教育院系调整中,1954 年 12 月,教育部

---

① [加]许美德著,许洁英译:《中国大学 1895—1995:一个文化冲突的世纪》,北京:教育科学出版社,2000 年,第 139 页。

② 毛礼锐,沈灌群:《中国教育通史》第 5 卷,济南:山东教育出版社,1988 年,第 126 页。

在《关于重点高等学校和专家工作范围的决议》中,用行政手段指定以下 6 所高校为全国重点大学:中国人民大学、北京大学、清华大学、北京农业大学、北京医学院、哈尔滨工业大学。从此开始了具有中国特色的国家重点大学的建设。

1959 年 3 月 22 日,中共中央发出《关于在高等学校中指定一批重点学校的决定》,指定以下 16 所高校为全国重点大学:北京大学、中国人民大学、清华大学、中国科学技术大学、北京工业学院(北京理工大学)、北京航空学院(北京航空航天大学)、北京农业大学(中国农业大学)、北京医学院(北京医科大学)、北京师范大学、天津大学、哈尔滨工业大学、复旦大学、上海交通大学、华东师范大学、上海第一医学院、西安交通大学。这些重点大学主要集中在北京、上海。1959 年 8 月 28 日,又增加 4 所重点大学:北京协和医科大学、哈尔滨军事工程学院、中国人民解放军第四军医大学、军事通讯工程学院。

1960 年 10 月 22 日,中央决定在原来指定的 20 所(16+4)重点大学的基础上,再增加 44 所重点大学。这 44 所重点大学分为以下几种类型。第一种类型,以文理(借鉴苏式综合大学)学科为主的大学:吉林大学、南开大学、南京大学、武汉大学、中山大学、四川大学、山东大学、山东海洋学院(理科)、兰州大学。第二种类型,以工科为主的大学:大连工学院、东北工学院、南京工学院、华南工学院、华中工学院、重庆大学、西北工业大学、合肥工业大学。第三种类型,专门性大学:北京石油学院、北京地质学院、北京邮电学院、北京钢铁学院、北京矿业学院、北京铁道学院、北京化工学院、唐山铁道学院、吉林工业大学、大连海运学院、华东水利学院、华东化工学院、华东纺织工学院、同济大学、武汉水电学院、中南矿冶学院、成都电讯工程学院、北京农机化学院、北京林学院、北京中医学院、中山医学院、北京外国语学院、国际关系学院、北京政法学院、北京对外贸易学院、中央音乐学院、北京体育学院。上述有的重点大学所在地尽管分布在直辖市以外的其他一些城市,但是在北京等直辖市的大学的比重仍然很大。由此可见,那个时候忽略了优质高等教育资源的区域结构布局的均衡问题。

1963 年 9 月 12 日,教育部通知增加 3 所重点大学:浙江大学、厦门大学、上海外国语学院。1963 年 10 月 24 日,教育部通知增加 1 所重点大学：南京农学院。至此，全国重点高校共 68 所。高等学校的这一结构布局一直保持到 20 世纪 70 年代的改革开放初期。

"文革"结束后，时任南京大学校长的匡亚明致信邓小平，呼吁建设一批重点大学，得到邓小平的支持。1977 年 8 月 8 日，邓小平在科学和教育工作座谈会上发表讲话时指出："在大专院校中先集中力量办好一批重点院校。重点院校除了教育部要有以外，各省、市、自治区和各个业务部门也要有一点。"①当年 9 月 19 日，邓小平在同教育部主要负责同志谈话中又指出："重点大学搞多少，谁管，体制怎么定？我看，重点大学教育部要管起来……抓好几个学校，搞点示范。"②在这一思想指导下，1978 年，国家又重新设立了 88 所重点大学。③

表 5　1947 年国立大学地域分布情况（单位：所）

| 所在地 | 国立大学 | 私立大学 | 国立独立学院 | 省立独立学院 | 私立独立学院 | 国立专科学校 | 省市立专科学校 | 私立专科学校 | 合计 |
|---|---|---|---|---|---|---|---|---|---|
| 上海 | 4 | 7 | 2 |  | 7 | 2 | 4 | 9 | 35 |
| 江苏 | 2 | 2 | 2 | 2 | 3 | 5 | 2 | 4 | 22 |
| 四川 | 2 | 2 | 2 |  | 6 | 5 | 3 | 3 | 22 |
| 广东 | 1 | 4 |  | 2 | 3 |  | 4 | 2 | 16 |
| 北京 | 2 | 3 | 2 |  | 4 | 1 | 1 |  | 13 |
| 湖北 | 1 | 2 | 2 | 2 |  | 2 |  | 2 | 11 |
| 福建 | 1 |  |  |  | 2 | 2 | 2 | 2 | 9 |
| 江西 | 1 |  | 1 |  |  |  | 5 | 1 | 8 |
| 陕西 | 1 |  | 1 |  |  |  | 3 | 2 | 7 |
| 湖南 | 1 | 1 | 2 |  | 1 |  | 1 |  | 6 |
| 广西 | 1 |  |  | 2 |  |  | 1 |  | 6 |
| 天津 | 2 |  |  |  |  | 1 | 1 | 2 | 6 |
| 河北 |  |  | 1 | 4 |  |  |  |  | 5 |
| 甘肃 | 1 |  | 3 |  |  | 1 |  |  | 5 |
| 辽宁 |  | 1 | 1 |  |  | 1 | 2 |  | 5 |
| 浙江 | 2 |  |  |  | 1 |  | 2 |  | 5 |
| 山东 | 1 |  | 1 |  |  |  | 2 |  | 4 |
| 台湾 | 1 |  |  | 3 |  |  |  |  | 4 |
| 山西 | 1 |  |  |  |  |  | 2 |  | 3 |
| 贵州 | 1 |  |  |  |  | 1 | 1 |  | 3 |
| 云南 | 1 |  |  |  |  | 1 |  |  | 2 |
| 安徽 | 1 |  |  | 1 |  |  |  |  | 2 |
| 河南 |  |  |  | 1 |  |  | 1 |  | 2 |
| 吉林 | 1 |  |  |  |  |  | 1 |  | 2 |
| 新疆 |  |  |  |  |  |  |  |  | 1 |
| 香港 |  |  |  |  | 1 |  |  |  | 1 |
| 合计 | 31 | 24 | 23 | 20 | 31 | 21 | 33 | 21 | 207 |

注：该表借鉴了霍益萍编著的《近代中国的高等教育》，上海：华东师范大学出版社，1999 年，第 295—296 页。

---

① 《邓小平文选》第 2 卷，北京：人民教育出版社，2004 年，第 54 页。
② 《邓小平文选》第 2 卷，北京：人民教育出版社，2004 年，第 69 页。
③ 1978 年，国务院确定了北京大学、清华大学等 88 所高等学校为全国性重点大学，在此不一一列举。

表 6  中国不同时期重点大学地域分布情况（单位：所）

| | 1954 | | 1959.3 | | 1959.8 | | 1960 | | 1963.9 | | 1963.10 | | 1978 | |
|---|---|---|---|---|---|---|---|---|---|---|---|---|---|---|
| | 数量 | 所占百分比 | 数量 | 所占百分比 | 数量 | 所占百分比 | 数量 | 所占百分比 | 数量 | 所占百分比 | 数量 | 所占百分比 | 数量 | 所占百分比 |
| 北京 | 5 | 83.3% | 9 | 56.6% | 10 | 50.0% | 26 | 40.6% | 26 | 38.8% | 26 | 38.2% | 15 | 17.0% |
| 上海 | | | 4 | 25% | 4 | 20.0% | 7 | 10.9% | 8 | 11.9% | 8 | 11.8% | 9 | 10.2% |
| 江苏 | | | | | | | 3 | 4.69% | 3 | 4.48% | 4 | 5.88% | 9 | 10.2% |
| 四川 | | | | | | | 3 | 4.69% | 3 | 4.48% | 3 | 4.41% | 8 | 9.09% |
| 陕西 | | | 1 | 6.25% | 2 | 10.0% | 3 | 4.69% | 3 | 4.48% | 3 | 4.41% | 7 | 7.95% |
| 湖北 | | | | | | | 3 | 4.69% | 3 | 4.48% | 3 | 4.41% | 7 | 7.95% |
| 辽宁 | | | | | | | 3 | 4.69% | 3 | 4.48% | 3 | 4.41% | 5 | 5.68% |
| 广东 | | | | | | | 3 | 4.69% | 3 | 4.48% | 3 | 4.41% | 4 | 4.55% |
| 黑龙江 | 1 | 16.7% | 1 | 6.25% | 3 | 15.0% | 3 | 4.69% | 3 | 4.48% | 3 | 4.41% | 4 | 4.55% |
| 湖南 | | | | | | | 1 | 1.56% | 1 | 1.49% | 1 | 1.47% | 3 | 3.41% |
| 吉林 | | | | | | | 2 | 3.13% | 2 | 2.98% | 2 | 2.94% | 3 | 3.41% |
| 山东 | | | | | | | 2 | 3.13% | 2 | 2.98% | 2 | 2.94% | 3 | 3.41% |
| 安徽 | | | | | | | 1 | 1.56% | 1 | 1.49% | 1 | 1.47% | 2 | 2.27% |
| 天津 | | | 1 | 6.25% | 1 | 5.00% | 2 | 3.13% | 2 | 2.98% | 2 | 2.94% | 2 | 2.27% |
| 福建 | | | | | | | | | 1 | 1.49% | 1 | 1.47% | 1 | 1.13% |
| 河北 | | | | | | | 1 | 1.56% | 1 | 1.49% | 1 | 1.47% | 1 | 1.13% |
| 甘肃 | | | | | | | 1 | 1.56% | 1 | 1.49% | 1 | 1.47% | 1 | 1.13% |
| 浙江 | | | | | | | | | 1 | 1.49% | 1 | 1.47% | 1 | 1.13% |
| 新疆 | | | | | | | | | | | | | 1 | 1.13% |
| 内蒙古 | | | | | | | | | | | | | 1 | 1.13% |
| 云南 | | | | | | | | | | | | | 1 | 1.13% |
| 合计 | 6 | 100% | 16 | 100% | 20 | 100% | 64 | 100% | 67 | 100% | 68 | 100% | 88 | 100% |

注：河南、山西、江西、贵州、广西、青海、宁夏、西藏 8 个省、区在各个时期都没有一所重点大学。

从表 5、表 6 中可以看出重点大学设置的变化轨迹，这也是高等院校地域分布非均衡问题日益凸显的变化的轨迹。高等院校分布的这种非均衡性伴随重点大学的日益增加而不断加重。尽管重点大学的地域布局从高度集中向全国各省区分散，但其效果却不明显。直到 1978 年，在我国 88 所重点大学中，没有一所重点大学是分布在河南、贵州、山西、河北、广西、青海、宁夏、西藏等省、自治区的。这种地域布局的非均衡现象，与 1947 年 31 所国立大学的地域布局的相对均衡形成了鲜明的对比。1947 年，我国 31 所国立大学分布在 23 个省；1978 年，全国 88 所重点大学仅分布在 20 个省区，可见，后一时期，全国重点大学的分布更趋于集中，高等教育的非均衡问题更加突出。

河南、贵州、山西、河北和广西这几个省区，在 1947 年都有国立大学。较为典型的案例是河南。河南地处黄河中下游的中原地区，作为中华文化的主要发祥地之一，其历史悠久，文化灿烂，交通便利，中国历史上的八大古都就有四个在河南。然而，新中国成立后，河南高等教育发展滞后的状况一直没有得到根本的改变。1978 年，全国设定 88 所重点大学,河南竟然没有一所高等学校进入重点大学的行列,而内蒙古、新疆、云南、甘肃、福建等这些边远省区均有1所高校进入重点大学的行列。与河南相邻的同属中部地区的安徽,包括搬迁过去的中国科学技术大学在内共有2所重点大学。形成这一局面的原因,除了因为一些省对发展高等教育的重要性认识不到位之外,还由于国家建设重点大学的有关政策的失衡。倘若从人口数量上来看,将各个省区之间每千万人口所拥有的重点大学的数量进行比较,那么,高等学校地域结构布局的非均衡问题更加凸显。(见图1)

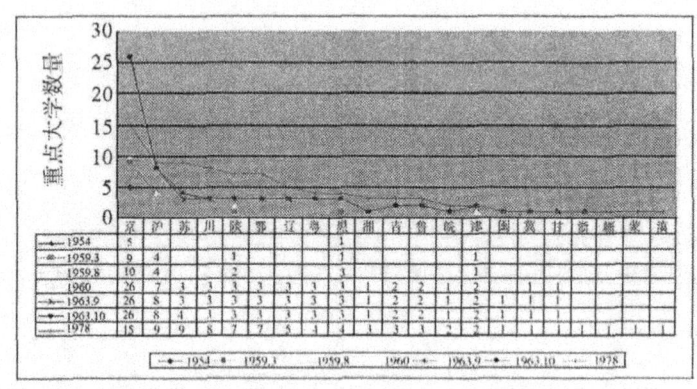

图1　1954—1978年重点大学地域分布变迁图

注:在此期间,豫、晋、赣、黔、桂、青、宁、藏等省区一直都没有一所全国重点大学

## 五、从重点大学建设到"211工程""985工程"的政策演变及其区域结构布局

1977年,以恢复高考制度为标志,掀开了中国高等教育的新篇章。在恢复高考之后,各省市区陆续复建、新建一批大学、专科学校。各地高等院校的规模和数量都在发展之中,但是,它们的发展速度和规模并不平衡。

整个20世纪80年代,我国的高等教育的改革主要是体制改革,实行校长负责制,但对高等学校的地域结构布局问题却较少涉及。20世纪90年代实施的"211工程""985工程"对中国高等学校的布局带来了新的影响。

1993年2月13日,中共中央、国务院印发《中国教育改革和发展纲要》和国务院《关于〈中国教育改革和发展纲要〉的实施意见》,指出要集中中央和地方等各方面的力量,分期分批地重点建设100所左右重点大学和一批重点学科、专业,使其到2000年左右在教育质量、科学研究、管理水平及办学效益等方面有较大提高,在教育改革方面有明显进展,力争在21世纪初有一批高等学校和学科、专业接近或达到国际一流大学的水平,这就是"211工程"。也就是说,面向21世纪,重点建设100所重点大学和一批重点学科。过去的重点大学的概念不复存在,取而代之的是"211工程"大学。

**表7 中国大学、"211"大学、"985"大学不同时期的地域分布概况(单位:所)**

| 省、市、区 | 211工程大学 ||||||| 985工程大学 ||||||
|---|---|---|---|---|---|---|---|---|---|---|---|---|---|
| | 1996名单 || 2003名单 || 2005名单 ||| 一期名单 || 二期名单 || 三期名单 |||
| | 数量 | 所占百分比 | 数量 | 所占百分比 | 数量 | 所占百分比 | 排名 | 数量 | 所占百分比 | 数量 | 所占百分比 | 数量 | 所占百分比 | 排名 |
| 京 | 7 | 25.9% | 19 | 20.0% | 23 | 21.5% | 1 | 6 | 17.7% | 8 | 20.5% | 10 | 22.7% | 1 |
| 沪 | 3 | 11.1% | 10 | 10.5% | 10 | 9.35% | 2 | 3 | 8.82% | 4 | 10.3% | 4 | 9.09% | 2 |
| 津 | 2 | 7.41% | 3 | 3.16% | 3 | 2.80% | 8 | 2 | 5.88% | 2 | 5.13% | 2 | 4.55% | 5 |
| 渝 | -- | -- | 1 | 1.05% | 2 | 1.87% | 9 | 1 | 2.94% | 1 | 2.56% | 1 | 2.27% | 6 |
| 冀 | -- | -- | 1 | 1.05% | 1 | 0.94% | 10 | -- | -- | -- | -- | -- | -- | -- |
| 晋 | -- | -- | 1 | 1.05% | 1 | 0.94% | 10 | -- | -- | -- | -- | -- | -- | -- |
| 蒙 | -- | -- | 1 | 1.05% | 1 | 0.94% | 10 | -- | -- | -- | -- | -- | -- | -- |
| 辽 | 1 | 3.70% | 4 | 4.21% | 4 | 3.74% | 7 | 1 | 2.94% | 1 | 2.56% | 1 | 2.27% | 6 |
| 吉 | 1 | 3.70% | 3 | 2.80% | 3 | 2.80% | 8 | 1 | 2.94% | 1 | 2.56% | 1 | 2.27% | 6 |
| 黑 | 2 | 7.41% | 3 | 3.16% | 4 | 3.71% | 7 | 2 | 5.88% | 2 | 5.13% | 2 | 4.55% | 5 |
| 苏 | 2 | 7.41% | 12 | 12.6% | 11 | 10.3% | 2 | 2 | 5.88% | 2 | 5.13% | 3 | 6.82% | 4 |
| 浙 | 1 | 3.70% | 1 | 1.05% | 1 | 0.94% | 10 | 1 | 2.94% | 1 | 2.56% | 1 | 2.27% | 6 |
| 皖 | 1 | 3.70% | 2 | 2.11% | 3 | 2.80% | 8 | -- | -- | -- | -- | -- | -- | -- |
| 闽 | -- | -- | 2 | 2.11% | 2 | 1.87% | 9 | 1 | 2.94% | 1 | 2.56% | 1 | 2.27% | 6 |
| 赣 | -- | -- | 1 | 1.05% | 1 | 0.94% | 10 | -- | -- | -- | -- | -- | -- | -- |
| 鲁 | -- | -- | 3 | 3.16% | 3 | 2.80% | 8 | 2 | 5.88% | 2 | 5.13% | 3 | 6.82% | 4 |
| 豫 | -- | -- | 1 | 1.05% | 1 | 0.94% | 10 | -- | -- | -- | -- | -- | -- | -- |
| 鄂 | 2 | 7.41% | 4 | 4.21% | 7 | 6.54% | 5 | 2 | 5.88% | 2 | 5.13% | 3 | 6.82% | 4 |
| 湘 | 2 | 7.41% | 4 | 4.21% | 4 | 3.74% | 7 | 2 | 5.88% | 3 | 7.69% | 3 | 6.82% | 4 |
| 粤 | 1 | 3.70% | 4 | 4.21% | 4 | 3.74% | 7 | 2 | 5.88% | 2 | 5.13% | 2 | 4.55% | 5 |
| 桂 | -- | -- | 1 | 1.05% | 1 | 0.94% | 10 | -- | -- | -- | -- | -- | -- | -- |
| 川 | -- | -- | 5 | 5.26% | 5 | 4.67% | 6 | 1 | 2.94% | 1 | 2.56% | 1 | 2.27% | 6 |
| 滇 | -- | -- | 1 | 1.05% | 1 | 0.94% | 10 | -- | -- | -- | -- | -- | -- | -- |
| 黔 | -- | -- | -- | -- | 1 | 0.94% | 10 | -- | -- | -- | -- | -- | -- | -- |
| 陕 | 2 | 7.41% | 7 | 7.37% | 8 | 7.48% | 4 | 4 | 11.8% | 5 | 12.8% | 5 | 11.4% | 2 |
| 疆 | -- | -- | 1 | 1.05% | 1 | 0.94% | 10 | -- | -- | -- | -- | -- | -- | -- |
| 甘 | -- | -- | 1 | 1.05% | 1 | 0.94% | 10 | 1 | 2.94% | 1 | 2.56% | 1 | 2.27% | 6 |
| 合计 | 27 | 100% | 95 | 100% | 107 | 100% | | 34 | 100% | 39 | 100% | 44 | 100% | |

(上页表7)注:中国矿业大学、中国石油大学和中国地质大学按照它们的校本部所在地划分,分别属于江苏、山东和湖北3省,它们所属的北京分校没有算入,否

则,北京又将增加3所"211工程"大学而总计为26所。另外,华北电力大学因校本部在北京而属北京,否则,河北则增加一所"211工程"大学而总计为两所。

"211工程"大学的建设,有一个基本的原则,就是除了教育部直属的若干所高等学校进入"211工程"之外,隶属地方的高等学校一省只能有一所进入"211工程"大学的行列,隶属各部委的高校也只能有一所进入"211工程"大学的行列。这就是通常所说的"一省一所、一部一所"的政策。当然,在这一政策执行过程中,也有个别省市出现了有两所地方高校进入"211工程"的例外,但是绝大多数省区只能有一所高校进入该工程。

1998年5月4日,江泽民总书记在庆祝北京大学建校100周年大会上向全社会宣告:"为了实现现代化,我国要有若干所具有世界先进水平的一流大学。"为贯彻落实党中央科教兴国的战略和江泽民总书记的号召,教育部决定在实施"面向21世纪教育振兴行动计划"中,在建设"211工程"大学的基础上,重点支持北京大学、清华大学等部分高等学校创建世界一流大学和高水平大学,简称"985工程"大学。

值得注意的是,无论是211大学,还是985大学,都过分强调了行政隶属关系,忽略了省、自治区、直辖市之间的区域结构布局的均衡问题。从20世纪90年代以来,中国大学管理体制一直进行着与20世纪50年代恰恰相反的变革,其目的不是为了缓和地域布局非均衡问题,而是在"效率优先,兼顾公平"理论指导下,追求高等教育的效率,这虽然也照顾到了各省区高等教育的公平发展,但调整的结果却导致不均衡问题更加突出。当时,非均衡发展理论盛行,在高等教育领域也产生较大影响。一些研究者认为,在资源相对紧张的情况下,高等教育的发展,应坚持非均衡发展。在这一思想指导下,高等学校地域结构布局非均衡问题日益凸显,以至到了今天,高等教育公平问题成为社会关注的焦点、难点问题。"九五"计划期间开始实行的"211工程"和在1998年之后实施的"985工程",使国家优质高等学校的地域结构分布呈现出严重的非均衡状况,这些优质高等学校主要集中在北京、上海、江苏、湖北、湖南、陕西、天津、山东等省、直辖市,而其他省区,尤其是河南等地受到了不公平的待遇,高等教育的发展更加不均衡。

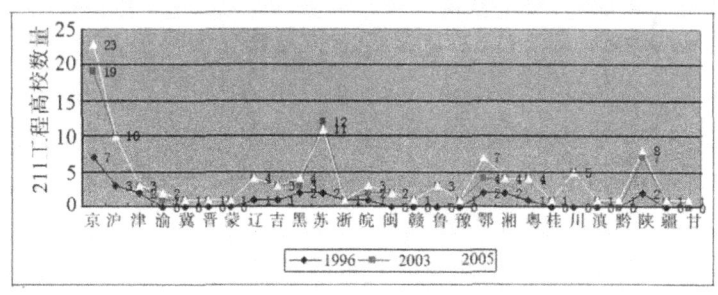

**图 2　"211 工程"第三期，各省、自治区、直辖市
"211 工程"大学数量变化情况**

注：截至 2008 年 8 月，青、藏、琼、宁等省区还没有"211 工程"大学。

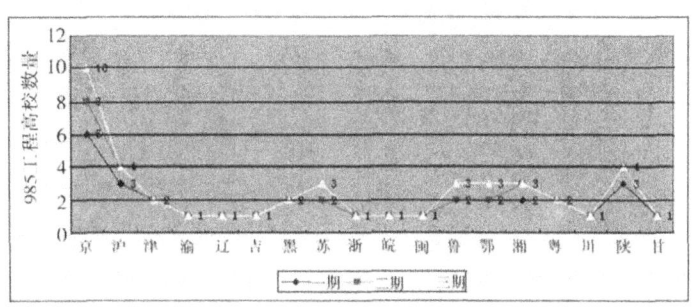

**图 3　"985 工程"大学各省、自治区、
直辖市高校数量变化情况**

注：目前，豫、赣、冀、晋、滇、黔、蒙、疆、青、桂、藏、琼、宁等地都还没有一所"985 工程"大学。

表 7、图 2、图 3 清楚地反映了国家优质高等教育资源地域布局非均衡问题。

## 六、高等教育管理体制的政策调整与教育部直属高校的区域分布

随着"211 工程""985 工程"的推进，中国高等教育管理体制也在发生着剧烈的变化。1993 年 2 月 13 日，中共中央、国务院印发的《中国教

育改革和发展纲要》指出:"进行高等教育体制改革,主要是解决政府与高等学校、中央与地方、国家教委与中央各业务部门之间的关系,逐步建立政府宏观管理、学校面向社会自主办学的体制。"高等学校的"办学体制和管理体制分别不同情况,采取继续由中央部门办、中央部门和地方政府联合办、交给地方政府办、企业集团参与和管理等不同办法。目前先进行改革试点,逐步到位"。

为适应经济体制由计划经济向市场经济转轨的需要,为适应中央业务部门职能的转变和政企分开的需要,逐步建立和完善政府统筹规划和宏观管理,学校面向社会依法自主办学的新体制。1994年、1995年和1996年,原国家教委先后在上海、南昌和北戴河召开全国高等教育管理体制改革座谈会,总结出了在实践中形成的五种改革形式,即"共建、合作、合并、协作、划转";1998年,在扬州大学召开的高等教育管理体制改革经验交流会上,时任国务院副总理的李岚清总结出"共建、调整、合作、合并"的八字方针。中央政府各部委所属高等学校大部分通过"共建"转交由地方管理,从而使高等教育管理体制的改革取得了突破性进展。从20世纪50年代起所形成的由各部委大量举办高等学校、条块分割的局面,到2000年才得到了彻底改变,基本形成了两级管理、以省为主的高等教育管理体制。部委所属高校大幅度缩减,此后,各部委所属高校大多数都集中在北京、上海、南京等大城市。但是,教育部直属高校地域分布不均衡问题成为社会关注的焦点。地方政府在教育部的引导下,为了确保本省区能有一所大学进入"211工程"大学的行列,从而进行了大规模的合并。高等学校合并之风对中国高等教育管理体制带来了极大影响,值得我们深入探讨。

与此同时,国务院为转变职能,积极推进教育管理体制改革,提高教育质量和办学效益,促进教育更好地为经济和社会发展服务,对国务院其他部委所主管的高等学校进行了大幅度调整。按照国务院和国务院办公厅下发的《关于进一步调整国务院部门(单位)所属学校管理体制和布局结构的决定》(国发〔1999〕26号)和《国务院办公厅转发教育部等部门关于调整国务院部门(单位)所属学校管理体制和布局结构实施意见的通知》(国办发〔2000〕11号)文件精神,对161所普通高等学校的隶属关系进行了调整,其中,将22所普通高等学校直接划转给教育部管理，34所普通高等学校由教育部负责调整；5所普通高等学校停止招生，待现有在校学生毕业后即行撤销原学校建制，改为原主管部门（单位）的非学历培训机构；97所普通高等学校实行中央与地方共建、以地方管理为主，并由地方统筹进行必要的结构调整；3所普通高等学校继续由原主管部门（单位）管理。同时，还有617所成人高等学校、中等专业学校和技工学校也进行了调整。可以说，这是新中国成立以来最大的一次高等教育管理体制的变革。调整后，除教育部，以及外交部、国防科工委、国家民委、公安部、安全部、海关总署、民航总局、体育总局、侨办、中科院、地震局等部门和单位继续管理其所属学校外，国务院其他部门和单位原则上不再直接管理学校。经过这次调整，教育部所拥有的75所直属高校的规模一直保持到今天，但是其区域结构布局却非常不合理，它们的主要分布情况参见下页表8。

2008年3月15日，第十一届全国人民代表大会第一次会议召开，会议通过的《关于国务院机构改革的决定》撤销了"国防科学技术工业委员会"，除核电的管理职责外，将原国防科工委的其他管理职责都转交给了新成立的中华人民共和国工业和信息化部，原国防科工委7所直属高校，即北京航空航天大学、北京理工大学、南京航空航天大学、南京理工大学、西北工业大学、哈尔滨工程大学、哈尔滨工业大学也转交给国家工业和信息化部管理。这7所大学大多数是"985工程"大学，拥有强大、雄厚的优质高等教育资源，分布在北京2所，江苏南京2所，黑龙江哈尔滨2所，陕西西安1所。这加剧了国家优质高等教育资源地区布局的不合理性。

河南、河北、山西、内蒙、宁夏、青海、新疆、西藏、江西、广西、云南、贵州、海南等13个省区没有1所直属教育部的高校。由此可见，国家优质高等教育资源的省区分布极不平衡。从公共政策的公平合理原则出发，部属高校（主要是教育部、工信部）、211大学、985大学的区域结构布局严重失衡。14个省区（含新疆生产建设兵团）没有教育部直属高校、没有985大学的局面，对于当地文化、教育、科技、经济的发展和人才的培养极为不利。

**表 8　75 所教育部直属高校、7 所国家工业和信息化部高校地域分布情况**

| 省市区 | 教育部直属高校 | 工信部高校 | 数量(所) |
|---|---|---|---|
| 京 | 北京大学、清华大学、中国人民大学、北京科技大学、北京化工大学、北京师范大学、北京语言大学、北京外国语大学、北京交通大学、北京邮电大学、中国石油大学(北京)、中国农业大学、中国传媒大学、北京林业大学、中国政法大学、中央财经大学、中央音乐学院、中央戏剧学院、中央美术学院、北京中医药大学、对外经济贸易大学、中国矿业大学(北京)、中国地质大学(北京)、华北电力大学 | 2 | 24+2 |
| 沪 | 复旦大学、同济大学、上海交通大学、华东理工大学、东华大学、华东师范大学、上海外国语大学、上海财经大学 | | 8 |
| 鄂 | 武汉大学、华中科技大学、中国地质大学(武汉)、武汉理工大学、华中师范大学、华中农业大学、中南财经政法大学 | | 7 |
| 苏 | 南京大学、东南大学、中国矿业大学、南京农业大学、河海大学、江南大学 | 2 | 6+2 |
| 陕 | 西安交通大学、西北农林科技大学、陕西师范大学、西安电子科技大学、长安大学 | 1 | 5+1 |
| 川 | 四川大学、西南财经大学、西南交通大学、电子科技大学 | | 4 |
| 辽 | 东北大学、大连理工大学、中国医科大学 | | 3 |
| 鲁 | 山东大学、中国海洋大学、中国石油大学(华东) | | 3 |
| 津 | 南开大学、天津大学 | | 2 |
| 渝 | 重庆大学、西南大学 | | 2 |
| 吉 | 吉林大学、东北师范大学 | | 2 |
| 湘 | 湖南大学、中南大学 | | 2 |
| 粤 | 中山大学、华南理工大学 | | 2 |
| 黑 | 东北林业大学 | 2 | 1+2 |
| 浙 | 浙江大学 | | 1 |
| 皖 | 合肥工业大学 | | 1 |
| 闽 | 厦门大学 | | 1 |
| 甘 | 兰州大学 | | 1 |
| 合计 | | 7 | 75+7 |

# 七、中西部高等教育振兴计划的实施与 2011 计划的启动

2010 年 7 月,中共中央、国务院颁布实施《国家中长期教育改革和发展规划纲要(2010—2020 年)》,提出:"优化区域布局结构。设立支持地方高等教育专项资金,实施中西部高等教育振兴计划。"2012 年,发改委、财政部、教育部联合实施"中西部高等教育振兴计划"。

2012 年 4 月 27 日,国家发改委、教育部发文,优先启动"中西部高校基础能力建设工程"。"十二五"期间,中央财政投入 100 亿元支持中西部 23 个省(区、市)和新疆生产建设兵团所属的 100 所高校的基础能力建设。在此支持下,这些学校的基础教学、实验条件有较大改善,师资队伍的素质、结构更加优化,学生的学习、实践、就业和创新创业能力有了明显提高,学校办学特色逐步彰显,服务区域经济社会发展能力显

著增强,为缩小区域间高等教育发展的差距,为全面振兴中西部高等教育奠定了坚实的基础。工程以5年为一个周期,滚动实施。这是中央政府继"211工程""985工程"之后推动高等教育协调发展而设立的重大专项建设。

2012年9月7日,教育部、财政部召开通气会,启动了支持中西部高校提升综合实力工作的"中西部高校综合能力提升工程"。在没有教育部直属高校的省份,"十二五"期间重点支持每个省份建设1所地方高水平大学。"促进这些大学重点加强特色学科和师资队伍建设,提高人才培养质量和科学研究水平,增强为国家和区域经济社会发展服务的能力,扩大区域内优质高等教育资源,发挥高水平大学的示范、引领作用,带动本地区高等教育科学发展。"①2013年2月20日,教育部、国家发改委、财政部三部委联合下发《中西部高等教育振兴计划(2012—2020年)》。2013年,国家投入60个亿重点支持14个省区和新疆生产建设兵团对"一省一校"的建设。这是中央继"中西部高校综合实力提升工程"启动之后,为推动中西部省属高校快速发展而设立的又一重大建设项目。

上述两个重大建设项目成为中西部高等教育振兴计划的重要内容。国家财政在"十二五"期间计划总投入160个亿,支持中西部高等教育的发展。

中西部高等学校综合实力提升工程的实施,可以追溯到2004年。当年教育部党组决定,与中西部无教育部直属高校的省(自治区、兵团)共建一所地方高校。2004年2月23日,河南省人民政府同教育部共建郑州大学协议的签署,拉开了省部共建地方高校的序幕。迄今为止,在各方的不懈努力下,教育部已同中西部14个省(自治区、兵团)签署协议共建郑州大学、新疆大学、云南大学、广西大学、内蒙古大学、石河子大学、西藏大学、宁夏大学、青海大学、南昌大学、贵州大学、山西大学、河北大学、海南大学、河南大学、西北大学、西北师范大学、浙江工业大

---

① 教育部,国家发改委,财政部:《中西部高等教育振兴计划(2012—2020年)》,http://www.moe.gov.cn/publicfiles/business/htmlfiles/moe/s7056/201303/148468.html,2013年5月10日。

学等 17 所高校。同时,为支持革命老区和少数民族地区高等教育事业的发展,教育部还同陕西省、湖南省、吉林省和江西省分别签署了省部共同重点支持延安大学、湘潭大学、延边大学、井冈山大学等 4 所省属地方高校建设的协议。(参见表 9)

省部共建地方高校工作的开展,是国家为了改变优质高等教育资源地域分布不均衡现象的具体措施,这一措施的实施可以实现高等教育区域结构分布的合理、公平。实践证明,省部共建地方综合性大学,有力地促进了这些共建高校的快速发展,并成为调整我国高等教育结构布局,引领和带动区域高等教育水平提高,促进地方经济建设和社会发展的一项意义深远的战略举措,也是对我国高等教育管理体制改革的进一步完善和深化。

表 9  2008 年部分省部共建高校情况

| 院校 | 性质 | 建校时间 | 学科门类 | 本专科学生数 | 研究生数 | 研究生比例/% | 博士点 | 硕士点 | 国家重点学科 | 部级以上科研基地 |
| --- | --- | --- | --- | --- | --- | --- | --- | --- | --- | --- |
| 郑州大学 | 211 | 1956 | 11 | 29423 | 6639 | 18.41 | 72 | 218 | 2 | 5 |
| 新疆大学 | 211 | 1924 | 9 | 19000 | 2318 | 10.87 | 12 | 77 | 2 | 5 |
| 云南大学 | 211 | 1922 | 9 | 22000 | 5610 | 20.32 | 50 | 151 | 2 | 3 |
| 广西大学 | 211 | 1928 | 8 | 19879 | 4326 | 17.87 | 6 | 80 | 2 | 4 |
| 内蒙古大学 | 211 | 1957 | 9 | 11796 | 2233 | 15.92 | 19 | 92 | 2 | 3 |
| 石河子大学 | 211 | 1949 | 10 | 18209 | 1049 | 5.4 | 3 | 31 | 0 | 3 |
| 西藏大学 | 211 | 1952 | 8 | 3345 | 29 | 0.86 | 0 | 8 | 0 | 0 |
| 宁夏大学 | 211 | 1958 | 9 | 17800 | 1000 | 5.32 | 3 | 48 | 0 | 0 |
| 青海大学 | 211 | 1958 | 5 | 10616 | 144 | 1.34 | 2 | 13 | 0 | 1 |
| 南昌大学 | 211 | 1940 | 10 | 37000 | 5000 | 11.90 | 25 | 174 | 2 | 4 |
| 贵州大学 | 211 | 1902 | 11 | 42144 | 3030 | 6.71 | 9 | 132 | 0 | 4 |
| 山西大学 |  | 1902 | 11 | 15683 | 4000 | 20.32 | 48 | 137 | 2 | 6 |
| 河北大学 |  | 1921 | 10 | 39551 | 3501 | 8.13 | 12 | 127 | 0 | 1 |
| 河南大学 |  | 1912 | 10 |  |  |  | 18 |  | 0 | 2 |

"2011 计划",也就是"高等学校创新能力提升计划",它的实施是高等教育管理体制、创新机制改革的又一重大举措。2011 年 4 月,胡锦涛总书记在清华大学百年校庆时发表重要讲话,提出了协同创新的理论。正如 1998 年 5 月 4 日,江泽民在庆祝北京大学建校一百周年大会上的讲话中提出建设世界一流大学的理论之后启动了"985 工程"一样,2012 年教育部启动了"2011 计划",提升全民族的创新能力。2013 年 4 月 11 日,教育部公布"高等学校创新能力提升计划"(即"2011 计划")的首批入选名单,4 大类共计 14 个高端研究领域被优先扶持。这就是继"211 工程"和"985 工程"两项重点工程之后,我国高等教育领域实施的旨在提升高校创新能力的第三个重大战略工程——"2011 计

划"。入选"2011 计划"的高校不受大学隶属关系、所在地区的影响,所以,在首批进入该计划的高等学校名单中,一些地方大学入围。这无疑给中西部高等教育的发展,尤其是地方特色明显的中西部高等学校的发展,带来了一次新的重要的机遇。

我们希望在中西部高等教育振兴计划和"2011 计划"的实施中,改变目前我国优质高等教育资源区域结构布局不合理的现状,为中西部高等教育的发展带来新机遇。

## 八、结论与思考

### (一) 中国高等教育的发展与政治、经济紧密相关

美国著名高等教育学者约翰·S.布鲁贝克(John S. Brubacher)认为,高等教育哲学有两种:政治论的和认识论的。强调认识论者,在他们的高等教育哲学中,趋向于用"闲逸与好奇"精神去追求知识,并将此作为目的;强调政治论者认为,人们探讨深奥的知识不仅出于闲逸与好奇,而且还因为它对国家有着深远影响;探讨高深学问的认识论方法是想方设法摆脱价值影响,而政治论方法则必须考虑价值问题。① 西方大学有独立与自治的传统,追求纯粹的理性,西方人认为,大学是一个"按照自身规律发展的独立的有机体",19 世纪的法国作家圣伯夫称大学为"象牙塔"。因此,大学主要是基于认识论发展起来的。直到 20 世纪,大学服务社会的功能逐渐加强。这时,我国的现代大学才刚刚设立,缺乏大学自治的能力,当时,大学的社会服务功能理论盛行,然而,由于我国传统上是一个集权制国家,以及后来所实行的是计划经济体制,这些都导致我国大学基于政治论而发展起来。政府决策在我国高等教育发展过程中起着决定性的作用,历次重点大学的设置和建设,都是政府行为,都是由政府指定,这种决策方式沿袭至今。

中国高等教育的发展与政治、经济紧密相连,高校不是处于政治中

---

① [美]约翰·S·布鲁贝克著,王承绪等译:《高等教育哲学》,杭州:浙江教育出版社,1987 年,第 13—18 页。

心城市,就是位于经济发达地区。中国高等学校的布局主要集中在:经济发达地区(诸如沿海、沿长江的上海、广州、南京、武汉、成都、天津等省市)、全国政治中心城市(诸如曾为首都所在地的北平、南京、重庆、北京等地),以及区域政治中心城市(如西安、武汉、广州、成都、沈阳等地)。集中在这些地方的高等学校往往能够得到国家政策和经费的有力支持,因此,它们能够得到迅速发展。高等学校如果不是处在国家政治中心城市、区域政治中心城市,或者不是处于经济发达、交通便利的城市,则很难得到国家政策的有力支持,因而也难以获取国家财力和公共资源的支持。因此,这样的高等学校在发展过程中不仅面临很多困难,而且往往会被挤向社会的边缘。

从中国高等教育发展的历史来看,高等教育发展的非均衡,是高等学校所处地区(城市)经济发展不平衡、不是政治中心城市、交通不便利等因素映射在高等教育领域的必然结果。高等学校与所在地区的经济和政治地位相互发生作用,而高等学校的发展并不是单向地依赖当地的经济地位、政治地位,事实上,高等学校能为当地的政治、经济、文化和教育的发展提供大量的高水平人才、技术成果和先进的科学的发展思路。高等学校所处地区的政治地位重要、经济发达,则能够为高等学校的发展提供良好的条件,反过来,高等学校又能进一步巩固当地的政治地位和促进经济的发展,二者形成良性循环。反之,如果高等学校所在地区的政治、经济落后,那么,高等学校的发展就很艰难,就无法为地方经济的发展提供强有力的支持,于是,当地的政治、经济就会愈加落后,从而形成恶性循环。

有些人也许会以欧美国家的大学布局为例,批评中国对大学的布局过于强调高等学校所在的城市应是经济、政治、文化的中心城市的重要性,诸如哈佛大学、牛津大学、剑桥大学等,它们虽然位于没有喧嚣的小城镇,但仍然能够成为世界著名的大学。于是就有人认为,中国大学不应受政治、经济、地理等条件的影响,即使位于较偏远的地方也一样能办好大学。但是,这显然不符合中国高等学校发展的历史规律和中国特有的国情。中国高等学校与沿袭中世纪"大学自治"的"象牙塔"式的西方大学的发展模式是截然不同的。

不容忽视的是,重大的历史变革势必成为高等教育的发展发生变迁的外在动因。近百年来，辛亥革命、北伐成功、抗日战争、新中国的成立、"文化大革命"、改革开放，这些重大政治事件的变迁必然使高等学校的布局随之发生变化。一所大学的办学者，必须清楚地认识到这一问题，高等学校在重大政治事件中，不是面临发展的机遇，就是面临发展的困境。

### （二）中国大学自诞生之日起一直存在着地域布局非均衡问题

当前，高等教育地域结构布局的非均衡性，主要表现在中西部一些省区优质高等教育资源的匮乏。从发展的轨迹考察，中国现代大学自诞生起直至今日，一直存在着地域结构布局非均衡的问题。在不同历史时期，由于政治、经济条件的变迁，导致高等学校的分布产生了地域差异。新中国成立后，教育如同社会经济一样存在着地区差异，因此，地区差异成为教育的"中国特色"。长期以来，我国在城乡二元结构和高度集中的计划经济体制下，形成了一种忽视地区差别和城乡差别的"城市中心"价值取向，而在以"城市中心"为价值取向中又以区域中心城市为主要价值取向。国家的公共政策总是优先满足城市，尤其是优先满足区域中心城市。规则的不公导致高等教育机会"起点的不公"。[①] 新中国成立60多年来，国家在确保东部沿海、区域政治中心城市高等教育发展的同时，也长期关注西部落后地区高等教育的发展，但却忽略了中部地区。最突出的问题就是，在国家多次调整重点大学的布局中，13个省区一直没有1所直属教育部的大学。

大多研究者认为，高等教育布局的非均衡性主要表现，是诸如西藏、青海、宁夏、新疆等西部地区高等教育的落后。事实上，如果考虑到人口因素，西部地区的人口与高等学校数量之比是比较高的，人均所占有的优质高等教育资源与中部一些省区相比，也是比较高的，真正深受高等教育地域布局非均衡制约的是优质高等教育资源严重匮乏的中部地区，而作为人口大省的河南尤为突出。

---

① 杨东平：《对建国以来我国教育公平问题的回顾和反思》，《北京理工大学学报（社会科学版）》，2000年第4期。

有研究成果表明,从部属院校入学机会的实际情况看,上海、北京和天津等地最有优势,但如果从人口因素来看,最有进入部属高校机会的是西藏、青海、宁夏和海南等省区,而最不具有优势的是河南、山东、河北、四川、安徽和广西等中部省区。这种分布状况与高考移民走向基本吻合。①

宋伟、韩梦洁曾详细评价过2008年各省区高等学校与人口的关系,②从他们的论述中可以看出,河南的高等学校总数与全国各省区相比并不算少,然而,河南作为人口第一大省,人口占全国的十三分之一。若按每千万人均所拥有的高等学校的数量排序,河南则排名倒数第一,河南的人均拥有高等学校的数量根本无法和北京、江苏、上海、天津、湖北等省、直辖市相比,甚至还远远低于青海、宁夏、西藏、新疆等省区。若对各省区所拥有的以985大学、211大学为代表的优质高等教育资源进行比较,仅有一所211大学的河南,其高等教育的实力更弱。重点大学招生指标的分配严重不均衡,这也是社会关注的焦点之一。

**(三)实施"中西部高等教育振兴计划"和"2011计划"是未来一个时期解决高等学校地域结构分布不均衡问题的重大战略举措**

新中国成立以来,中央政府一直致力于解决高等教育地域结构布局不均衡问题。然而,由于各种各样的原因,这种治理在历史上不断发生逆转。在贫富差别不断扩大和高等教育公平问题日益凸显的当今社会,我们更需要关注高等教育实现均衡发展所面临的挑战。显然,只有国家所采取的政策与措施能够真正地确保高等教育机会的均等,慎重地使用政府财力,相对均衡地发展各省区的高等教育,才能使未来社会更加富裕、和谐,而不是更加贫穷、失衡。

国家实施"211工程"之初,过分强调"一省一校"和"一个部门一校"的原则。但由于历史上国务院部门所属高校地域分布的不均衡,导

---

① 乔锦忠:《优质高等教育入学机会分布的区域差异》,《北京师范大学学报(社会科学版)》,2007年第1期。

② 宋伟,韩梦洁:《教育公平视野下河南高等教育发展对策研究》,《河南大学学报(社会科学版)》,2009年第1页。

致各省区高校地域分布也不均衡。

按照管理学上的"二八定律",中国现有本科高校720所,那么,设置重点高校140所最为合理。借鉴美国的经验,美国人口不足3亿人,根据卡内基基金会2000年的分析数据,在美国授予学位的院校中,授予大学本科以上学位的院校共3941所,其中,公立院校1643所,占本科以上学位院校总数的41.7%;私立非营利性院校1681所,占本科以上学位院校总数的42.7%,私立营利性院校617所,占本科以上学位院校总数的15.7%。研究型大学125所,文理学院218所,二者之和为343所。① 我国13亿人口,985大学44所,211大学107所,而且所有的985大学都是211大学。如上所述,如果中国的211大学所占比例和美国的研究型大学所占比例保持一致,还需要增加18所高校。现有的107所211大学,另加上14所"中西部高等教育振兴计划"重点支持的"综合实力提升工程"高校(其中只有山西大学、河北大学不是"211工程"大学),那么,还应该增加大约10所重点建设高校,才能符合二八定律。

发展高等教育是整个社会的责任,社会各级政府都应该高度重视高等教育的发展。党的十七大、十八大都强调教育公平。《国家中长期教育改革和发展规划纲要(2010—2020年)》明确提出的"中西部高等教育振兴计划"的伟大设想,为尽早实现省区之间国家优质高等教育资源布局均衡提供了理论指导和政策保障。继续发挥财政政策的杠杆作用,加大国家财政的专项投入力度,是落实科学发展观,改变中西部地区高等教育落后、优质高等教育资源匮乏局面,实现高等教育在全国省区之间协调布局的战略选择。我们期待着,在新中国成立70周年之际,能够使我国高等教育得到更大的公平合理、科学协调地发展,以便让中西部广大地区的人民真正享受到教育公平的恩惠,从而促进我们建设中国高等教育强国,推进中国梦的早日实现。

原载《河南大学学报(社会科学版)》2014年第1期,《新华文摘》2014年第8期摘编

---

① 干定华:《走进美国教育》,北京:人民教育出版社,2004年,第138、113、116页。

# 论高校青年教师的压力问题及其缓解对策

姜　捷①

随着我国教育事业的快速发展,高校青年教师的数量不断增加,并成为我国高校教师队伍的生力军。教育部在 2014 年 10 月 29 日发布的数据显示,普通高校 35 岁以下的青年专任教师为 60.0527 万人,占普通高校教师总数(149.6865 万)的 40.12%;40 岁以下的青年专任教师为 86.688 万人,占普通高校教师总数的 57.91%。② 这说明高校青年教师已成为推动我国高等教育事业发展的重要力量,并在高校坚持社会主义办学方向和提高高等人才培养质量方面发挥着重要作用。

自 20 世纪 70 年代中期以来,国外对教师压力的研究逐渐增多,研究者采用问卷调查、访谈等研究方法,对教师压力的表现形式及其影响进行了深入探讨,并取得了丰硕的研究成果。1978 年,Kyriacou 与 Sutcliffe 首次在《教育评论》(Educational Review)期刊上将教师的压力定义为一种负面的、不愉快的情绪经历,如焦虑、沮丧、失落、生气等。③ 这种定义实质上是教师认为自己的工作状况对自己的健康或自尊构成了威胁而产生的一种消极的情绪经历。2001 年,Van Dick 与 Wagner 对德国教师的压力及其表现形式与相关因素进行了研究,并采用结构方程模型对各因素之间的关系进行了分析,结果表明,教师对工作负荷和

---

① 姜捷,男,河南驻马店人,河南大学哲学与公共管理学院副教授。
② 《专任教师年龄情况(普通高校)》,http://www.moe.gov.cn/publicfiles/business/htmlfiles/moe/s8493/201412/181694.html,2015 年 8 月 12 日。
③ Kyriacou, C., Sutcliffe, J., "Teacher stress: Prevalence, sources and symptoms", *British Journal of Educational Psychology*, 48(1978).

人身攻击产生了压力反应,而校长的支持降低了教师对工作负荷和人身攻击的感知,整体支持和自我效能感则在这些变量之间起着调节作用。① 总之,国外的许多研究表明,教师的压力对教师的心理、生理、行为等方面会产生消极影响,这种消极影响不仅会使教师产生不稳定的情绪与不健全的心理,如会感到莫名的压抑、焦虑、无助、挫折感或缺乏安全感等,而且还会导致教师的消极行为增多,其表现是行为冲动、情感失常、旷工、暴饮暴食或缺乏食欲等,同时也会让教师生理疾病增多,如会出现心脏病、身体疲劳等问题,损害教师的身体健康。② 不过,这些研究者基本上都是把教师群体作为整体对象进行研究的,针对高校教师尤其是针对高校青年教师所面临的压力问题的研究几乎没有。

我国对教师群体面临的压力问题的研究起步较晚,所以针对高校青年教师群体压力问题的研究也相对较少。国内较早研究高校青年教师生存状况的文章《工蜂——中国高校青年教师调查报告》显示,在40岁以下的青年教师群体中,有72.3%青年教师感到压力大,有36.3%的青年教师觉得压力非常大。③ 有研究者对35岁以下的普通高校青年教师的职业压力进行调查结果发现,青年教师普遍感到有较大的压力,尤其是科研和教学方面的压力更大,31-35岁青年教师的科研压力显著高于30岁以下的青年教师。④

综观国内外研究发现,学术界对高校教师压力问题的研究明显不足。国内对这个问题的研究存在着很大的局限性,对教师面临的主要压力的研究或概括不全面或分析不透彻。事实上,新形势下我国高校教师特别是青年教师在承担了大部分的日常教学和科研任务的同时,还面临着生活、职业发展等诸多方面的压力,这些压力严重影响了他们

---

① Van Dick,R.,Wagner,U.,"Stress and strain in teaching:a structural equation approach",*British Journal of Psychology*,71(2001).
② 陈明丽,许明:《国外关于教师职业压力的研究》,《福建师范大学学报(哲学社会科学版)》,2000年第3期。
③ 王梦婕:《调查显示高校青年教师自比为"工蜂"》,《中国青年报》,2012年9月14日。
④ 王莉,赵光珍:《普通高校青年教师职业压力调查》,《中国健康心理学杂志》,2013年第3期。

的思想状况、工作绩效与身心健康,进而还必然会对高校的教学与科研工作产生直接或间接的负面影响。因此,笔者在借鉴以往研究成果的基础上,拟对我国高校青年教师面临的压力现状及其影响因素进行研究,并提出缓解和消除各种压力的对策,以期对缓解高校青年教师的压力、加强其思想政治教育、激发其创新活力和促进其健康成长有所帮助。

# 一、高校青年教师的压力现状

目前,高校青年教师面临着多重压力,主要包括工作压力(教学、科研和职称评定压力)、生活压力(婚恋、住房、子女教育和人际交往压力),以及其他压力(自身的形象建设、职业建设和政治思想建设压力)。

**(一) 工作压力**

1. 教学压力

随着大学招生规模的不断扩大,高校青年教师的日常教学工作量也不断加大,甚至在晚上或周末他们仍要给学生上课。为满足大学生学习的需要,有的高校还实行了每学年三个学期的教学制度。作为高校教学工作的重要力量,青年教师担负着大量的教学任务,教学工作比较繁重。调查发现,有16.3%的高校青年教师的每周课时量有58节,有22.7%的高校青年教师的每周课时量有91.2节,有61.6%的高校青年教师常常在晚上十一二点才休息,有73.4%的高校青年教师在晚饭后还要忙于工作。① 高校青年教师由于任职时间不长而缺乏教学实践经验,他们不能根据实际教学情景灵活采用恰当的教学方法,他们的教学效果与经验丰富的老教师相比是有一定差距的。因此,在目前高校普遍推行"学生评教"和"教学竞赛评比"制度的环境下,高校青年教师面临着巨大的教学压力。

2015年初,教育部办公厅印发的《2015年教育信息化工作要点》

---

① 王海翔:《高校青年教师心理压力的调查分析及对策》,《宁波大学学报(教育科学版)》,2004年第5期。

(教技厅[2015]2号),要求学校要坚持信息技术与教育教学深度融合的核心理念,大力提高教育技术手段的现代化水平和教育信息化程度。信息技术的发展必然导致教学手段现代化和教学过程智能化的革命,这就要求高校教师必须掌握现代化的教育技术手段,把教学内容与信息技术、学习资源、人力资源等有机地结合起来,以提高教学质量和效果。但是,高校青年教师在读博或读研期间所掌握的信息技术主要还是传统的多媒体教学手段,他们还不能很好地应用慕课、微课等教学设计和教学方法,这会使他们的教学效果不理想,因此他们承受着极大的教学压力。

2. 科研压力

以高水平的科研为支撑的高等教育对大学实现内涵式发展、提高教师的科技创新能力具有重要作用。因此很多高校对科研工作非常重视,对教师的科研工作都提出了较高的要求,有些高校甚至把教师职称、职务的晋升与他们的论著的发表、课题的申请等这些"量化指标"相挂钩。另外,随着高校生源竞争的加剧与毕业生就业形势的日益严峻,教师的科研水平和教学实力成为高校对教师进行评比、排名的重要依据,也是高校影响力的重要标志。所以,很多高校往往采用定量评比的方法来衡量教师的科研水平与教学实力。

科学研究和创新都需要长期的艰苦奋斗,高校青年教师的学术积累和科研创新也不是一蹴而就的。目前,我国高校的学术评审制度对前期科研成果薄弱的青年教师来说不利于他们的科研、学术成果的积累,同时学校的科研经费与学术资源往往集中在精英手中,这使青年教师在申报课题和发表学术论文、出版学术论著时面临着巨大困难。为了快出成果、多出成果和出好成果,青年教师在承担教学工作的同时,还要投入较多的精力与时间完成科研任务,因此他们承担了较大的科研压力。王海翔的研究显示,有25.3%的高校青年教师认为科研任务繁重,有50.2%的高校青年教师觉得发表论文难,有24.5%的高校青年教师认为申请课题难。[①] 繁重的科研压力造成高校青年教师脑力与

---

[①] 王海翔:《高校青年教师心理压力的调查分析及对策》,《宁波大学学报(教育科学版)》,2004年第5期。

体力的严重透支,从而损害了他们的身心健康。

3. 职称评定压力

职称的高低决定着教师的收入水平、学术地位甚至社会地位,也就是说,职称的评定与青年教师的自身利益和发展密切相关。高校青年教师的职称不高,他们的事业才刚刚起步,因而他们具有较大的职称晋升需求。

我国高校的职称评审制度,打破了职务和职称的终身制,引入了竞争机制,这对于调动教师的工作积极性具有重要意义。然而,由于职称的评审名额有限,使评审的标准和条件更加严格与苛刻。同时,不少高校的职称评定中仍然存在着"论资排辈"的现象,甚至出现了"权力说了算、学术靠边站""只认职位高低、请客送礼评职称"等所谓的潜规则,这些不良现象更是加重了青年教师的职称评定压力。

### (二) 生活压力

1. 婚恋压力

据调查研究发现,高校青年教师整体的婚恋压力较大,拥有博士学位的高校青年教师群体与异性交往的压力比拥有硕士或本科学位的高校青年教师群体的压力要大。① 高校青年教师大多数是博士毕业,而且都已经到了谈婚论嫁的年龄,但是不少青年教师在读博或读硕期间由于忙于学习、科研、就业等事务,往往没有多余的时间与精力考虑个人的婚恋问题,尤其是高校青年教师中的博士群体,他们在学校读书的时间很长,社交圈相对较小,他们熟知的人多数是同学和老师,比较缺乏人际交往的经验与技能。同时由于高校是一个相对封闭的独立系统,这又进一步限制了他们择偶范围,因而高校青年教师解决婚恋问题是比较困难的。

2. 住房压力

从1998年开始,我国高校由福利分房转变为商品化分房。目前,很多高校在招聘教师时不再提供住房或住房补贴,高校所提供的租住公房与周转房相对较少,难以满足高校青年教师的住房需求。同时,社

---

① 李恒:《高校青年教师的婚恋压力现状调查》,《科技视界》,2013年第5期。

会上的商品房价格居高不下,高校青年教师的收入普遍较低,这使他们难以购买昂贵的商品房,尽管他们中的有些人通过银行贷款购买了商品房,但却整日为偿还贷款而奔波、奋斗。另外,高校青年教师虽然缺乏一定的经济积累,住房公积金与补贴基数又很低,但他们不属于贫困阶层,不能申请经济适用房与廉租房,所以他们只能暂时在校外租房居住,因此他们承受着较大的购房压力。

3. 子女教育压力

不少高校对教职工子女入学问题考虑不周,在建设新校区时缺乏相应的配套设施,导致很多高校青年教师的孩子入托入学比较困难。高校青年教师正处于事业发展的关键时期,也是其子女接受教育的重要阶段,然而由于他们在教学、科研等方面的压力较大,所以很少有时间和精力陪伴和关心孩子、辅导孩子的学习。同时,不宽裕的经济收入也不允许他们有较多资金投入子女的教育,但是"不能让孩子输在起跑线上"的教育理念又让青年教师承担着巨大的子女教育压力。

4. 人际交往压力

有研究发现,高校青年教师的人际交往存在着一定的封闭性、单一性,他们的人际关系结构松散,相互依赖性差,文人相轻现象犹存,功利性倾向明显等。① 高校青年教师平时工作压力较大,彼此之间的交流较少,再加上他们的阅历浅,待人接物方面有所欠缺,特别是有些青年教师刻意追求独立人格而不愿迁就他人,这很容易使人际关系出现不和谐的现象。调查数据显示,有41.6%的高校青年教师认为自己的人际关系一般,有9.8%的高校青年教师认为自己的人际关系不好。② 高校在引入教学和科研工作的竞争机制的同时,也加剧了青年教师之间的相互攀比和竞争,造成他们之间不能有效互动和沟通,人际关系比较冷漠,人际交往的压力也随之加大。

---

① 汪汉荣:《武汉地区高校中青年教师人际交往研究》,华中农业大学硕士学位论文,2005年。
② 王海翔:《高校青年教师心理压力的调查分析及对策》,《宁波大学学报(教育科学版)》,2004年第5期。

**(三) 其他压力**

1. 形象建设压力

良好的教师形象具有榜样的示范力量,在榜样的影响下可以有效提升大学生的综合素质。在外在形象上,高校青年教师需要在言谈举止、衣着服饰等方面做到与教师身份相符合;在内在形象上,高校青年教师应在育人意识、理想信念、敬业精神、师德师风等方面苦练内功,以提升个人修养。因此,高校青年教师塑造良好的自身形象不仅是社会的期望,而且也是教书育人工作的内在要求。这对于入职不久而又缺乏经验的高校青年教师来说,无疑具有较大的压力。

2. 职业建设压力

目前,我国高校的绝大多数青年教师都是博士,他们具有很强的成就动机和很高的价值追求,比较重视自己职业的未来发展,但是他们要想成为一名合格的教师,或成为一名优秀的大学教师,还需要长期的积累、历练。研究发现,有29.4%的高校青年教师不了解自己的职业发展目标,而且组织对教师的发展支持不够,组织为教师提供职业发展咨询的比例只有19.6%;有74.7%的高校青年教师认为,组织并不关心教师是否能够实现职业目标,当教师需要职业咨询和指导时,只能由自己寻求帮助。① 由于高校青年教师缺乏具体、明确的职业规划,以及缺乏对自身与社会的深入了解,所以在职业建设过程中存在着盲目性,没有科学、可行的职业发展路径和目标,不能及时调整自己以适应环境与岗位的需要,因而高校青年教师具有一定的职业建设压力。

3. 政治思想建设压力

高校是创新知识和传播先进文化的重要阵地,高校青年教师是创新知识和传播先进文化的中坚力量,这必然要求青年教师具有较高的政治理论水平和思想认识水平。同时,高校青年教师的年龄与学生的年龄比较接近,他们与学生接触的时间也比较多,对学生思想行为的影响很直接,所以他们的政治思想素质对学生具有很强的示范引导作用,

---

① 王友青:《高校青年教师职业生涯规划与管理研究——基于西安高校的调查分析》,《价值工程》,2012年第8期。

这对青年教师的政治理论水平和思想认识水平提出了更高的要求。高校青年教师虽然专业基础知识比较扎实,思想比较开放,敢于并善于提出个人的见解,关心时事政治,具有忧国忧民意识,但是一个时期以来,由于各种因素的影响,高校青年教师较为普遍地存在着轻德育重智育、轻政治重业务的现象,在面对教学与科研等巨大压力时,他们往往把大量的精力和时间投到业务素质的提升上,忽视了对自身政治思想的建设,过于重视个人的物质利益,轻视理想信念的树立和奉献精神的培养,对社会转型过程中出现的各种问题,特别是对付出与索取、理想与现实的矛盾等感到困惑与迷茫而陷入思想困境。因此,他们在思想道德建设方面存在着不小的压力。而要改变这种状况,不仅高校要加强对青年教师的正确引导和教育,而且青年教师个人还要明确职责,自我加压。

## 二、高校青年教师压力的影响因素

目前,高校青年教师压力的影响因素包括高等教育改革、市场经济发展、互联网络普及、高等教育国际化等。

### (一) 高等教育改革

解决我国经济社会发展的深层次矛盾,把握新科技革命和知识经济的时代特征,解决高等教育自身所面临的突出问题,就要求我们加快提升高等教育质量。[①] 近年来,按照上述思路,我国高等教育不断推进和深化改革,并在管理体制等许多方面都取得了突破性进展。

高等教育改革在取得了举世瞩目的重大成就的同时,也给高校青年教师带来了各种挑战和压力。首先,高校的扩招,使在校大学生人数猛增和教学工作总量加大,青年教师作为教学任务的重要承担者,其教学压力必然会随之增加。尽管教育部三令五申要求教授承担一定的教学任务,同时还提出了控制招生规模、提高人才培养质量的要求,但这

---

① 刘延东:《深化高等教育改革,走以提高质量为核心的内涵式发展道路》,《中国高等教育》,2012 年第 15 期。

些规定和要求应该说并没有得到很好的落实。其次,高等教育改革进入了"深水区"。2015年,教育部明确提出"全面深化教育综合改革,推动基本实现教育现代化"的要求。因此,各高校开始全面启动深入推进高等教育内涵式发展、"2011协同创新中心"建设和加快创建高水平大学发展战略规划,这更使高校青年教师出现角色期望值高、科研任务教学工作繁重、职称评定难等现象,进而使他们感到压力重重。再次,各高校普遍进行人事分配制度改革,通过采用绩效考核方式对教职员工的工作业绩进行评估。学校在进行绩效考核时,采取考核结果与教师的待遇相挂钩的做法,这使工作经验、科研成果和人脉资源均不具优势的高校青年教师感到处处都有压力。我国高校实施的绩效工资制度在提高教师工作积极性和促进高校健康发展等方面起到了重要作用,但从目前来看,很多高校对教师工作的绩效评估都是采取定量测评的方法,这容易使高校教师只注重短期利益而忽视长期激励机制的效益。但是,高校教师的工作比较复杂,教书育人、科学研究、社会服务等方面的工作是很难进行数字化评估的。因此,少数教师就采用急功近利的行为来提高工作绩效,如拼凑、粗制滥造虚假科研论文,以不正当竞争手段申报并获取各种项目课题,教学上只重视完成课时数量而忽视教学质量等。由以上论述来看,高等教育改革是高校青年教师产生压力的重要影响因素之一。

### (二) 市场经济发展

随着市场经济体制的建立和发展,其趋利性也冲击着高校传统价值观,青年教师队伍自然也深受其影响,甚至部分教师产生了金钱至上的观念,始终把挣钱放在首位,并深刻地体会到"没钱就买不起房子""没知识就找不到好工作"等。这种冲击使高校青年教师不能全身心投入本职工作而整天忙于考博、评职称、出国进修、校外兼职等。随着市场经济的发展,各高校纷纷引入市场竞争机制,普遍采用全员聘任、竞聘上岗、评聘分离、末位淘汰等管理手段,为教师的持续发展增强了活力与动力,同时也让身处教学、科研和管理一线的,任职时间短,积累少的高校青年教师在竞争中处于不利地位,压力倍增。随着市场经济的发展,一方面,大多数高校实行绩效工资拉大了教职工的收入差距。高校青年教师的工资相对微薄,他们是高校内收入低、负担重的"弱势群体"。对教育部直属高校的最新调查表明,年收入在5万元—6万元的高校青年教师人数最多,占所调查总人数的18.2%;有17%的青年教师的年收入为6万元—7万元。① 由此看来,部属高校尚且如此,其他普通高校尤其是地方普通高校青年教师的收入之低是可想而知的。另一方面,市场经济改革的深化,使商品房等商品价格不断攀升,物价的上涨,也在一定程度上加大了高校青年教师的压力。由上述情况来看,市场经济的发展是使高校青年教师产生压力的重要影响因素之一。

### (三)互联网络普及

互联网络技术在教育领域的普及,给高校的教育教学工作带来了新的机遇和挑战。《2015年教育信息化工作要点》要求,各高校应促进高等教育优质数字教育资源的开发与应用,完善教育资源云服务体系,推动网络学习空间的普及和应用。2015年5月,习近平总书记在致国际教育信息化大会的贺信中指出:"互联网、云计算、大数据等现代信息技术深刻改变着人类的思维、生产、生活、学习方式,深刻展示了世界发展的前景。"②同时,该《要点》还提出了通过教育信息化促进教育公平的要求。教育信息化汇聚了海量知识资源,因此高校青年教师不再具有传统意义上的知识比学生多的优势,很难再以知识权威的角色来进行教学了,他们必须不断学习新知识和新技术,才能更好地从事教育教学工作。高校对外最大的思想接口是互联网络,而互联网络信息快速的传播和微博、微信的普及,使各种思潮和言论在网络上涌现、碰撞、交流,这些多元化思潮和言论无时无刻不在影响和感染着高校青年教师和莘莘学子。互联网传递系统的开放性,使网络垃圾信息和不良信息同时传播,这对大学生的价值观产生了很大影响,弱化了主流意识对大

---

① 高校教师薪酬调查课题组:《高校教师收入调查分析与对策建议》,《中国高等教育》,2014年第10期。

② 习近平:《习近平致国际教育信息化大会的贺信》,《光明日报》,2015年5月24日。

学生的教育功能,使他们的价值选择更加困难。① 因此,互联网络的普及不仅对高校青年教师判断是非、辨别良莠的能力提出了挑战,而且也加大了他们教书育人的政治责任和时代责任。由上述情况看,互联网的普及是使高校青年教师产生压力的重要影响因素之一。

### (四) 高等教育国际化

我国高等教育国际化是世界一体化、经济全球化发展的必然结果。中国大学国际化是把国际的、多元的文化融入我国大学现有的教学、科研、管理和服务之中,其目标是教育国际化、科学研究国际化、教师队伍国际化和大学管理国际化,进而为国际社会做出贡献。② 学生来源、师资力量、科技研发、课程教材、教学评价等方面的国际化是其重要特征。

目前,全国举办中外合作办学项目和机构的高校有577所,占全国高校总数的21%。其中,79所"985工程""211工程"大学所举办的这类项目占项目总数的16%。普通本科院校、高职院校与国外高校进行合作办学的有498所,它们联合创办的项目占项目总数的84%。③ 此外,我国教育部发布的来华留学生数据显示,2014年,共有203个国家与地区的377 054名各类外国留学人员在我国775所高校、科学研究院或其他教学机构中学习。④ 从2004年在韩国首尔建立全球第一家孔子学院开始到2014年12月7日,全球有126个国家和地区建立了475所孔子学院和851个孔子课堂。⑤ 这些都是我国高等教育国际化的重要表现。

---

① 丁宏:《互联网对高校思想政治工作的影响》,《高校理论战线》,2003年第6期。

② 毕家驹,黄晓洁:《中国大学国际化的挑战与应对》,《高教发展与评估》,2012年第4期。

③ 《教育规划纲要实施三年来中外合作办学发展情况》,http://www.crs.jsj.edu.cn/index.php/default/news/index/80,2014年12月11日。

④ 《2014年全国来华留学生数据统计》,http://www.moe.edu.cn/publicfiles/business/htmlfiles/moe/s5987/201503/184959.html,2015年3月18日。

⑤ 孔子学院总部,国家汉办:《孔子学院/课堂》,http://www.hanban.edu.cn/confuciousinstitutes/node_10961.html,2015年4月3日。

我国高等教育对外开放步伐的日益加快和国际化水平的不断提升,必然要求高校青年教师具有国际化的视野、相应的知识结构与能力,同时还要求他们具有与之相对应的外语水平,这对海外留学背景相对欠缺的高校青年教师来说,工作上的实际困难是显而易见的,自然,要求开设双语教学课程和进行国际协同创新研究更是难上加难。此外,为了推动我国高等教育国际化的深入发展,不少高校的职称评定规定参评教师必须具有出国留学经历才能晋升高一级职称,这对众多高校青年教师造成的压力之大是可想而知的。由上述情况看,高等教育国际化是使高校青年教师产生压力的重要影响因素之一。

## 三、缓解高校青年教师压力的对策

### (一) 加强缓解青年教师压力管理工作的组织领导

调查研究显示,有28.09%的高校青年教师认为基层党组织对其关注度一般,有7.02%的高校青年教师觉得不被基层党组织关注。在面对压力的时候,只有4.16%的高校青年教师通过向组织倾诉来减缓压力,有44.74%的高校青年教师通过自我排解来减缓压力。[①] 事实告诉我们,新形势下的高校青年教师要缓解直至消除压力,除个人积极努力外,还需要高校加强组织领导,确实把缓解高校青年教师压力的管理工作摆到更加突出的位置,进行全面统筹、协调,建立起缓解压力管理工作的管理体制与组织保障,全面提升缓解高校青年教师压力管理工作的水平。

首先,要建立健全缓解高校青年教师压力管理工作机制,即要形成和坚持高校党委统一领导、党政齐抓共管的工作局面,建立起符合高校青年教师成长特点的管理机制。其次,要了解和掌握高校青年教师的压力状况。学校领导及各级思想政治工作者都要以科学发展观为指导,重视缓解高校青年教师压力管理工作,深入实际进行调查研究,倾

---

① 姚庆峰,任世雄,王同奇等:《高校青年教师思想政治状况的调查与思考——以北京化工大学为例》,《大学教育》,2015年第4期。

情与青年教师进行沟通、交流，及时了解他们的思想动态和压力状况。再次，高校应根据青年教师压力的实际情况进行顶层设计。高校在做顶层设计时，既要体现竞争又要显示公平，不断深化人事管理、收入分配和职称评定等方面的制度改革，以建立健全高校的各项制度来激发青年教师的活力。最后，要坚持以人为本，推动缓解高校青年教师压力管理工作的创新。高校领导干部要给予青年教师多方面的关心和帮助，用真挚与丰富的情感去感化、激励青年教师。高校应坚持民主疏导，在青年教师出现错误时要多谅解、多宽容，在平等与相互信任的氛围中同青年教师进行交流与沟通；同时还要真诚关心青年教师的实际困难，帮助他们解决好收入低、子女入学难、买房难等现实问题，把缓解青年教师压力管理工作落到实处。

### （二）重视高校青年教师的思想政治教育

高校重视和加强青年教师思想政治教育，是贯彻落实教育部《关于加强和改进高校青年教师思想政治工作的若干意见》（教党[2013]12号）的重要途径，也是有效解决青年教师政治思想方面的问题的客观需要。高校青年教师主体是各个大学招聘的优秀博士和硕士毕业生，是高校引进的青年才俊，他们的学历层次高、创新意识强、思想观念新、学术研究能力和教学能力潜力大是其显著的优势与特点。但是由于他们在成长过程中受到改革开放和市场经济等诸多因素的影响，部分高校青年教师出现了政治信仰迷茫、理想信念模糊、职业道德缺失、职业情感淡化、言行失范等问题，这是影响高校青年教师思想政治素质和业务素质全面提高的直接障碍，也是他们在自身发展过程中产生压力的重要原因。调查发现，有25.1%的高校青年教师对政治学习没有兴趣，认为这是形式化的"虚软任务"；有28.2%的青年教师在政治活动与其他活动冲突时会采取请假的方式，只有25.6%的高校青年教师愿意参加自选项目的政治学习；有12.3%的青年教师同意或基本同意"社会主义初级阶段实际上是在补资本主义的课"的观点，有16.3%的青年教师则对此观点不理解，甚至还有青年教师认为"有中国特色的社会主义"实际上就是"有中国特色的资本主义"。① 因此,高校必须重视青年教师的思想政治教育工作,并有效地解决他们的思想困惑与道德缺失问题,进而为缓解他们所承担的各种压力提供思想认知上的帮助。

首先,思想政治教育应突出师德建设。师德建设是高校青年教师队伍素质建设的基石,培养他们的爱岗敬业、为人师表、教书育人、创新进取的职业精神,坚决抵制学术不端行为,自觉践行社会主义核心价值观,不断提高思想觉悟和实践能力,有效应对思想和教研方面的压力。其次,对高校青年教师的思想政治教育应不断创新教育方式与方法。要建立适合高校青年教师成长特点的思想政治教育方式,采取座谈会、研讨会、报告会、培训班等多种形式,注重网络思想政治教育工作,把握青年教师的思想动态,运用微信、微博、博客、论坛等互联网的优势,构建信息化和个性化的网络学习空间和平台,以增强教育效果。为了使思想政治教育工作能够有的放矢,还应建立健全相应的责任制度与奖惩制度,形成制度上的保障。再次,思想政治教育工作者应主动关注青年教师关心的热点和难点问题,杜绝他们有损国家利益与不利于大学生健康成长的言行,努力提高思想政治教育工作的吸引力、针对性和实效性,为高校青年教师的健康成长创建良好的环境。同时,还要重视高校人文环境的营造工作,以情动人,从而使高校青年教师能够安心、专心和热心地工作,自觉地为高校的发展奉献出他们的聪明才智。

### (三)引导高校青年教师学习、运用心理疏导方法

压力是指个体在感知到(真实存在的或者想象中的)某一件事对自身的心理、生理、情绪和精神有威胁时而产生的一系列生理反应及适应。当压力成为一种持续存在的感受时,就变成了慢性压力,这样的压力不但会使个体产生胃溃疡、高血压等疾病,而且还损害免疫系统,进而引发认知和情绪方面的问题(如焦虑、恐惧和抑郁等),对个体的心理健康产生许多不良影响。调查研究表明,有33%的高校青年教师存在不同程度的心理障碍,有15%的高校青年教师对自己的健康、睡眠和工

---

① 胡琦:《高校青年教师思想政治状况调查及思考》,《国家教育行政学院学报》,2009年第8期。

作效率感到极度忧虑,有36%的高校青年教师在角色转换与社交方面感到不适应,有62.5%的高校青年教师认为精神压力很大。① 这些都是高校青年教师在面对各种压力时的反应,而要消除这些消极情绪与不良反应,就要教会高校青年教师运用科学的心理疏导方法进行应对。

心理疏导就是根据有关的心理学理论,帮助个体进行心理调适,改变个体的认知、不良情绪和行为,使其心理障碍得到消除、不良情绪得到宣泄、心理压力得到缓解。常见的心理疏导方法有情绪取向的心理疏导、问题取向的心理疏导和逃避取向的心理疏导。情绪取向的心理疏导方法是采用改变自己的认知或行为的方式来减轻焦虑情绪,而不是直接改变压力源。如通过重新评估压力事件来改变自己的认识与想法,以减弱对压力事件的情绪反应,也可以外出旅游、休闲来忘却烦恼,或者找知心朋友倾诉以获取情感支持。问题取向的心理疏导方法是通过改变现存的人与环境之间的关系,采用直接解决问题的方式来消除压力。如一个承担发表论文压力的教师会认真踏实地做学术研究并积极撰写论文。逃避取向的心理疏导方法是在个体面对压力情景时放弃对问题解决的努力或者干脆不承认压力的存在。如通过打牌、喝酒等活动来麻醉自己,这种逃避取向的心理疏导方法是不值得提倡的。在大多数情况下,采用问题取向的心理疏导方法来解决压力问题是比较科学的。但是在面对自己无法控制的压力事件时,可以先采用情绪取向的应对方式来缓解焦虑情绪,然后随着个人能力、素质的提高或外界环境的改变,从而能够有效地解决压力问题。因此,问题取向和情绪取向两种心理疏导方法常常是结合在一起使用的。

在疏导心理时,高校还应引导青年教师重点学习心理疏导的方法,把握好疏通和引导这两个关键环节。首先,引导高校青年教师学会把心中苦闷与烦恼以恰当的方式进行合理的表达和及时排解,逐步减轻心理负荷,找出自身所具有的压力的性质、根源与症结,主动打开自己的心结。其次,让高校青年教师在心理疏通的基础上学会把自己的种

---

① 李晓杰,苏铁熊:《高校青年教师的现状调查与分析》,《中北大学学报(社会科学版)》,2007年第S1期。

种不正确的认识和不良的情绪引向健康的轨道上来,从而缓解甚至消除巨大的压力。不过,不管是采用心理疏通的方法,还是采用引导的方法,都要让高校青年教师正确对待压力,因为压力是无处不在的,压力还分为消极压力与积极压力。当采用心理疏导的方式来缓解压力时,要做到用积极的态度对待压力,变压力为动力,化消极因素为积极因素。

**(四)帮助高校青年教师规划好职业生涯**

职业生涯规划是指个人对自己的职业生涯的主观因素和客观因素进行分析和总结,根据自己的兴趣爱好、能力特长、性格特点等情况,确定恰当的职业奋斗目标,并为实现该目标设计出具体计划的过程。教师的职业生涯应在知己知彼的基础上进行规划,然后制定目标计划并付诸行动。美国著名学者费斯勒(Fessler)认为,教师的职业生涯的发展过程历经职前准备、入职、形成能力、热心与成长、职业受挫、稳定与停滞、生涯低落、职业退出等八个阶段。申继亮提出,教师职业生涯的发展历程包括熟悉教学阶段或学徒期(入职后 3—5 年)、经验积累期或成长期(持续 5—7 年)、反思期与理论认识阶段、学者期四个阶段。高校青年教师要根据职业生涯发展的有关理论与不同阶段,通过自我评估、职业环境分析、确定职业目标、职业目标实施方式和途径等环节,制定出可持续的个性化的职业发展规划。①

对现阶段我国高校青年教师的职业规划状况进行调查发现,有 48.74% 的高校青年教师认为自己的职业发展状况一般,有 22.37% 的高校青年教师对自己的职业发展状况不满意,有 2.59% 的高校青年教师对自己的职业发展状况很满意;有 88.87% 的高校青年教师虽然能认识到职业生涯规划的重要意义,但仍有 11.13% 的高校青年教师认为计划赶不上变化而没有必要进行规划,有 11.6% 的高校青年教师在职业发展方面感到迷茫,有 59.13% 的高校青年教师只对最近一两年的

---

① 兰芳,蔡永铭:《高校青年教师职业规划的调查分析研究》,《南京医科大学学报(社会科学版)》,2013 年第 2 期。

工作进行了规划,但目标却不太明确,而且欠缺中长期的职业目标的规划。① 这是高校青年教师在职业生涯规划方面存在的困惑,也是他们所面临的较大的压力。他们对未来感到迷茫,不清楚教师职业角色的特点及其所需的专业知识结构,不明确自己专业的发展方向。因此,高校应帮助青年教师做好职业生涯规划,对他们自身的发展做出合理定位,为他们确立职业发展的目标与途径,这对缓解高校青年教师压力是非常必要的。

在制定职业生涯规划方案时,高校要帮助青年教师按照自己成长的历程、外部环境、自我定位和总目标、分项目标和任务、措施和条件等五个步骤来进行职业生涯规划。此外,还要帮助青年教师掌握制定职业生涯规划的一个重要方法,即自我反思。著名学者波斯纳设计了"经验+反思=成长"的教师成长公式,这表明自我反思对教师的成长具有重要意义。自我反思是教师对自己各方面的情况的回顾、分析和总结,是对自己发展状况的充分认识。自我反思的内容比较广泛,如对自己的素质特点、成长环境与历程、教学与科研活动等方面的反思。自我反思的方法也比较多,如记日记和日志、进行观摩和观察、写个人成长自传、列出自己存在的问题等。青年教师可以根据自身情况与特点综合运用多种方法,对有关个人职业生涯发展的内容进行自我反思,从而做出科学、合理的职业生涯规划,这对于消除压力、预防职业倦怠、促进自身健康发展都是非常有益的。当然,高校还要负责帮助青年教师在其个人发展过程中不断修正与完善职业生涯规划,并使之成为行动目标,使职业生涯规划真正起到缓解高校青年教师压力的作用。

高校青年教师是高校教书育人的主力,他们中的一部分人还必将成长为中国未来的思想精英,但他们却是高校师资队伍中事业和生活压力都很大的群体。所以深入研究高校青年教师所面临的压力现状、影响因素、缓解对策等问题,理应成为高校思想政治工作者乃至国家各级教育主管部门共同面对的现实课题。笔者上述对缓解高校青年教师

---

① 申继亮:《教师人力资源开发与管理》,北京:北京师范大学出版社,2006年,第89—92页。

压力问题的探讨只是简单的尝试,希望学术界有更多优秀研究成果,能为打造我国高校高素质的青年教师队伍提供理论支撑。

原载《河南大学学报(社会科学版)》2016年第1期

职业技术教育研究

# 和谐与互动：
# 职业教育均衡发展的体制机制研究

朱德全①

职业教育均衡发展是国内学界近年来关注的一个热点。基于国外的研究成果和经验，不少研究者都逐渐将目光从职业教育非均衡发展现状的静态分析，转向了职业教育与区域发展的关系的相关研究，尤其是职业教育与区域经济的互动协调关系更是学者关注的热点，同时，在宏观政策或对策分析研究上也取得了明显的进展。但职业教育均衡发展与区域发展的关系远不止"经济"这一条线索，还应该拓展研究视域，更系统化地看待职业教育均衡发展的体系，从均衡发展的基本原理和要素等微观角度中进行深度剖析，从羁绊教育均衡发展的体制、机制这一桎梏着手进行改革。

## 一、城乡一体化进程中职业教育发展的现状与诉求

城乡一体化是我国现代化进程中一场重大而深刻的社会变革，它涉及城乡之间的经济、社会、文化、生态等多个方面的协调发展，这是我国改革开放进入而立之期的必然阶段。然而，受长期形成的城乡二元结构的影响，我国目前的城乡发展还存在着巨大差距，一体化进程缓慢。

---

① 朱德全，男，四川南充人，西南大学教育学部教授，博士生导师。

### (一) 职业教育发展的区域失衡

居民教育一体化是城乡一体化的重要内容之一。随着城乡一体化进程的推动,居民教育也逐步向协调的态势转变,但这种转变仅仅是微观的、局部的量变,就整体而言,居民教育仍然存在着显著的区域差异,其中,职业教育发展的区域失衡就是其突出表现之一。

职业教育近年来发展迅速,规模不断扩大,但它在追求效益的同时却忽视了公平,从而造成发展失衡的现状,以致在职业教育的规模、层次、经费、条件、水平和结构等方面都存在着明显的地区差异。从总体来看,东部地区的职业教育发展力度最大。以 2010 年各地区中等职业学校(机构)的在校学生和专任教师数量为例,国家统计数据表明,全国各地区中等职业学校(机构)的生、师比平均水平是 26.7∶1,最低是天津 14.7∶1,最高是宁夏 41.7∶1;生、师比明显高于平均水平的省份主要包括安徽(35.79∶1)、湖北(31.74∶1)、广东(35.55∶1)、广西(39.55∶1)、四川(34.16∶1)、贵州(33.28∶1)、西藏(38.26∶1)、青海(32.37∶1)等中西部省市(自治区),各区域现有的学生规模和师资力量差距比较大。① 此外,我国职业教育发展还存在着显著的城乡差异,农村地区和少数民族地区的职业教育发展滞后、基础能力薄弱、资源配置欠缺、教育质量较差。以我国农民职业教育综合评价水平为例,排名第一位的是上海,排名最末一位的是西藏,上海农民职业教育综合评价指数是西藏的 5.54 倍;全国平均水平为 0.2992,其中有 18 个省份低于平均水平。从总体来看,我国农民职业教育综合指数在各省之间存在着一定差异,并且教育效果差异最大,教育对象之间的差异次之,教育条件差异最小。②

---

① 中华人民共和国国家统计局编:《中国统计年鉴 2011》,http://www.stats.gov.cn/tjsj/ndsj/2011/indexch.html.,2011 年 9 月 24 日。
② 陈华宁:《我国农民职业教育发展及其影响因素——基于 31 省(市、区)的实证分析》,《中国农业大学学报(社会科学版)》,2008 年第 2 期。

### （二）职业教育发展的制约力及目标分析

我国现阶段职业教育的发展存在着区域间不协调的情况，造成这种局面的原因是多方面的，例如，区域的基本特征、经费投入、资源配置、文化生活和制度保障等。但是，追本溯源，这些因素背后真正制约职业教育均衡发展的是现行发展的体制和机制。体制、机制不完善不健全，使得职业教育不能遵循客观规律和原理去发展，不能合理利用有限资源，不能充分发挥可持续发展的效用。正是由于体制、机制的制约，才使得职业教育均衡发展的动力和保障缺位，最终走向了不协调的一极。

职业教育实现区域间的均衡发展是城乡一体化进程的必然要求，也是社会发展和教育改革的大趋势。职业教育的区域均衡与区域社会的自身和谐是息息相关的，要真正实现职业教育均衡发展，首先要正视职业教育与区域社会之间紧密的联动关系，通过这条牵系着职业教育发展和区域社会发展的纽带，促进二者的交互共生，事半功倍地推动职业教育与区域社会的互动发展，以实现城乡一体化的终极目标。

## 二、城乡一体化进程中职业教育均衡发展与区域社会和谐发展的互动

### （一）基本概念的内涵界定

1. 职业教育均衡发展的内涵和表征

我国职业教育发展初期实行的是非均衡策略，主要矛盾是量的扩张，让有条件的区域优先发展，允许地区间存在发展速度、规模和层次上的差别，以有效地探索和积累发展经验。推动职业教育科学、持续地发展，强调均衡是职业教育发展到现阶段的应然选择，也是城乡一体化发展的必然要求。职业教育均衡发展并非绝对求同，而是因地制宜，借助各自的不同区位、资源和优势，在国家宏观调控之下，对职业教育发展进行差异性定位，对资源、投入、布局和结构等在区域内外进行协调，遏制不断拉大的职业教育区域差异，在追求整体效益的同时保障职业

教育公平，提高职业教育质量。

职业教育均衡发展既包括区域内均衡，也包括区域间均衡。我国地域辽阔，各地区的经济条件、自然环境和文化历史传统等差异很大。当前，职业教育的均衡发展也必定是一个均衡化的动态过程，应不断地将不均衡的发展转化为均衡的发展态势。职业教育均衡发展具有资源均衡、发展均衡和布局均衡三大表征。[①] 资源均衡是指职业教育的"硬件"和"软件"设施。"硬件"设施是指生均教育经费投入、校舍和教学实验设备等的均衡配置；"软件"是指教师、学校内部管理等方面的均衡配置。发展均衡表现为职业教育与其他教育类型的均衡，职业教育本身的专业结构、层次结构、培养目标与社会经济的均衡。布局均衡是指职业教育的发展要在布局规划上体现和谐的理念和思想，政府制定的法律、法规以及各项政策措施对职业教育要予以保障。

2. 区域社会和谐发展的内涵与表征

区域通常是地理学上的一种空间概念，然而不同的学科对其进行了不同的合理延伸，进而形成了经济区域、文化区域、行政区域等区域范畴。笔者以地理和经济学科特征为基础，根据我国国情和研究需要，将"区域"界定为以下两个方面：一是考虑东西差异，分为中国东部沿海、中部内陆和西部边远三大区域；二是考虑城乡差异，分为城镇和乡村两类区域，城镇包括城区和镇区，乡村是指划定城镇以外的其他区域。

和谐是区域社会发展的永恒主题，更是城乡一体化发展的题中之意。区域社会和谐发展是以区域非均衡发展为前提，从"不和谐"到"和谐化"的一种发展进程，其本质是一种动态发展。它要求区域内环境合理、经济高效、政治民主、社会文明、生态平衡地发展，也要求区域与区域之间积极协调、共同发展。区域社会和谐发展强调各区域内部系统的物质、能量和信息的高度综合和高效运用，同时，兼顾各区域系统之间的合理竞争和资源配置均衡，要求自生与共生能力的结合，生产、消费与还原功能的协调，社会、经济和环境等的耦合，时、空、量、构、序的

---

① 王琴，马树超：《区域职业教育均衡发展的内涵和原则》，《职业技术教育》，2010年第7期。

统筹,实现社会各方关系的协调,达到区域社会和谐共荣的目的。

3. 职业教育均衡发展与区域社会和谐发展互动的内涵和要素

职业教育与区域社会作为两个独立主体,它们的发展不是孤立进行的,它们是一种互动关系,二者相互作用、相互影响。职业教育作为一种社会公共事业,必然要参与区域社会的经济、政治和文化等实现共同发展,职业教育均衡发展其本质就是区域社会和谐发展的内容和要求之一,只有教育事业发展均衡了,区域社会才能真正和谐;同时,区域社会也为教育事业的发展提供资源和保障,尤其是职业教育的发展更需要和谐的区域社会提供物质基础和实践空间,因此,只有区域社会发展和谐了,职业教育均衡发展才能有所依附。职业教育均衡发展与区域社会和谐发展互为条件,二者相互制约、相互促进。二者的互动本质是通过关联性要素来具体实现的,二者的关联性要素主要包括资本、技术、劳动力和政策等。互动要素是联系职业教育和区域社会发展的纽带,也是参与二者发展的最核心资源,它们既是职业教育均衡发展与区域社会和谐发展的必要投入,也是二者实现发展后的必然产出。区域社会和谐发展推动互动要素的协调发展与合理配置,进而为职业教育均衡发展奠定基础;职业教育均衡发展也能够促进互动要素持续发展和优化组合,为区域社会和谐发展创造更优厚的条件。参见图1。

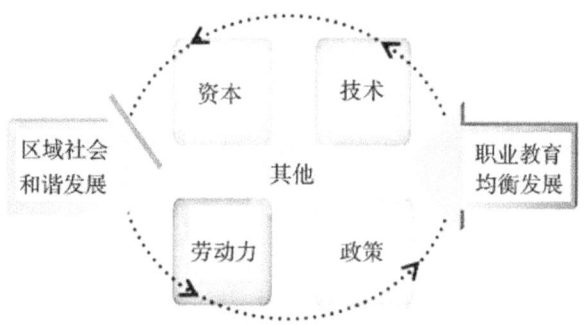

**图1 职业教育均衡发展与区域社会和谐发展的互动要素**

### (二) 职业教育均衡发展与区域社会和谐发展的互动机理阐释

在资本、技术、劳动力和政策等多个要素的双向驱动下,职业教育均衡发展与区域社会和谐发展有了着力点,二者互动也真正落到了实处。职业教育均衡发展与区域社会和谐发展的互动是遵循了教育发展和社会进步的基本规律,其互动机理也是职业教育和区域社会两大发展系统诸方面的内容相互作用的运行规则和基本原理的客观反映。职业教育均衡发展是教育投入、资源配置、招生与就业、人才培养、办学与管理等方面的优化过程,是一个系统的整体提升;而区域社会和谐发展是指包括经济、社会、政治和文化等诸方面在内的多元的、多层次的进步过程,是一个系统的全面推进的过程。这两个系统以互动要素为交点,通过多种途径发生千丝万缕的联系,二者的互动发展也正是凭借这些联系得以持续的。(参见图 2)

1. 资本和技术要素联动区域经济与职业教育发展

区域社会和谐发展与职业教育均衡发展的互动,体现为区域经济的协调发展与职业教育的良性互动。发展职业教育耗资巨大,无论是其规模的扩大、质量的提升,还是其结构的优化,都需要稳定增长的区域经济为其提供发展所需要的资本。职业教育要实现经费充足、资源均衡就必须以协调发展的区域经济作后盾。反之,职业教育只有得到可持续投入与资源合理配置,才可能实现均衡发展,进而才能通过产学研等途径为区域经济提供技术服务和革新,推动区域经济发展方式的转变以及产业结构的调整与优化,充分实现职业教育均衡发展的经济功能。

2. 劳动力要素联系区域社会与职业教育发展

构建和谐发展的区域社会就必然要求区域社会结构不断优化,社会分层与流动趋于合理,国民素质全面提高,这一目标的实现与职业教育发展紧密相连。职业教育立足区域现状,预测未来需求,培养大量的高素质劳动者和技能型人才,改造闲置人力资本,构建与区域社会和谐发展相适应的人力资源结构,鼓励人才的均衡流动,促进职业结构不断优化,推动阶级、阶层结构的合理变迁,使区域社会结构发展趋于和谐。值得一提的是,在城乡二元结构背景下,数量庞大的农村劳动力是区域社会和谐发展的巨大障碍,对此,我们必须依靠职业教育均衡发展来逐步解决,通过提高农村劳动力素质,促进农村劳动力就业率的提高,进而有效地推进城乡一体化的进程。同时,职业教育均衡发展也必然要求有相对和谐的社会结构作为支撑与导向。和谐的区域社会结构既是职业教育均衡发展的必要背景,也是设定职业教育发展规模、发展速度和发展层次,设置培养目标和专业课程等的基本依据。

3. 政策要素联结区域政治与职业教育发展

在同一国家政治背景下的职业教育发展中出现的区域分化问题以及不均衡状态,说明政治在不同区域的作用程度不完全相同,真正与职业教育均衡发展直接相关的其实是区域政治。和谐发展的区域社会,一方面,区域的政治地位逐渐上升,职业教育因受国家政治的影响得到强化,其发展备受重视,其办学目的、办学规模以及管理力度都能体现出国家的意志;另一方面,区域政策体系不断完善,职业教育均衡发展获得更多的价值引导、政策支持与信息服务,其均衡发展得到了更好的法规和制度的保障。区域政治发展推动职业教育不断优化,同时,职业教育也促进区域政治的和谐发展。不断趋于均衡发展的职业教育是对区域政策、制度等是否科学合理的最有效的检验方法和反馈手段;同时,职业教育能够立足国家和区域政治的需要,通过思想传播、制造舆论等培养合格公民和政治人才为区域政治服务,通过教育教学方式启迪人的民主理念,推进区域社会政治民主化的进程,推动区域社会和谐发展。

4. 物质和精神等要素联合区域文化与职业教育发展

不同水平和性质的区域文化使得人们的思想、理念、行为、风俗和习惯等也不尽相同,即使在同一区域内,其物质和精神环境也不尽相同,这样滋生出的教育理念也就各有差异,进而在其影响下所形成的职业教育观也各有生发。受到区域文化作用的职业教育活动,其传授的知识与技术也明显地受到区域文化的影响,从而呈现出差异化的职业教育内容。反之,职业教育也通过物质创造和精神引导等途径,对区域文化加以积淀、保存、传承和创造。从功能上讲,职业教育也是推动区域社会文化发展的重要力量。总之,区域文化与职业教育理念、内容等互补互促,共同发展。

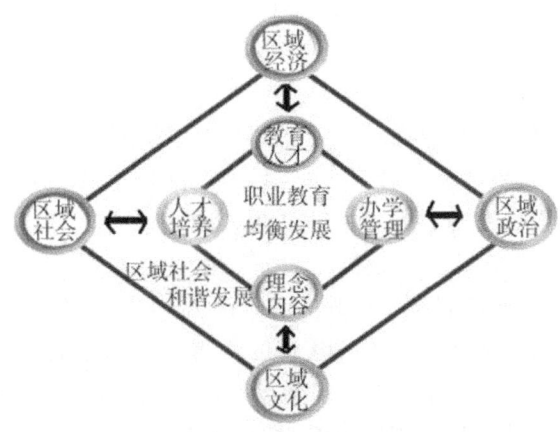

图 2　职业教育均衡发展与区域社会和谐
发展的互动机理

# 三、职业教育均衡发展与区域社会和谐发展的互动体制机制建设

如前所述,职业教育发展存在的区域失衡现状在很大程度上是受体制、机制发展的影响,因此,为了促进职业教育均衡发展,我们应解决其体制、机制问题。基于区域社会和职业教育发展的互动机理,构建良性互动的体制、机制是事半功倍地均衡发展职业教育的途径。因此,依据二者发展的规律和关系,以职业教育均衡发展为着力点,有效激活互动链条,以此促进职业教育均衡发展,促进区域社会和谐发展,促进城乡一体化的最终实现。符合这一意图的职业教育均衡发展的体制、机制至少应该包括以下几个方面。(参见图 3)

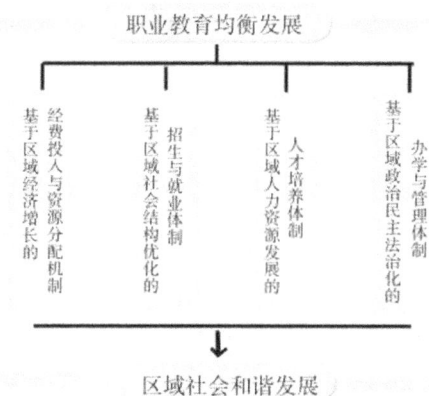

**图 3　职业教育均衡发展与区域社会和谐
发展的互动体制、机制**

### (一) 基于区域经济增长的经费投入与资源分配机制

良性的职业教育经费投入与资源分配机制,是职业教育均衡发展的物质基础,也是推动区域社会与职业教育互动发展的强大力量。促进职业教育均衡发展,首先,应该在保证扩大国家和地方财政性教育供给的基础上,有效控制教育投资的区域差异和城乡差异,避免两极分化,确保教育投入的公平性。其次,拓宽筹资渠道,增强职业学校(机构)本身的"造血"功能,同时,激发区域社会资本投资职业教育的活力,鼓励私人、民间团体和公益机构帮扶职业教育尤其是农村职业教育,平衡、兼顾办学效益和教育公益。再次,提高职业教育经费投入的使用率,加强职业教育经费收支透明度,使投入的有限经费创造出最大的教育效益。

建立合理的资源分配机制是职业教育改革和发展的一项迫切任务。这就要求,首先,更新职业教育资源分配观念,正确认识教育公平内涵,吸纳各类教育利益主体参与到职业教育资源分配的过程中,实现社会效益的最大化。其次,开源节流,既充分挖掘、开发职业教育资源,引入市场竞争,又着力改变各类资源浪费、资源利用率低下的教育状况。再次,形成对农村职业教育资源稀缺地区的补偿和扶持,完善农村的办学条件和基础设施等，为使更加丰富的教育资源流入农村提供充分的保障。最后，还要完善经费投入与资源分配的相关制度，健全有效的法律法规体系，形成相对公平、合理的职业教育发展环境，为推动区域经济增长创造必要的条件。

### （二）基于区域社会结构优化的招生与就业体制

良性的职业教育招生与就业体制，是把关职业教育的进口和出口，促进区域社会结构优化，推动社会和谐发展的一种互动制度。现行的职业教育招生与就业体制必须结合区域社会的发展要求进行改革和创新。职业教育的招生应该因时、因地、因人制宜，实行更加灵活和开放的体制。首先，扩大招生规模，尤其是在扩大中职招生规模时，应该结合市场和区域社会对人才的需求，并根据职业教育的办学条件合理增加招生比例。其次，转变生源结构，促进教育对象多样化。改变以"学龄学生"为主的招生现状，拓宽招生口径和层次，使更多有意愿接受教育的人能够享受公平的教育资源。再次，打破招生方式与时间的限制，立足区域实际，改革招生考试方式，削弱统考的消极影响，满足不同类别教育对象的需要，也减少大进大出和同进同出的招生就业局面出现。以"就业"为导向的职业教育也是一种就业教育，其就业体制应该兼顾市场需求和人的终身教育需要，积极改善就业环境，创造更好的就业条件。首先，完善就业渠道。运用现代化信息技术等手段，与社会用人单位、人才交流服务机构等建立联系，突破传统方式，开辟多种就业渠道。其次，健全就业服务体系和保障措施。围绕就业中心开展服务工作，做好相关宣传和服务事宜。建立完善的就业服务制度和就业保障制度，组建相应的责任机构，建立完善的就业信息服务平台，加强就业的后续跟踪工作。再次，加强就业指导。更新传统的就业指导观念，转变就业指导方式，对职业教育进行全程指导，规划学生的职业人生。职业教育招生和就业体制，要求区域政府积极干预，建立人力资源与社会保障部门、教育行政部门、职业院校等之间的沟通与协调机制，制定公平的招生就业政策，为职业教育的招生和就业提供全面的服务和支持，加强招生与就业的统筹。

值得关注的是，对农村职业教育的招生与就业体制的政策倾斜和扶持,是职业教育均衡发展的必然要求,也是消除城乡二元结构的必然要求。因此,职业教育的招生与就业体制应该有利于招收和培养大批的新型农民,对他们采取学历教育与培训并举的措施,吸引更多的农村劳动力接受职前职后教育,为农村劳动力就业提供更多的便利和支持,促进农村劳动力的就业转移,缩短城乡发展差距。

### (三) 基于区域人力资源发展的人才培养体制

良性的职业教育人才培养体制,是推动职业教育自身均衡发展,并与区域社会相适应,对职业教育的人才培养目标、专业设置、课程结构、教学模式和评价体系等方面进行全方位、长远性规划的一种互动制度。不同区域的产业结构、资源配置各不相同,所需要的人力资源结构也就不同。因此,职业教育要均衡发展就必须基于区域需要,形成与之相适应的人才培养体制。职业教育的人才培养目标应满足区域发展对职业人才提出的新要求,应培养知识、能力、素质兼备的劳动者和技能型人才,重点扶持一些优先发展领域的未来"增长点",最大限度地激活劳动力要素,培养强大的智能型、创新型人才资源。同时,根据职业岗位的变化、市场需求和个体不同的职业选择等情况设置合理的专业和课程,课程内容要结合职业要求进行创新、整合,课程结构要向主题式、模块化发展,动态吸收新知识和技术,以适应社会和市场的发展变化。教学模式应以学生为中心进行设计,注重"双师型"教师队伍的培养,教学组织形式、方法和手段等应更具有开放性。在教学全过程中,应发展学生的职业能力和素养,联合企业、社区等加强建设稳定的实训基地供学生"做中学",建立完善职业资格证书就业准入制度。另外,建立与培养目标相一致的突出对学生实际能力和综合素质的由教育领域内部和社会等多元主体参与的多种评价形式与方法并用的人才质量评价体系。

### (四) 基于区域政治民主法治化的办学与管理体制

良性的职业教育办学与管理体制,既是促进职业教育均衡发展的有效保障,也是推动区域社会政治民主化进程的有力推手。职业教育办学体制改革的关键有两个方面:其一是办学应立足区域发展的需要和确定独具特色的办学定位,实现办学方向与办学行为的统一。职业教育办学要立足区域发展,突出办学特色,避免低效、重复和资源浪费。其二是明确权责,联合多元主体办学,鼓励多形式办学。充分利用区域政策优势,积极引导国有民办、民办公助、私人办学、集团化办学或其他社会力量办学等。此外,必须扩大职业教育办学规模,实现职业教育多层次办学的目标。建立职业院校准入和退出机制,设置合理标准,严格审批,完善办学质量评价体系。注重职前与职后、学历与非学历、职业教育与普通教育、学校教育与社区教育的衔接与沟通,推行职业教育弹性学制,搭建产、学、研合作平台与纽带。尤其应把农村职业教育放在优先发展的重要位置,加大农村职业教育办学力度,积极推动直接面向农村、服务农民的中等职业教育办学,创建"农科教"相结合的农村职业教育发展模式。

职业教育管理体制的改革与创新应充分吸收国外先进经验,更新管理理念,创新管理方式,构建有层次、有效率的管理体制。首先,调整职业教育行政管理组织系统,明确管理主体和职权,划清管理对象和内容,加强国家宏观调控和统筹,充分发挥地方政府的关键作用,赋予学校充分的办学自主权,协调社会、市场、行业和企业等在职业教育管理体制中的关系。其次,建立和健全职业教育决策参谋系统和督导评估系统,充分调动企业等各行业力量的积极性,为职业教育的人才需求预测、专业与课程建设、质量检测等具体事务和工作进行指导、监督和评估。再次,加强立法,制定和完善相关的政策和法规,规范管理行为,为职业教育管理创造有法可依的理性环境,使职业教育管理走向法制化。

在加快城乡一体化进程中,职业教育发展不是一个孤立静态的系统,要打破区域失衡现状,实现可持续的均衡发展,就必须科学审视职业教育均衡与区域社会和谐发展的互动关系,找准互动基点,激活互动链条,建立基于互动原理的职业教育发展体制和机制,从问题的根源着手进行改革,为职业教育均衡发展提供一个优良的制度环境,促进职业教育和谐、长效的发展。

原载《河南大学学报(社会科学版)》2012 年第 5 期,人大报刊复印资料《职业技术教育》2013 年第 1 期复印转载

# 走出"制度陷阱":高职教师专业发展制度的供给困境反思

王为民①

伴随着我国高等职业教育(下文简称"高职")的蓬勃发展,专门从事高等教育的教师(下文简称"高职教师")的数量已超过 45 万人,②但是高职教师的整体质量和专业素质仍不能满足其内涵式发展的需求。有研究表明,虽然获取"双证书"的高职教师的比例越来越高,但其中大多数教师并未真正达到"双师素质"的标准,他们的专业教学效果也不显著。③ 由"获证"而"达标"的教师为何出现这种普遍性问题,为此我们对目前所实施的高职教师专业发展制度进行必要的审问:是否存在"制度陷阱"?

## 一、落入"制度陷阱":高职教师专业发展制度的供给困境

### (一) 何谓"制度陷阱"

"制度陷阱"是我国著名历史学家钱穆在通览我国历朝政治制度得

---

① 王为民,男,河南三门峡人,河南大学教育科学学院校聘副教授,教育学博士,教育现代化河南省协同创新中心研究人员。
② 中华人民共和国教育部:《2015 年教育统计数据》,http://www.moe.edu.cn/s78/A03/moe_560/jytjsj_2015/2015_qg/201610/t20161012_284511.html,2016 年 11 月 1 日。
③ Johnston J., Yi H M, "The Impact of Vocational Teachers on Student Learning in Developing Countries: Does Enterprise Experience Matter?", *Comparative Education Review*, 1(2016).

失的基础上发现的一种制度建设怪圈。这类怪圈的演绎逻辑是：如果某个制度出现了设计上的漏洞或在执行中出现了问题，人们便会制定新的制度或利用其他制度进行弥补，这就使制度越来越繁密和复杂，进而产生更多歧义、漏洞、摩擦与矛盾，导致整个制度失去效率和效力。

"制度陷阱"的成因可归纳为以下几类：一是由于主体制度或配套制度供给不足而导致的制度缺失，即出现了制度真空问题；二是由于制度设计不够周全或不够严谨而形成较为严重的制度盲点，即出现了制度漏洞问题；三是由于盲目套用其他制度，造成制度与本系统不匹配，即出现了制度错配问题；四是由于制度内容设计不合理而对本系统产生较大误导，即出现了制度偏斜问题；五是由于制度执行不力导致其实效较差，制度形同虚设，即出现制度乏力问题。在现实中，上述情况往往交织在一起，容易形成难以破解的"制度陷阱"，进而导致整个制度系统的低效、无效甚至瘫痪。

### （二）教师专业发展制度的内涵与构成

随着教师专业发展理论的逐步成熟，社会发展对教师质量的诉求越来越高，教师专业发展成为提升教育质量的关键，有关促进教师专业发展的制度建设也在不断跟进，教师专业发展制度日趋完善，形成了明确的内涵与稳定的结构，因此，教师专业发展制度建设问题应是研究者关注的特别重要的教育问题之一。

从内涵上看，教师专业发展制度是旨在促进教师专业发展的若干相关制度的组合。众所周知，制度是人为设计的对人与人之间互动关系的约束或规定，它构成了人们在社会、政治、经济等方面的激励结构，从而减少人们日常生活的不确定性。① 教师专业发展的本质是教师在职业生涯中自身智能结构和专业素养不断提高与发展的过程。因此可以说，教师专业发展制度是由国家或政府行政部门颁布的，在一定程度上能为教师专业发展提供机会或条件的制度或制度组合，主要包括教师专业资格标准、资格考核内容和获取资格程序。有关促进教师专业

---

① [美]道格拉斯·C.诺思著，杭行译：《制度、制度变迁与经济绩效》，上海：格致出版社，上海：三联书店，上海：上海人民出版社，2008年，第3—4页。

成长的研修制度,是对教师的学术成就或工作业绩进行评价和认定的学衔制度、专业技术职务职称制度等。由此可见,教师专业发展制度是一个复数概念,是相关制度的组合,是教师专业发展支持体系的重要内容。

教师专业发展制度的构成表明了它的主要结构与内容。凡是旨在促进教师专业发展并为教师提供一定的专业培训、专业发展机会和专业发展资源平台的制度都属于教师专业发展制度的范畴。当前,学界对教师专业发展制度的构成说法不一,见仁见智。具体而言,这些制度主要包括教师资格证书制度、教师在职培训制度、教师职称评审制度,①以及教师聘用制度、教师实践制度、教师科研制度等②。笔者认为,教师资格证书制度、教师在职培训制度和教师职称评审制度是促进教师专业发展的核心制度。这是因为,教师资格证书制度是从师资队伍的建设入手,保证了教师专业素质的整体质量,为教师任职和专业成长奠定了基础,是教师专业发展制度的重要组成部分;教师在职培训制度为教师提供专业训练和专业发展机会,促进了教师专业发展水平的提高;教师职称评审制度属于促进教师专业发展的具有重要导向性的评价性制度。③ 这三个子制度在教师专业发展的不同阶段发挥着导向性、选拔性、促进性、评价性、激励性等作用,从时间维度上构成了促进教师专业发展的"三驾马车",是教师专业发展制度的重要组成部分。

### (三) 高职教师专业发展制度供给的"制度陷阱"

高职教师专业发展制度是指在高职教师专业发展过程中,对教师专业成长起到一定支持、促进和激励作用的相关制度组合。就我国情况而言,其核心构成是高职教师资格证书制度、高职教师企业实践制度

---

① 叶澜:《新世纪教师专业素养初探》,《教育研究与实验》,1998 年第 1 期。
② 朱旭东:《国外教师教育的专业化和认可制度》,《比较教育研究》,2001 年第 3 期。
③ 顾明远:《教师的职业特点与教师专业化》,《教师教育研究》,2004 年第 6 期。

和高职教师职称评审制度三个子制度。① 这三个子制度是高职教师专业发展和教师管理过程中的三个重要环节。其中,高职教师资格证书制度是教师入职之初的专业素质达标制度,属于"门槛性"制度;高职教师企业实践制度是为教师在职发展服务的支持性制度;高职教师职称评审制度属于定期对教师进行管理与考核的评价性制度,具有重要的导向功能和奖励功效。同时,这三个子制度比较契合人力资源管理基本理论,较好地体现了"选、育、用、留"等重要环节。② 具体而言,资格证书制度旨在"选人",企业实践制度意在"育人",职称评审制度重在"用人"与"留人"。从逻辑上看,教师专业发展制度的三个子制度之间既紧密联系又相互影响、相互制约,缺一不可。但从该制度的内容与执行效果上看,我国高职教师专业发展制度已落入"制度陷阱"的泥淖,其主要表征有以下三个方面:

第一,"套用"其他制度而成的高职教师资格证书制度导致教师队伍"先天发育不良"。按照我国《教师资格条例》《〈教师资格条例〉实施办法》和《中华人民共和国高等教育法》的解释,高职教师资格证书制度属于直接"套用"普通高校实行的教师资格标准,没有将高职教师作为一种特别类型单独考虑,故而出现了高职教师资格证书的"套用"问题。1998年,我国颁布了《中华人民共和国高等教育法》,高职教师资格证书制度基本上直接"套用"该教育法中的普通本科院校教师资格证书制度,主要强调对教师学历及其专业理论知识、普通教育学、普通心理学等方面考核,缺少对高职教师在企业的工作经历、实践教学能力、职业教育学知识等方面的进行考核,不符合高职教育教学的工作要求和高职教师专业发展的"双师素质"标准。这种直接"套用"制度的做法没有从入职源头对高职教师进行较为理性的遴选,从而不能真正发挥资格制度的筛选功能,导致高职教师队伍出现"先天发育不良"的问题,也给整个高职教育带来一定的"道德风险"。据统计,近80%具有初级职称

---

① 王为民:《高职教师专业发展制度有效性研究》,北京师范大学博士学位论文,2014年,第12页。
② [美]加里·德斯勒著,刘刚等译:《人类资源管理基础》,北京:清华大学出版社,2010年,第87—97页。

的高职教师认为自己缺乏企业实践经验,即在高职院校中,近80%的具有初级职称的教师认为自己比较缺乏在企业的实践经历和专业实践能力。① 事实说明,直接"套用"而成的高职教师资格证书制度所引发的高职教师质量问题,通过其后设制度即《高职教师企业实践制度》以及诸多相关政策法规近十年的实施,仍然难以从根本上弥补高职教师企业实践经验的不足和难以提高他们的"双师素质",因此可以说,这是诱导高职教师专业发展制度落入"制度陷阱"的一张"多米诺骨牌"。

第二,"一厢情愿"的高职教师企业实践制度使校企合作遭遇"壁炉现象"。高等职业院校教师的企业实践制度建设滥觞于《国务院关于大力发展职业教育的决定》(国发[2005]35号),该决定明确要求各省、自治区、直辖市人民政府"建立职业教育教师到企业实践制度,专业教师每两年必须有两个月到企业或生产服务一线实践"。历经十年的变迁,高职教师企业实践制度基本上明确了制度建设的责任主体和基本要求,对高职教师专业发展,特别是对"双师素质"的提升发挥了一定的积极作用。但从实际情况看,目前高职教师企业实践制度尚属于教育界单方面的制度安排,缺乏企业界的充分参与。该制度安排是以国家教育行政部门为单一的设计主体,在设计与执行过程中一直缺乏企业等其他相关利益主体的参与,制度的实施也缺少来自企业等行业积极有效的配合,从而陷入"一厢情愿"的尴尬境地。尽管该制度在高等职业院校内部比较有效,执行力度比较大,但是该制度对企业界而言,既不能调动其合作的积极性,也缺乏有效的约束力,因此,在实施过程中必然会遭遇企业不合作的"壁炉现象"②。有调查显示,尽管很多教师通过各种形式的企业实践获得了"双师"证书(dual certification),但这对教师的"双师素质"的提升并无显著效果。③ 由此佐证,当前的高职教师

---

① 王为民:《高职教师专业发展制度有效性研究》,北京师范大学博士学位论文,2014年,第68页。

② 王为民,俞启定:《校企合作"壁炉现象"探究:马克思主义企业理论的视角》,《教育研究》,2014年第7期。

③ Johnston J., Yi H M, "The Impact of Vocational Teachers on Student Learning in Developing Countries: Does Enterprise Experience Matter?", *Comparative Education Review*, 1(2016).

企业实践制度在执行中确实出现了较大问题。

第三,"简单拿来"的高职教师职称评审制度诱发教师专业发展出现"异化"问题。当前的高职教师职称评审制度基本上采取"简单拿来"普通本科高校教师职称评审制度的方法。这种做法始于1986年《高等学校教师职务试行条例》(职改字[1986]第11号)颁发实施,该条例规定:"本条例适用于普通高等学校。原则上也适用于其他类型的高等学校。"这从法律层面确定高职院校教师可以采取"简单拿来"的方法,按照普通本科院校教师的职称评审要求和标准进行申报与评审。此后,省级政府在制定高职教师职称评审制度时,基本上都是根据普通本科院校教师的专业发展特点来设定标准的,高职教师与普通本科高校教师一起归属完全相同的职称系列,参照同样的评审标准进行评审。[①] 目前,仍有不少省份的高职院校沿用或照搬这种教师职称评审方法和标准。该制度过于偏重对教师科研的考核,忽视对教师教学能力特别是实践教学能力的考核,在很大程度上偏离了高职教师专业发展的"双师导向",这对高职教师专业发展造成了一种反向影响,很容易使高职教师从应然的"双师导向"的专业发展转向"研究导向"的专业发展,致使其专业发展方向"异化"。这种"异化"既不利于高职的内涵式发展,也有悖高职教师专业成长的规律。对于那些坚守"双师导向"的教师而言,该制度设计则会对他们进行逆淘汰。

由上可知,在促进教师专业发展的制度链条上存在着"制度陷阱",并严重制约着高职教师专业发展的方向、质量和进程,这些都是高职教师专业发展制度供给的质量问题。揭开"制度陷阱"的盖子,明察该制度供给困境产生的根源,是走出"制度陷阱"的前提和关键。

## 二、扒开"制度陷阱":
## 高职教师专业发展制度供给的困境探究

百弊丛生在于制度。为了探究高职教师专业发展制度的供给困境

---

① 林宇:《围绕提高质量强化高职教师队伍建设》,《中国高等教育》,2010年第8期。

问题,需要对其所落入的"制度陷阱"进行剖析与反思。

### (一) 教师资格证书制度的供给错配

从制度安排的起源看,高职教师资格证书制度基本是"套用"本科高校教师资格证书制度,实质上这是在制度供给真空情况下"错拿误用",属于制度供给错配问题。这种制度错配不仅弱化了对高职教师专业素质的要求,而且强化了教师专业发展方向的不确定性。

制度设计过程中的理念偏差是造成该制度供给错配的关键,制度设计理念直接影响制度设计的内容与方向。高职教师资格证书制度之所以会出现"套用"问题,就是因为在制度设计理念中存在着一定的认识偏差,虽然表面上强调了同层级高校教师群体之间的平等,但实际上却忽视了不同类型高等教育间的差异性,没有充分考虑高职教师与普通本科高校教师在专业素质方面的差异性和高职教育教学工作的特殊性,出现了将具有不同发展特点的两类专业教师混为一谈的错误,进而在制度选择中出现了简单"套用"的方法,造成制度供给错配。由上述分析可知,制度设计过程中存在的信息不对称往往会对制度设计造成一定的理念偏差。一方面,当制度设计者与制度的目标主体之间存在一定的信息不对称时,高职教师专业素质特点就不会得到较好的反馈;另一方面,目前,我国高职教育尚处于初建阶段,相关的研究还比较薄弱,一定程度上存在着制度设计理念偏差的现象。

### (二) 教师企业实践制度的供给乏力

由上述可知,缺少企业界主动参与的"一厢情愿"式的高职教师企业实践制度,在实施过程中必然丧失制度运行的基本条件和支持环境,教师到企业实践难以有效开展,教师到企业实践的质量也无从谈起,势必出现制度供给乏力的问题。

审视高职教师企业实践制度变迁历程可知,制度设计主体的不完整是该制度供给乏力的主要原因。由于职业教育具有"跨界"属性,所以高职教师企业实践制度设计的应然主体是由教育界和企业界构成的"双主体",两者缺一不可。作为高职教师企业实践过程中的主要利益相关者之一的企业,拥有教师到企业实践不可或缺的实践场地与重要资源,属于该制度的"资源提供者",所以企业具有一种无形的资源型权力,理应成为该制度的重要设计主体与执行主体。只有尊重企业和充分考虑企业的利益,高职教师企业实践制度才能形成长期的内在机制,制度实施的效果才能得到保障。但事实上,教育部门是该制度设计的单一主体,企业界参与较少。同时,制度的设计还缺少企业等行业管理部门的充分参与,诸如缺少国务院国有资产监督管理委员会、人力资源与社会保障部、工信部等主要利益相关者的参与。正因如此,一方面,教育部门很难统筹校企之间、职业院校与企业管理部门之间的利益关系,制度所设定的有关企业责任的内容很少,而且也没有约束力;另一方面,该制度涉及企业的权益的内容也很少,缺乏对企业相关产权的保护,使企业在该制度实施过程中所产生的"外部性难以内部化"①。简言之,在实施该制度时,企业难以获得一定的利益,导致企业在执行该制度时积极性不高、动力不足、配合不够,效果不理想,该制度的实施就蜕变为"双人舞曲下的单人舞"。

### (三) 教师职称评审制度的供给偏斜

高职教师职称评审制度的供给偏斜,是指高职教师职称评审制度的设计导向偏离了对高职教师专业发展的定位"双师素质",在很大程度上误导教师向学术型或研究型教师方向发展,导致高职教师专业发展出现了与普通本科院校教师"同质化"现象,即出现了自身的"异化"现象。

这种制度供给偏斜的表现就是制度设计内容有悖"双师素质"导向,主要表现在以下几方面:其一,过于偏重科研,对高职教师教学方面的要求相对偏低。不难发现,该制度对高职教师教学方面的规定基本上属于达标性规定,对科研方面的规定则为竞争性规定,并且对高职教师的科研要求缺乏明确、合理的导向。基于技能型人才培养目标与定位,高职教师的科研应以教学型或应用型为主,而不应以理论研究为主,但该制度缺乏这样的规定。其二,忽视对教师实践教学能力的考

---

① 王为民:《职校教师企业实践制度发展十年回顾》,《河北师范大学学报(教育科学版)》,2016 年第 4 期。

察。毋庸置疑，基于高职教育特殊的人才培养模式和"理论实践一体化"的课程特点，动手实践能力和实践教学能力对高职教师而言尤为重要，是高职教师专业素养的重要组成部分，也是高职教师工作能力与业绩的重要表现。但是，该制度忽视了对此方面的考核，没有将此作为高职教师职称评审的重要内容。不难发现，高职教师在专业成长与职业发展过程中陷入两个评价导向不一致的制度夹缝中，一方面，高职教师在日常的教育教学工作中要按照"双师素质"的标准发展；另一方面，高职教师在职称评审中却要遵循"科研导向"的评审标准，与普通本科院校教师在同一评审标准下比拼科研成果。无疑，这种评审标准在很大程度上背离了高职教师专业发展的方向与内涵，与高职教育教学工作的需要相去较远，对高职教师专业发展造成较大的"斜向拉力"，使高职教师专业发展偏离"双师导向"而过多地向学术化方面倾斜，对高职教师专业发展方向和工作努力方向有较大误导。这与《高等学校教师职务试行条例》所提出的"促进教师专业发展和教师队伍建设，激励并促使教师提高教育水平、学术水平及履行相应职责的能力"的目的是不吻合的。由此可以看出，制度内容设计是否具有科学性、合理性和严谨周密性直接影响制度的供给质量。

综上所述，制度设计理念出现偏差、制度设计主体缺席、制度设计内容不够合理等是造成"制度陷阱"的主要原因。

## 三、走出"制度陷阱"：健全高职教师专业发展制度的关键举措

制度建设是一个渐进的过程，只有不断规避和防范落入"制度陷阱"，才能制定出高效率的好制度，以提升制度供给的质量。对此笔者认为，首先，应树立"双师导向"的制度设计理念。正确的理念源于对制度设计目标的正确把握，对制度目标主体、执行主体等利益相关者进行系统全面的调查、分析和研究。在高职教师专业发展制度组合中，三个子制度之间并不是相割裂的或各自孤立的，而是具有共同的制度目标或发展方向的，即应将"双师导向"作为一以贯之的理念，否则就会因为制度间的不衔接、不贯通、不相容而造成较大的"制度摩擦"或"制度割

据",难以形成制度合力,从而影响整个制度有效性的提高。其次,采取利益相关者多元治理的方式健全并完善该制度。换言之,要调动该制度的利益相关主体的积极性与创造性,高职教师代表、企业代表等作为制度设计的重要主体共同参与制度的设计与实施。只有如此,才能解决制度设计中的信息不对称和制度设计主体缺席的问题,有助于促进利益相关者形成相互合作的内在利益机制,从而制定出既符合高职教师专业发展要求和自身特点,又能促使多元主体间利益平衡的科学合理的制度。除此之外,在制度整体制定中,还应遵循"制度梯架原理",即制度供给要及时充分,没有"断层"或"真空";各个子制度之间应前后衔接、基本配套,具有一以贯之的价值导向,没有较大的制度夹角,犹如一组方向一致的"梯架",只有这样的制度才能形成最大的制度合力。就高职教师专业发展制度建设而言,只有从三方面提升该制度的供给质量,方可走出当前的"制度陷阱"。

### (一) 教师资格证书制度:凸显"双师素质"的标准

从本体论上看,在高职教师资格证书制度的制定中,其主要依据是教师专业发展的素质结构与要求。只有建立与教师专业发展相适应的内容与标准,才能充分发挥其导向功能与"门槛"作用,从源头上凸显高职教师入职必备的"双师素质"要求。

重要的是在制度设计时,应补充并融入一些能充分反映高职教师专业发展特点的考核内容,使教师资格证书考核内容与教师专业发展内涵、教育教学需求保持一致。具体而言,制度的制定应重点补充或增加以下两方面考核内容:一是,高职教师须具有一定的与本专业相一致的企业实践经历,具备较高的专业实践能力,达到"双师素质"的基本要求,能够较好地胜任高职教育教学工作。二是,高职教师应掌握有关职业教育教学方面的基本理论,包括职业教育学、职业教育心理学、职业教育教学法等方面的理论知识。特别提出的是,在制定相对独立的高职教师资格证书制度时,应注意把握适当的难易程度,不能盲目攀高,也不宜偏低,应对社会经济发展总体水平、地区实际情况等方面进行综合考虑,使其合理可行。

### （二）教师企业实践制度：破解"企业外部性内部化"的难题

从本质上看，高职教师的企业实践必然涉及企业产权问题。现行教师企业实践制度受阻，其关键在于企业在为教师提供实践条件的过程中产生正外部性，而这种正外部性并未得到有效的补偿。这种正外部性的产生有两方面的原因：一方面，参加企业实践的教师个体与企业之间没有建立长期固定的合作关系，具有较大的不确定性。因此，对合作企业而言，企业为教师实践投入的成本不仅很难直接"回收"，而且其潜在的收益也会随着教师返校而流失，或直接转移到学生身上，或间接转移到其他企业，从而形成较大的正外部性，不利于该企业的产权保护。对于高技能依赖型企业而言，由此带来的损失较大、风险较大。另一方面，教师在企业的实践时间往往较短，这不仅难以给企业带来利润，而且还常常影响企业的正常生产。由此可见，参与合作的企业在向教师提供实践平台与条件时，很难产生较大的利益，从而使合作企业的外部性难以内部化。

"让渡教师部分劳动力支配权给企业"是破解当前制度困境的突破点。即让教师（如每 4—5 年为一个周期）在较长一段时间内（每次至少持续半年或一年）定期为某固定实践企业义务工作或服务，使其成为企业的准员工，参与企业一线的实践工作，接受企业技师的指导，并要求高职教师能熟练掌握一项完整的技术。在此期间，企业具有支配的权利，教师以普通员工的身份接受并服从企业的统一管理，积极参与企业的生产或技术研发等。高职教师仍要保存自己在高职院校的人事关系和职务，同时，还可以从企业获得一定的生活补贴或奖励等。这一建议与 2016 年颁布的《关于实行以增加知识价值为导向分配政策的若干意见》中关于激发科研人员创新的积极性、主动性和创造性的规定是一致的。[①] 需要特别提出的是，笔者所指的合作企业须是中高端技能依赖型的大中型企业。通过上述办法不仅可以让企业在合作中的正外部性

---

① 中华人民共和国中央政府中共中央办公厅，国务院办公厅：《关于实行以增加知识价值为导向分配政策的若干意见》，http://www.gov.cn/xinwen/2016-11/10/content_5130846.html.，2017 年 1 月 17 日。

内在化，而且还便于企业对高职教师实施有效管理，有助于形成校企共赢的合作机制。

**（三）高职教师职称评审制度：制定符合其自身特点的"单列型"标准**

高职教师职称评审制度在长期采取"简单拿来"的方法的过程中必然产生一定的"制度惯性"。要突破这种惯性，就须制定符合高职教师专业发展特点的"单列型"职称评审内容与标准，这是完善高职教师职称评审制度的核心与关键。

在构建"单列型"高职教师职称评审制度时，应在评审内容和标准上做以下调整：第一，调整科研方面的标准。将有关职教教学与理论方面的研究定为高职教师科研的主导方向，适当提高高职教师的产教相结合的应用型研究和科技发明方面的考核权重，激励他们积极参与科技发明与工艺革新。第二，增设实践教学方面的考核内容。明确教师实践教学工作量及实绩，适当增加该方面的考核权重。第三，补充高职教师技能发展的考核标准。规定高职教师具备一定水准的专业实践能力，而不仅仅是获得专业技能证书或其他系列的专业资格证书。制订并实施"单列型"职称评审标准，有助于高职教师明确其专业发展的预期目标，并使其专业发展方向能转向高职教育教学、应用型科研等方面，确保其专业发展符合"双师导向"。

总而言之，从提高制度供给质量层面提升高职教师专业发展制度的效率是走出"制度陷阱"的关键，也是释放制度潜在红利的前提和基础。

原载《河南大学学报（社会科学版）》2018 年第 1 期

心理学研究

# 教师的组织认同与职业认同

李永鑫，李艺敏，申继亮[①]

## 一、文献回顾与问题提出

十年树木，百年树人；教育大计，教师为本。教师作为教育事业的第一资源，在促进教育的可持续发展、实施科教兴国和人才强国战略中始终处于重要地位。基于上述认识，如何打造一支高效的教师队伍，一直是教育管理部门和学者关注的重点之一。近年来，教师的组织认同和职业认同问题引起了学者们的普遍关注。

国内有关组织认同的早期研究主要集中在管理领域，其代表性成果有：王彦斌的学术专著《管理中的组织认同理论建构及对转型期中国国有企业的实证分析》（人民出版社，2004年）等。近年来，有关教师组织认同的研究呈快速发展之势，如李永鑫等人的文章《组织认同问卷（OIQ）在教师样本中的修订》（《心理与行为研究》，2008年第3期）、《组织公正、组织认同与教师离职意向的关系》（《心理与行为研究》，2009年第4期）；张志辉的文章《高校体育教师组织认同度测量模型构建与实证研究》（《成都体育学院学报》，2011年第8期）。这些研究是在对教师组织认同问卷进行修订或编制的基础上，又对教师组织认同与其前因变量和后果变量之间的关系进行了研究，这对于提升教师的组织

---

[①] 李永鑫，男，河南信阳人，河南大学心理与行为研究所教授，心理学博士；李艺敏，女，河南郑州人，河南大学心理与行为研究所副教授，心理学博士；申继亮，男，河南新乡人，北京师范大学发展心理研究所教授，博士生导师，心理学博士。

认同水平具有重要的参考价值。

在教师职业认同方面,孙钰华认为,教师的职业认同决定了教师基本的工作态度,也深刻地影响着教师对自我的认识和对职业的感受。教师只有建立了内在的职业认同,才会有真正的精神满足,才会真正感受到由职业带来的幸福与生命价值,才会真正实现自身的专业发展。① 宋广文等人的调查结果显示,我国教师的职业认同总体水平较高,教师职业认同存在着显著的性别、职称的差异。② 蔡莉的调查结果显示,农村中学教师对教师职业基本认同,他们的教师职业认同在性别、年龄、教龄、学历、职称及工资水平上都不存在显著差异。③ 李壮成的调查结果表明,农村中小学教师的职业认同度不高,他们的教师职业认同在性别、年龄、学历、任教学科等变量上的差异明显。④

虽然,我国学者在教师的组织认同和职业认同的研究领域都取得了较为丰硕的成果,但总体看来,有关这两个主题的研究是由不同领域的学者在相互割裂的状态下进行的。就一位教师的实际工作而言,他既要认同自己所从事的职业,又要认同自己所属的组织;所以对这一教师来说,组织认同和职业认同是同时存在的,并且可能存在着这两种认同相互交叉和相互渗透的现象。相互割裂的研究状态,显然是不利于教师的组织认同和职业认同的培养和提升的。

基于此,我们认为,从社会同一性理论的角度出发,教师的组织认同和职业认同都是其社会认同的特殊形式,是教师与组织、职业具有一致性或从属于组织、职业的知觉。当个体认同组织、职业时,他就倾向于把自己与组织、职业联系起来,组织、职业的声望就是他的声望,组织、职业的命运就是他的命运,组织、职业的目标就是他的目标,组织、

---

① 孙钰华:《教师职业认同对教师幸福感的影响》,《宁波大学学报(教育科学版)》,2008年第5期。

② 宋广文、魏淑华:《影响教师职业认同的相关因素分析》,《心理发展与教育》,2006年第1期。

③ 蔡莉:《农村中学教师职业认同现状调查与分析》,《四川教育学院学报》,2008年第2期。

④ 李壮成:《农村中小学教师职业认同现状调查分析》,《河北师范大学学报(教育科学版)》,2009年第8期。

职业的成功或失败就是他的成功或失败。也就是说,教师的组织认同和职业认同都是其社会认同的具体形式,二者具有相同的心理机制,只是在认同的对象上有所差别,即一个指向组织,另一个指向职业。

教师的组织认同和职业认同,在指向对象上的差别能否在测量上加以证实,是本研究的目的所在。具体来说,以往的研究已经证实了Mael组织认同问卷对教师样本测量的可行性,①本研究的目的在于考察该问卷用于测量教师职业认同的可行性,进而对教师的组织认同和职业认同在测量上的可区分性进行考察。

## 二、研究方法

### (一) 被试

本研究的被试为河南省的中小学教师,共发放调查问卷240份,回收问卷221份,剔除基本信息不全、问卷回答不完整以及重复题的得分相差大于1(问卷为5级计分)的问卷后,保留下来的有效问卷为198份。在198名有效被试中,男教师95人,女教师103人;小学教师89人,中学教师109人;中专学历者8人,大专学历者102人,本科及以上学历者88人;年龄最小者为22岁,年龄最大者为54岁,平均年龄为35.37±4.73岁;工作年限最短者不足1年,工作年限最长者为32年,平均工作年限为13.58±5.47年。

### (二) 研究工具

组织认同问卷,笔者采用的是Mael等编制的组织认同问卷。该问卷共包括6个项目,如"我所在的学校的成功就是我的成功"等;问卷采用5级计分,分值越高,个体对所在学校的认同水平也就越高。

职业认同问卷,是由笔者对上述组织认同问卷进行适当修改而成,用以测量教师的职业认同,如将"我所在学校的成功就是我的成功"修

---

① 李永鑫,张娜,申继亮:《Mael组织认同问卷的修订及其与教师情感承诺的关系》,《教育学报》,2007年第6期。

改为"我所在职业的成功就是我的成功"等。修订后的问卷共包括6个项目;问卷采用5级计分,分值越高,个体对职业的认同水平也就越高。

情感承诺问卷,笔者采用凌文辁等编制的组织承诺问卷之中的情感承诺分问卷。该问卷共包括5个项目,如"我们组织的效益差我也不离开"等;问卷采用5级计分,问卷的得分范围是5-25分,分值越高,个体对组织的情感承诺也就越高。[①]

**(三) 测量的实施与其结果的统计处理**

利用教师参加会议或中小学教师培训班的时机,对教师实施集体测量,采用Spss11.5和Amos5.0软件进行统计分析。具体分析方法是:将有效样本随机分为两个部分,对第一部分的样本进行探索性因素分析,考察职业认同问卷的结构以及这部分教师的组织认同与职业认同的可区分性;在第二部分的样本中对所得到的结构模型进行验证;在考察职业认同问卷内部一致性信度的同时,将教师的情感承诺作为效标来考察职业认同问卷的效度。

# 三、研究结果

**一、教师职业认同问卷的修订**

1. 教师职业认同问卷的探索性因素分析

对第一部分样本的数据进行探索性因素分析,Bartlett球形检验的 $x^2$ 值为502.347,其显著水平小于0.01,取样适当性KMO的指标为0.913,表明因素分析的结果能够很好地解释变量之间的关系。首先,在不限定因素的前提下,运用主成分法PC对数据进行因素分析,发现特征根大于1的因素共有1个,它可以解释总体变异的49.004%。抽取1个因素,各项目的因素负荷在0.602-0.814之间。

2. 教师职业认同问卷的验证性因素分析

---

① 凌文辁,张治灿,方俐洛:《中国职工组织承诺研究》,《中国社会科学》,2001年第2期。

在第二部分样本中,用 Amos5.0 软件对在第一部分的分半样本中获得的单维度模型进行交叉验证,结果表明:$\frac{x^2}{df}=2.548$,GFI=0.936,AGFI=0.894,NFI=0.917,IFI=0.960,CFI=0.951,RMSEA=0.063,所有拟合指标都在合理范围内,表明本研究所设定的模型较好地拟合了调查数据,这进一步地支持了 Mael 等编制的组织认同问卷,证明该问卷可用于测量教师的职业认同。

3. 教师职业认同问卷的信效度

笔者考察了该职业认同问卷在分半后的两部分教师样本中的内部一致性系数,结果分别为 0.80 和 0.81;在删除任何一个项目后,问卷的一致性系数都会有所下降,表明该问卷的信度水平较为理想。

由此可知,探索性因素分析与验证性因素分析的结果相互支持,表明教师职业认同问卷具有良好的结构效度。此外,笔者以教师的情感承诺为效标,考察了教师职业认同问卷的效标效度,结果表明:教师职业认同与其情感认同的相关系数为 0.59,达到了统计学的显著性水平($P<0.01$)。这表明教师职业认同问卷具有良好的效标效度。

**(二) 对教师组织认同与职业认同的关系的考察**

1. 教师组织认同与职业认同的探索性因素分析

对第一部分样本的数据进行探索性因素分析,Bartlett 球形检验的 $x^2$ 值为 1140.172,其显著水平小于 0.01,取样适当性 KMO 的指标为 0.848,表明因素分析的结果能够很好地解释变量之间的关系。首先,在不限定因素的前提下,运用主成分法 PC 对数据进行因素分析,发现特征根大于 1 的因素共有 2 个,它可以解释总体变异的 48.707%。抽取 2 个因素,旋转后的各项目因素负荷在 0.400—0.729 之间,这一结果支持了教师的组织认同和职业认同在测量上的可区分性。但与此同时,笔者也发现,用于测量教师职业认同的项目"我很想了解别人是如何评价我所在的职业的",在组织认同和职业认同上的负荷分别为 0.400 和 0.383,这在一定程度上呈现出结构混乱的状态。考虑到本研究的目的是对教师职业认同和组织认同的关系进行考察,两者的可区分性是以后研究的基础,因此,决定删除该项目,重新进行探索性因素分析。重新进行探索性因素分析的结果如表1所示。

表1 教师组织认同与职业认同的探索性因素分析

| 项目 | 因素 | |
| --- | --- | --- |
| | 职业认同 | 组织认同 |
| 当听到别人称赞我所在的职业时,我感觉到就像是在称赞我一样 | 0.843 | |
| 如果发现新闻媒体批评我所在的职业,我会感到不安 | 0.730 | |
| 我所在的职业的成功就是我的成功 | 0.726 | |
| 当谈起我所在的职业时,我经常说"我们"而不是"他们" | 0.570 | |
| 当听到别人批评我所在的职业时,我感觉到就像是在批评我一样 | 0.540 | |
| 当听到别人批评我所在的学校时,我感觉到就像是在批评我一样 | | 0.722 |
| 我很想了解别人是如何评价我所在的学校的 | | 0.707 |
| 如果发现新闻媒体批评我所在的学校,我会感到不安 | | 0.623 |
| 当谈起我所在的学校时,我经常说"我们"而不是"他们" | | 0.597 |
| 当听到别人称赞我所在的学校时,我感觉到就像是在称赞我一样 | | 0.565 |
| 我所在的学校的成功就是我的成功 | | 0.531 |

## (二) 教师组织认同与职业认同的验证性因素分析

依据文献整理和探索性因素分析的结果,本研究构建了两个理论模型用于验证性因素分析。模型一为单因素模型,即组织认同和职业认同为同一个心理结构,所有的组织认同和职业认同的问卷项目都负荷在一个潜在的因素之上。模型二为双因素模型,即组织认同和职业认同为不同的心理结构,所有的问卷项目如探索性因素分析结果所示,分别负荷在组织认同和职业认同两个潜在的因素之上。验证性因素分析的具体结果如表2所示。

表2 教师组织认同与职业认同的关系模型拟合指数

| 模型 | $\chi^2/df$ | GFI | AGFI | NFI | IFI | TLI | CFI | RMSEA |
| --- | --- | --- | --- | --- | --- | --- | --- | --- |
| 单因素模型 | 7.325 | 0.723 | 0.546 | 0.708 | 0.713 | 0.656 | 0.723 | 0.174 |
| 双因素模型 | 2.427 | 0.943 | 0.899 | 0.928 | 0.947 | 0.923 | 0.951 | 0.068 |

## (三) 教师组织认同和职业认同的现状分析

从数据分析结果来看,教师的组织认同均数为4.36,标准差为0.67;职业认同的均数为4.19,标准差为0.68。从总体上看,笔者所调查的教师样本具有较高的组织认同水平和职业认同水平。为了进一步地对两者的关系进行考察,笔者对教师的组织认同和职业认同进行了配对样本的t检验。检验结果表明:t=3.95,P<0.01,置信区间为0.08和0.25。

Miller等发现,个体的认同具有不同的形式:认同职业而不认同组织(高职业认同)、认同组织而不认同职业(高组织认同)、认同组织和职业(混合认同)和既不认同组织也不认同职业(认同冷漠)。① 笔者依据组织认同和职业认同的均数,计算了本研究中不同认同类型的教师分别拥有的人数及其在教师样本总数中占有的比例,结果发现:高职业认同52人(26.26%),高组织认同47人(23.74%),混合认同64人(32.32%),认同冷漠35人(17.68%)。

## 四、讨 论

### (一) 教师职业认同问卷的修订

国内学者在职业认同的测量问题上,到目前为止,也没有找到被大多数人公认的测量工具。对这个问题的解决在为数不多的实证研究中,研究者们都是根据自己的理解,来选择或编制相应的测量工具的,如刘晓明等人的研究虽然是职业认同的调查报告,但就其内容看,主要侧重于调查对象的职业价值取向。② 郝玉芳等人的研究虽然采用了较为严格的心理测量学的方法,但从其测量的内容来看,主要研究的还是个体的职业自我概念、职业价值观等方面。③ 汤国杰虽然研究的是普通高校体育教师职业认同与工作满意度的关系,但在他的学述论文中采用的测量工具却是组织承诺问卷,这在根本上混淆了职业认同和组织承诺的概念。④ 基于此,笔者首先明确提出,在对职业认同的内涵的探讨上,应当从社会同一性理论的角度,把职业认同看成是社会认同的

---

① Miller G A, Wager L W, "Adult socialization, organizational structure, and role orientations", *Administrative Science Quarterly*, 16(1971).

② 刘晓明,王明友,欧阳放,石雨湘:《知识分子职业认同感初探——1997年对北京506名知识分子的现状调查》,《北京科技大学学报(社会科学版)》,1998年第1期。

③ 郝玉芳,刘玲,刘晓虹:《在读护生的职业认同研究》,《心理科学》,2008年第5期。

④ 汤国杰:《普通高校体育教师职业认同与工作满意度的关系研究》,《心理科学》,2009年第2期。

一种具体表现形式,坚持研究中的理论优先的导向性。在具体测量中,笔者没有另起炉灶编制所谓的职业认同问卷,而是对吻合社会同一性理论要求的 Mael 等编制的组织认同问卷进行了适当的改造。

在本研究教师样本中,探索性因素分析的结果支持了职业认同问卷的单因素结构,各个问卷项目在因素上的负荷都比较理想,最小的因素负荷也在 0.6 以上。在验证性因素分析中,$x^2/df$ 小于 3,GFI、AGFI、NFI、IFI、CFI 等接近 1,RMSEA 小于 0.08,所有拟合指标都在合理范围内,这表明单因素模型较好地拟合了调查数据。探索性因素分析结果和验证性因素分析结果的交叉验证结果相互支持,进一步证实了职业认同问卷的单因素结构。

在分半后的两个样本中,职业认同问卷的内部一致性 α 系数分别高达 0.80 和 0.81,表明本研究所修订的组织认同问卷信度指标良好。与此同时,在探索性因素分析和验证性因素分析中,因素结构清晰,因素负荷理想,表明该问卷的结构效度也达到了比较理想的水平。另外,笔者采用情感承诺变量作为效标进行考察,得到的结果是,职业认同和情感承诺的相关达到了统计学的显著水平,这表明教师职业认同问卷的效标效度良好。

### (二) 教师组织认同与职业认同的关系

从国外早期的文献来看,学者们对于组织认同和职业认同的关系的研究采取了一种非此即彼的态度,认为二者不可能同时存在。① 虽然后来的学者认识到了二者的独立性,并指出在个体的组织认同与职业认同的关系上,存在着不同的组合形式,但对二者的关系进行实证研究的并不多见。基于此,在本研究中,对教师样本均采用基于社会同一性理论的测量工具,并利用探索性因素分析和验证性因素分析等技术对二者的关系进行了考察。

在探索性因素分析中,问卷项目呈现出清晰的双因素结构,问卷的 12 个项目中的 11 个项目都负荷在原有的组织认同或职业认同维度上,

---

① Gouldner A W,"Cosmopolitans and Locals: toward an analysis of latent social roles",*Administrative Science Quarterly*,2(1958).

只有项目"我很想了解别人是如何评价我所在的职业的"呈现出负荷混乱的情况。为了得到更清晰的区分结果,笔者删除了该项目,再次进行了探索性因素分析,结果正如表1所示,组织认同和职业认同形成了非常理想的双因素结构。在随后的验证性因素分析中,表2显示的结果表明:双因素模型明显地优于单因素模型。这进一步支持了组织认同和职业认同的可区分性的观点,表明教师的组织认同和职业认同是可以相互区分的两个心理结构。

### (三) 教师组织认同与职业认同现状的研究

从总体上看,本研究所调查的教师样本具有较高的职业认同水平和组织认同水平。这一结果与宋广文[1]和蔡莉[2]的研究结果相一致。一方面表明,我国近年来巩固教师队伍、培养教师职业认同感所采取的一系列措施取得了较为明显的效果,绝大多数教师都能遵守自己的职业准则,并坚守自己的职业伦理;另一方面表明,当这些教师进入到某一具体的学校从事教学活动后,能够从学校利益的角度出发来考虑问题和处理问题,能够从内心深处把自己作为学校的代言人,认为学校的成功就是自己的成功,愿意为学校的发展尽心尽力。

在本研究中,笔者统计分析的结果显示:在教师样本中高职业认同52人(26.26%)、高组织认同47人(23.74%)、混合认同64人(32.32%)、认同冷漠35人(17.68%)。教师样本所显示的这种认同组合形式对于我们的教育管理工作具有重要的参考价值。管理者应当针对不同认同类型的教师个体,实施有差别的管理和教育措施。对于混合认同者而言,他们既热爱所从事的教育职业,又对所在的具体工作单位,如学校也比较满意,这是一种较为理想的从业在岗状态,管理者要通过实施各种具体的激励措施维持教师们的较高的职业认同和组织认同水平,发挥其工作积极性,进而提升教育教学质量,促进教育事业快

---

[1] 宋广文,魏淑华:《影响教师职业认同的相关因素分析》,《心理发展与教育》,2006年第1期。

[2] 蔡莉:《农村中学教师职业认同现状调查与分析》,《四川教育学院学报》,2008年第2期。

速、健康地发展。高职业认同者喜欢教师这一职业,但他们对自己所在的工作单位却不太满意,往往容易出现调换工作单位的想法,管理者要通过调查研究,找出影响教师组织认同水平不高的原因,并采取有力措施加以改正。对高组织认同者来说,他们并不喜欢从事教育工作,只是因为自己所在的单位各方面的条件不错,而愿意留在教育岗位上,针对这种情况,管理者要大力开展职业培训工作,提高教师们对教育事业的认同度,增强其职业认同感,促使其向混合认同状态的转化。对于认同冷漠者,管理者可以考虑从职业认同和组织认同两个方面着手,促进这部分教师向混合认同类型的转化,如果转化效果不佳,则建议他转换职业或工作岗位。

从均数水平来看,本研究中教师样本的职业认同和组织认同均较为理想,但认同冷漠者却高达 17.68%,这显然需要引起管理部门的重视。由此我们发现均数水平和组合形式代表了观察教师认同问题的两种角度,均数水平是从群体层面上进行的总体考察,而组合形式则是从个体的角度进行的具体分析。无论是对教育管理的理论研究者来说,还是对实践探索者而言,为了深入分析和解决问题,对群体层次与个体水平相结合的研究应该是学术界未来努力的方向之一。

原载《河南大学学报(社会科学版)》2012 年第 2 期

# 揭开"怀才不遇"的面纱：
# 教育管理中资质过高感知的研究

王明辉[①]

1976年，Freeman在其《The Overeducated American》一书中，从教育经济学的角度首次提出了"教育过度（Overeducation）"的概念。[②] 这也就是说，随着社会经济的发展，对科学知识和技术提出了不断更新和进步的要求，学校教育事业，尤其是高等教育事业迅猛发展，使教育规格不断提升。在这种背景下，人们所学的知识和技能不断加深和提高，超过了某些工作岗位本身的资质需求。虽然社会经济在不断地发展，但社会并没有足够的能力完全吸收一直增长着的高资质员工的供给。所以，大量的个体被迫担任那些要求技能比他们实际具有技能低的工作，这就出现了"资质过高（Overqualification）"的现象，即出现了所谓的"怀才不遇""大材小用"的现象，其实质就是劳动力就业过程中的个体素质和工作岗位要求不匹配。

作为一种特殊的人、岗不匹配现象，资质过高可以分为客观的资质过高和主观的资质过高两种形式。所谓客观的资质过高，是指个体实际拥有的技能和所受的教育超过了特定的工作要求，这种形式的资质过高可以通过一定的方法来检验人、岗匹配的程度，如职业标准法等，这是从教育学和经济学的角度进行研究的。所谓主观的资质过高，是指个体感觉到自己具有超过工作所要求的资质程度，这种形式的资质

---

① 王明辉，男，河南开封人，河南大学心理与行为研究所教授，心理学博士。
② Freeman R B, *The Overeducated American*, New York: Academic Press, 1995.

过高是个体的主观认知,这是从心理学的角度开展研究的。① 研究表明,当个体感知到自己所具有的技能比工作所要求的资质高时(也称之为资质过高感知),这种感知最终会影响到个体的工作绩效、对工作的满意度和离职倾向等个体行为绩效,进而会影响到组织的效益。②

目前,随着我国经济、教育的蓬勃发展,在教育管理中出现了大量的资质过高现象,很多学校或者单位不愿意雇用或者重用那些资质过高的个体,而是倾向于雇用或者重用那些"完全适合"岗位要求的个体,结果导致职场出现了"因出色而被拒聘或解雇"的不合理现象。所以,现在社会缺少的不是人才而是善于利用人才的组织。笔者从个体认知的角度,梳理了资质过高感知的概念、结构、测量方式及其影响,并对资质过高感知在测量方式、影响机制和应用领域等方面存在的问题进行了分析、讨论,以期为教育人力资源管理实践提供理论支持,进而达到"人尽其才,物尽其用"的目的,使整个教学团队发挥最大的效能。

# 一、相关概念辨析

## (一) 对资质概念的理解

在汉语中,《现代汉语词典》对资质的解释是:(1)人的素质,智力;(2)泛指从事某种工作或活动所具备的条件、资格、能力等。③ 在英语中,资质的含义则更多一些,比如,endowment, intelligence, aptitude, qualification 等,其中,前三个词是指人的天生素质和先天能力,即所谓

---

① Green F, McIntosh S,"Is there a genuine under-utilization of skills amongst the over-qualified?", Applied Economics, 4(2007).

② Fine S, Nevo B,"Too smart for their own good? A study of perceived cognitive overqualification in the workforce", The International Journal of Human Resource Management, 19(2008); Cennamo L, Gardner D,"Generational differences in work values, outcomes and person-organisation values fit", Journal of Managerial Psychology, 8(2008).

③ 中国社会科学院语言研究所词典编辑室编:《现代汉语词典》第5版,北京:商务印书馆,2005年,第1801页。

的天赋;而 qualification 则指个体从事某项工作或参与某项活动的资格。因此,我认为,应把资质的含义表述为"个体在先天素质的基础上而达到从事某项工作或参与某项活动所应具备的资格"更为全面;在英语中,用 qualification 一词来表述为宜。假如以"冰山理论"来比喻资质时,那么,资质就是由浮在水面以上的知识、技能等客观部分和水面以下的态度、个性等心智能力部分构成的。

与资质容易发生混淆的概念是胜任力(competency)。事实上,资质和胜任力是两个完全不同的概念。资质主要是指学历、知识和工作能力等个人素质;而胜任力主要是指对某项工作的胜任程度,即指在某一工作中,能将卓越绩效者与平凡绩效者区别开来的个人特征,但其前提是这些个人特征发挥了应有的效用。进一步来讲,资质和胜任力两个概念,一个是指静态的个人素质条件(即能做什么的资格);一个则是指动态的个人素质条件(即做得怎么样)。

### (二) 对资质过高与资质过高感知概念的理解

虽然教育学、心理学、经济学和管理学等众多领域都在关注资质过高现象,但由于不同领域研究的切入点和侧重点不同,所以,目前有关资质过高的定义还没有形成统一的认识。

一般而言,资质过高既可以从客观角度来理解,也可以从主观角度来理解。从客观的角度看,资质过高是个体具有的技能和受教育的水平比工作所要求的高。[1] 心理学研究者则倾向于从主观认知的角度来研究资质过高,[2]即个体知觉到自己具有的资质比实际岗位所要求的高,或者是个体知觉到在工作中运用自己具有的新技能的机会很少。Fine 在区分了客观资质过高和主观资质过高的基础上,将资质过高感知定义为"个体知觉到他们具有比给定工作所要求的更多的资质"。[3]

---

[1] Green F, McIntosh S, "Is there a genuine under-utilization of skills amongst the over-qualified?", *Applied Economics*, 4(2007).

[2] Johnson W R, Morrow P C & Johnson G J, "An evaluation of a perceived over-qualification scale across work settings", *Journal of Psychology*, 4(2002).

[3] Fine S, "Overqualification and selection in leadership training", *Journal of Leadership & Organizational Studies*, 14(2007).

Maynard等认为,从主观角度比从客观角度更适合于研究个体资质过高与工作的态度和绩效,但目前的资质过高感知的研究具有局限性,那就是这种研究方法对于新员工而言不太合适。① 此外,还有学者提出,认知性资质过高感知,是指个体具有比工作要求更高的认知能力。② 而资质过高的一般解释是,劳动力受教育水平的迅猛增长超过了他们的内在需求。尽管上述研究者把认知能力过高作为资质过高的首要特点,但 Lobene 认为,资质过高是指个体具有比他们工作所要求的还多的知识(knowledge)、技能(skill)和能力(ability),或具有一些其他(other)的特性。③

在不同的研究领域,研究者对资质过高的定义也不同。在教育研究领域,资质过高常常与过度教育(overeducation)联系起来;在就业研究领域,大多数的研究者将资质过高与个体的学历、经历和技能等结合在一起,通过资质过高的概念来定义不充分就业(underemployment)一词;④在工作场所中,资质过高可以用工作场所的一些客观特征和个体的主观理解来定义。但资质过高感知与实际的资质过高不同,实际的资质过高能够在工作分析的基础上进行客观测量;将这种方法用于对资质过高感知的测量往往遭到质疑。尽管如此,个体对他们工作的知觉仍是对其工作环境的一种有意义的理解。Johnson 等则认为,可将资质过高视为与"个人—环境匹配"模型相一致的个体特质,或者视为与"工作要求—控制"模型相一致的工作需求特征,它表示的是职业不匹

---

① Maynard D C, Joseph T A & Maynard A M,"Underemployment, job attitudes, and turnover intentions", *Journal of Organizational Behavior*, 27(2006).

② Fine S, Nevo B,"Too smart for their own good? A study of perceived cognitive overqualification in the workforce", *The International Journal of Human Resource Management*, 19(2008).

③ Lobene E V, *Perceived Overqualification: A model of antecedents and outcome*, North Carolina State University, 2010.

④ Khan L J, Morrow P C,"Objective and subjective underemployment relationships to job satisfaction", *Journal of Business Research*, 3(1991).

配、过度教育、技能利用不足和缺少成长的机会。① 因此,从狭义的角度来看,资质过高可以直接对个体在工作中表现出的一些特征(技能、教育程度、成长潜力等)进行测量。更为专业地讲,资质过高是一个多层次的概念,它主要涉及一些特定的就业情景,如过度教育、过多经验、技能运用不充分等。②

通过对以上相关概念的分析不难发现,资质过高的定义与个体特征和职业特征联系密切。个体特征主要指受教育水平、能力、认知水平和人格特征等;职业特征主要指职业的工作方面(如晋升机会、工作挑战性等)和职业的社会性方面(如劳资关系等)。在实际应用中,如果个体特征和职业特征匹配不当就会出现不充分就业的现象,其中,个体所具有的资质比职位所要求的资质偏高时,就会导致资质过高现象的产生,进而影响到个体的工作绩效和对工作的满意度等。

## 二、资质过高感知的结构与测量

关于资质过高感知的结构与测量,则是随着资质过高的深入研究而不断改进和发展的。不同的研究者从各自不同的研究角度对资质过高的结构进行了广泛的研究,得出了资质过高感知存在着二维、三维结构和多层次结构的结论。对资质过高的测量,可以分为主观测量与客观测量两种方式。一些研究者认为,主观测量更接近于客观实际;③另一些研究者认为,主观测量方式与客观实际之间的联系相当弱。④ 但

---

① Johnson G J, Johnson W R,"Perceived Overqualification and Psychological well-being", *Journal of Social Psychology*, 4(1996).

② Johnson G J, Johnson W R,"Perceived overqualification and dimensions of job satisfaction: A longitudinal Analysis", *Journal of Psychology*, 5(2000).

③ Caplan R D,"Person-environment fit theory and organizations: Commensurate dimensions, time perspectives, and mechanisms", Journal of Vocational behavior, 3 (1987).

④ Kristof-Brown A L, Zimmerman R D & Johnson E C,"Consequences of Individual's fit at Work: A Meta-analysis of person-job, person-organization, person-group, and person-supervisor fit", *Personnel Psychology*, 2(2005).

是,采用主观测量的方法主要是基于:(1)个体自评量表法是对资质过高最有效最实际的研究方法;(2)主观测量也是预测个体工作态度与绩效的最有效方法。

### (一) Khan&Morrow 制定的资质过高感知 8 项目量表

8 项目量表是在对不充分就业进行主、客观测量时产生的,其中,主观测量方式是资质过高量表形成的基础。此时的资质过高感知由两个指标组成:知觉资质过高(perceived overqualification),即个体知觉到自身资质高于工作的要求;知觉的无增长((perceived no-grow),即个体知觉到的无变化的工作环境,会使自己缺少学习和成长的机会。这两个指标在具体测量上包含着各自相应的项目,其中,知觉资质过高包含 4 个项目,如"能力在工作中得不到充分的发挥"等;知觉无发展包含 4 个项目,如"工作中能提供学习新东西的机会"等。以上测量方式采用 Likert 5 点量表,对每一个项目的评价从非常不满意逐步发展到非常满意。①

### (二) Johnson 等制定的资质过高感知 10 项目量表

基于 Khan 等的研究,Johnson 等分别于 1996 年和 1997 年,先后用探索性因素分析和验证性因素分析的方法得到资质过高感知的两个指标:知觉不匹配(perceived mismatch)和知觉无成长((perceived no-grow)。② 这两个指标共有 10 个项目,其中,第一个指标知觉不匹配包含的 4 个项目和 Khan&Morrow 的 8 项目量表中的知觉资质过高中的项目相似;第二个指标知觉无成长包含 6 个项目,这是他们在 Khan&Morrow 研究的基础上又增加了 2 个项目。对以上 10 个项目的测量方式同样采用了 Likert 5 点量表,其评价也是从非常不满意逐步发展到非常满意。

---

① Khan L J,Morrow P C,"Objective and subjective underemployment relationships to job satisfaction", *Journal of Business Research*,3(1991).

② Johnson G J,Johnson W R,"Perceived Overqualification and Psychological well-being", *Journal of Social Psychology*,4(1996).

总体来讲,这两个量表的前提都是将资质过高作为一种知觉的结构来测量的。但 10 个项目的量表,是在对资质过高感知进行了更深入具体的研究基础上,对 8 个项目量表进行修订的,并且已经在大量的实证研究中得到了应用。①

### (三) Maynard 制定的资质过高感知 9 项目量表

为了确定测量工作场所中的资质过高感知的方法,Maynard 开发了最初包含 22 个项目的资质过高感知问卷(Scale of Perceived Overqualification Questionnaire,SPOQ),采用 Likert 7 点量表,通过项目分析和内容效度分析,最终保留 9 个项目,内部一致性信度系数为 0.89。② 该问卷共包括 3 个维度:知觉教育过剩、知觉经验过剩和知觉过剩,每个维度均有 3 个项目。

此外,Fine & Nevo(2008)利用自陈式问卷测量方法,开发出 9 个项目的资质过高感知问卷(Perceived Cognitive Overqualification Questionnaire,PCOQ),信度系数为 0.83。③ 与 SPOQ 指标不同的是,该问卷加入了认知元素,认知元素包括两个指标:知觉的认知不匹配(即个体认知能力与工作要求的不匹配)和知觉的认知无成长(即知觉到工作环境毫无变化,从而缺少学习和发展的机会),其测量方式是采用 Likert 5 点量表,被试自评的范围是从非常不满意逐步发展到非常满意。与 SPOQ 相比,PCOQ 在对资质过高感知进行测量时,其应用更为广泛,这可能与众多研究者普遍认为认知能力过高在资质过高感知中居于重要的地位有关。

---

① Johnson G J, Johnson W R, "Perceived Overqualification and psychological well-being", *Journal of Social Psychology*, 4(1996); Johnson G J, Johnson W R, "Perceived overqualification, emotional support, and health", *Journal of applied social psychology*, 21(1997).

② Maynard D C, Joseph T A & Maynard A M, "Underemployment, job attitudes, and turnover intentions", *Journal of Organizational Behavior*, 27(2006).

③ Fine S, Nevo B, "Too smart for their own good? A study of perceived cognitive overqualification in the workforce", *The International Journal of Human Resource Management*, 19(2008).

值得关注的是,除了上述 SPOQ 对资质过高的三维结构进行了研究外,今天一些研究者开始对资质过高感知的多层次结构进行了试验性探讨。Lobene 认为,虽然已经有人认识到认知能力过高是资质过高的首要特点,但还应认识到个体具有比工作所要求的还多的知识、技能和能力或其他一些特性,只有做到了这些,才能更全面地定义资质过高。① 一方面,这是呼吁研究者要全面地理解资质过高的内涵与外延;另一方面,在资质过高的测量上,主张将客观测量与主观测量两种方法结合使用。可是令人遗憾的是,这种观点还不够成熟,缺乏实际的研究来验证。

综观上述研究发现,目前在有关资质过高感知结构与测量的方法的认识上,研究者们对资质过高的二维结构的认识比较一致,即对知觉不匹配和知觉无成长的认识比较一致。目前存在的争议,主要体现在具体的维度内容、项目数量和语言表达等方面。同时,普遍使用的自陈式问卷测量方法,虽然改进了因素分析方式的单一性,但这种自我报告的方法也有其不足之处:(1)人们在自评时,普遍有高估自己能力的倾向,因此,在进行实际分析时,为保证较高的内容效度应排除一般的高估倾向;另外,在进行自我报告时,个体的一些因素会影响被试的自我报告的水平,如个体当时的心理状态等。所以,在实际测量时,研究者应该考虑采取多人评估的方式,即采取自我报告与主管报告相结合的方式,这样可以弥补自评的缺陷。(2)从理论研究的角度来看,自我报告和客观测量所得出的资质过高结果会有一定差异,而且这种差异也会对资质过高与结果变量之间的关系造成一定的影响。因此,在进行实证研究时,首先可以尝试用客观的测量工具测量及评价员工的资质,然后再与工作要求的资质进行对比,最终分离出较为真实的知觉的资质过高,这是未来研究中亟待探讨的问题。

---

① Lobene E V, *Perceived Overqualification: A model of antecedents and outcome*, North Carolina State University, 2010.

## 三、资质过高感知的影响作用

在资质过高感知的相关研究方面,大量的研究假设证明了资质过高感知不仅和个体的工作态度(如工作满意度、组织承诺)有关,而且还影响个体的工作绩效、组织的公民行为和退缩行为(怠工和离职),甚至对个体的生理、心理健康也有一定的负面影响。由此可见,资质过高现象不仅对个体收益、社会收益造成一定的损失,而且还会阻碍劳动生产力的提高。

**(一)资质过高感知对个体身心健康的影响**

1. 资质过高感知对个体身体健康的影响

在对资质过高感知与个体健康关系的研究中,Johnson 等以情感支持为调节变量,探讨了资质过高感知的两个维度对个体健康的影响。[1] 他们的研究结果表明,知觉不匹配与个体健康有着显著的负相关关系;知觉无成长与个体健康的相关性不明显。Johnson 等在研究中还对情感支持的调节作用进行了探讨,结果显示,情感支持在资质过高感知与个体健康之间具有显著的调节作用,情感支持可以在一定程度上改善资质过高感知对个体健康的负面影响,即资质过高感知的个体,知觉到的情感支持越多,个体就越健康;知觉到的情感支持越少,个体就越不健康。

此外,Johnson 等以美国联邦邮局的员工为研究对象,对资质过高感知与个体健康的关系进行了纵向研究,结果发现,知觉无成长可能对个体的健康不利,知觉无成长与个体躯体化呈显著正相关关系,躯体化对个体有消极的影响,如压力、抑郁、疾病等。[2] 所以,由这一研究结果可以推断,知觉无成长可能会对个体健康产生直接的威胁;知觉不匹配

---

[1]　Johnson G J, Johnson W R, "Perceived overqualification, emotional support, and health", *Journal of applied social psychology*, 21(1997).

[2]　Johnson G J, Johnson W R, "Perceived overqualification and health: A longitudinal analysis", Journal of social psychology, 5(1999).

对个体健康有着长期累积性的影响。该研究表明,资质过高感知对个体健康的影响程度会随着时间的推移而有所差异。

2. 资质过高感知对心理幸福感的影响

在资质过高感知与心理幸福感的研究中,Johnson 等在分析"个人—环境匹配"模型、"工作要求—控制"模型和"压力—疾病"模型的基础上了解到,当资质过高感知被看做是个体的态度时,心理幸福感的研究结果和"个体—环境匹配"模型的研究结果相一致;当资质过高感知用于工作限制或要求特征时,心理幸福感的研究结果和"要求—控制"模型相符合。① 具体来说,知觉不匹配和"个体—环境匹配"模型相符合,知觉无成长和"需求—控制"模型相符合。经过实证研究发现,资质过高感知的两个因素都对工作场所中员工的心理幸福感产生一定的影响;知觉无成长对痛苦、压力的影响和知觉不匹配对痛苦、压力的影响呈显著正相关关系,即个体感觉到的资质过高越高,其心理压力越大、越痛苦;同时,这一研究揭示了工作压力和个体健康相关的结构模型,即"压力—疾病"模型。

至于资质过高感知对心理幸福感的影响是否存在着性别差异,Johnson 等认为,性别差异对资质过高感知与心理幸福感交互作用的影响不显著。这是因为,一方面,女性的工作一般要求的技能水平更高一些,在这种情况下,其主要的不匹配是技能和报酬的不匹配,而不是技能和职业的不匹配,②所以,与男性相比,资质过高感知可能影响女性的心理幸福感较少。另一方面,资质过高感知是女性在劳动力市场中的相对不利地位的反映,从这个意义上讲,与男性相比,资质过高感知可能更能影响女性的心理幸福感。

### (二) 资质过高感知与工作方面的相关研究

如今,在劳动力市场上,很多雇主不愿意雇用资质过高的人员,甚

---

① Johnson G J, Johnson W R, "Perceived Overqualification and psychological well-being", *Journal of Social Psychology*, 4(1996).

② Johnson G J, Johnson W R, "Perceived Overqualification and psychological well-being", *Journal of Social Psychology*, 4(1996).

至出现因员工优秀而被解雇的现象。其原因可能是,雇主们认为,资质过高的个体会对组织有很多抱怨,也可能会对工作环境、晋升制度和工资待遇不满;资质过高的个体在组织的任期较短,且很容易产生离职意向与离职行为。这在一定程度上会增加雇主的招聘成本,加大组织员工的流动性,不利于组织的稳定和发展。在资质过高感知与收入的相关研究中,Brynin&Longhi研究发现,在一定的环境下,过度教育(资质过高早期的主要表征)会产生较高的工资。① Wald指出,验证择业与资质过高之间的关系是很有价值的,因为这样可以说明资质过高的意义所在。他特别指出,资质过高感知的个体所受到的较高水平的教育补偿了他的其他人力资本的缺陷,比如,较低的能力或工作经验等。② 另外,研究表明,高工作经验对资质过高感知和工作满意度的关系具有调节作用,对雇用合同和薪酬的关系没有调节作用。③

### (三) 资质过高感知与工作满意度的相关研究

关于资质过高感知和工作态度的相关研究存在着一致的结论:资质过高感知与工作态度之间存在着负相关,即当个体知觉自己具有的资质比所在的工作岗位要求的资质越高时,其工作态度就越消极。④ Johnson等指出,资质过高感知的一个最重要影响就是造成员工对工作不满意,这显示出资质过高感知的个体对工作所表现出的情感态度。⑤

---

① Brynin M, Longhi S, "Overqualification: Major or minor mismatch", *Economics of Education Review*, 1(2009).

② Wald S, "The impact of overqualification on job search", *International Journal of Manpower*, 2(2005).

③ Peiro J M, Agut S& Grau R, "The relationship between overeducation and job satisfaction among young Spanish workers: the role of Salary, contract of employment, and work experience", *Journal of Applied Social Psychology*, 3(2010).

④ Fine S, "Overqualification and selection in leadership training", *Journal of Leadership & Organizational Studies*, 14(2007); Maynard D C, Joseph T A& Maynard A M, "Underemployment, Job attitudes, and turnover intentions", *Journal of Organizational Behavior*, 27(2006).

⑤ Johnson G J, Johnson W R, "Subjective underemployment and job satisfaction", *International Review of Modern Sociology*, 3(1995).

此外，还有研究在考察资质过高感知对工作态度的影响时，深入探讨了资质过高感知的二因素分别对工作满意度各指标的具体影响效应，如Johnson 等研究表明，知觉无成长和知觉不匹配解释了个体对工作本身满意度的 34% 的变异量，解释了对管理满意度的 7% 的变异量，解释了对晋升满意度的 9% 的变异量，解释了薪酬满意度的 4% 的变异量。① Johnson & Morrow 等在评价工作场所中的资质过高感知模型时指出，知觉不匹配、情感承诺分别和对工作本身、晋升机会及薪酬满意度呈显著负相关关系。他还进一步揭示，知觉不匹配很可能对个体的工作态度造成消极的影响；知觉无成长和对工作本身、上级管理满意的关系，表明了知觉无成长可能对个体和组织造成长期的消极影响。②

**（四）资质过高感知对工作绩效的影响**

首先，虽然资质过高感知对工作态度的负面影响已经被大量研究证实，但在资质过高感知对工作绩效的影响的认识上还存在分歧。在主观绩效方面，Bolino & Feldman 通过对外派管理人员的研究发现，由于资质过高感知的个体认为他们所从事的工作缺乏挑战性，并且也不能满足他们精神上的需求，从而导致个体的工作激情降低，进而会使组织绩效下降，同时，还会造成资质过高感知者的上司对其绩效评价较高，这却与自我评价的工作绩效呈负相关。③ 也就是说，资质过高感知与自评工作绩效呈负相关关系，与他评工作绩效呈正相关关系。而Maynard & Hakel 通过对人事管理者自评的研究却发现，大多数资质过高感知的个体，其工作绩效比适当资质过高的个体高。④ 以上两种观

---

① Johnson G J, Johnson W R, "Perceived overqualification and dimensions of job satisfaction: A longitudinal Analysis", *Journal of Psychology*, 5(2000).

② Johnson W R, Morrow P C & Johnson G J, "An evaluation of a perceived overqualification scale across work settings", *Journal of Psychology*, 4(2002).

③ Bolino M C, Feldman D C, "The antecedents and consequences of underemployment among expatriates", *Journal of Organizational Behavior*, 21(2000).

④ Maynard D C, "Managerial perceptions of overqualification in the selection process", http://www.siop.org/confernces/99Con/99ConProg/SaturdayAM.aspx, 2012 年 12 日。

点的差异揭示了资质过高感知对工作绩效的影响还未得到一致的结论。

其次,在客观工作绩效方面,有研究表明,资质过高感知与客观工作绩效之间呈正相关关系。[①] 但是,这两项研究均未对此结果作出更为详细、可信的解释。因此,二者的关系是否呈正相关,还需要更有力的证据加以证实。

**(五) 资质过高感知对离职的影响**

离职在教育管理中被视为一种退缩行为。关于资质过高感知与离职的关系,有研究表明,资质过高感知的个体与一般个体相比,当工作复杂度较低时,资质过高感知的个体易对工作产生不满情绪和离职倾向。[②] 值得一提的是,虽然有研究者认为,当离职成为组织中常见的问题时,个人—组织匹配是解决此问题很好的方法。[③] 但 Cennamo & Gardner 正是通过分析个人—组织匹配模型后认为,资质过高感知的个体与离职倾向之间呈高度的正相关关系。[④] 可是,令人惊讶的是,到目前为止,还没有一个研究表明就业不足或资质过高感知会造成实际的离职行为。所以,有研究者提出,尽管就业不足与资质过高感知经常

---

[①] Fine S, Nevo B, "Too smart for their own good? A study of perceived cognitive overqualification in the workforce", *The International Journal of Human Resource Management*, 19(2008); Erdogan B, Bauer T N, "Perceived Overqualification and its outcomes: The moderating role of empowerment", *Journal of Applied Psychology*, 2 (2009).

[②] Maynard D C, Joseph T A & Maynard A M, "Underemployment, job attitudes, and turnover intentions", *Journal of Organizational Behavior*, 27(2006); Johnson G J, Johnson W R, "Subjective underemployment and job satisfaction", *International Review of Modern Sociology*, 3(1995).

[③] McCulloch M C, Turban D B, "Using person-organization fit to select employees for high-turnover jobs", *International Journal of Selection and Assessment*, 1 (2007).

[④] Cennamo L, Gardner D, "Generational differences in work values, outcomes and person-organization values fit", *Journal of Managerial Psychology*, 8(2008).

被研究者假设与离职意向、离职行为相关,但缺乏实际的证据。① 另外,Erdogan&Bauer考察了作为调节变量的授权的作用,其结果显示,授权改善了资质过高感知(POQ)产生的负面效应,即改变了个体的离职意向和实际的离职行为。② 他还提出,虽然具有高水平的资质过高感知的个体更倾向于离职,但他们可以做出有价值的贡献来补偿组织用于雇用他人的费用。

总之,目前研究者们对资质过高感知的相关研究很多,这就很容易让读者有种零散的感觉。最近Lobene在借鉴和分析相关研究成果的基础上,总结出资质过高感知的前因变量、后果变量和调节变量,并初步建立了资质过高感知的理论模型(见图1),③让大家对资质过高感知的相关研究有一个比较清晰而全面的认识。该模型表明,资质过高感知的前因变量是受个体的某些特征(如自恋、智力等)和职业特征(如工作环境、薪资、规章制度等)的影响的。

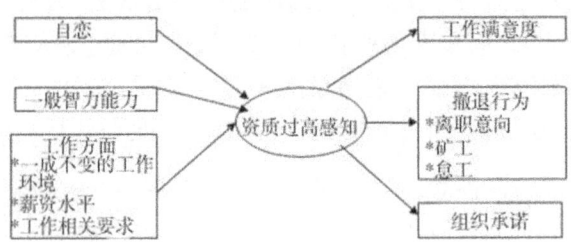

**图1 资质过高感知的理论模型**

---

① Maynard D C, Joseph T A&Maynard A M,"Underemployment, job attitudes, and turnover intentions", *Journal of Organizational Behavior*,4(2006).

② Erdogan B, Bauer T N,"Perceived Overqualification and its outcomes: The moderating role of empowerment", *Journal of Applied Psychology*,2(2009).

③ Lobene E V, *Perceived overqualification: A model of antecedents and outcomes*, North Carolina State University,2010.

## 四、资质过高感知研究的不足与展望

尽管资质过高现象已经得到许多领域研究者的大量研究和探讨，也取得了许多非常有价值的成果，一些关于资质过高感知的测量工具也已得到学者们的广泛应用，然而，目前对于资质过高感知的研究也难免存在一些不足之处：

### （一）对资质过高感知测量方式的选择存在争议

资质过高感知既可以采用主观测量的方式，也可以采用客观测量的方式。目前，很多研究者都采用主观测量的方法。这是因为，自评量表法是对资质过高感知最有效、最实际的研究方法，该方法由于具有广泛性、经济性、易操纵性等特点，从而成为研究者测量资质过高感知的重要方式。但是，主观测量和客观测量所得出的资质过高感知的结果会存在着一定的差异，而且这种差异也会对资质过高感知与后果变量之间的关系造成一定的影响。比如，Khan & Morrow 在对就业不充分（资质过高是其内容之一）的研究中就发现，就业不充分的主观测量与工作满意度呈较强的负相关关系；而就业不充分的客观测量则与工作满意度之间不存在显著相关，因此，他们提出了减少对就业不充分的主观测量的观点。① 而另外一些研究者则认为，主观测量更接近于客观实际。② 虽然资质过高感知是一个主观经验，有研究者认为，资质过高感知比客观实际水平上的资质过高感知更能预测离职行为，这是因为，员工的心理状态对自己的行为有更直接的影响。③

---

① Khan L J, Morrow P C, "Objective and subjective underemployment relationships to job satisfaction", *Journal of Business Research*, 3(1991).
② Caplan R D, "Person-environment fit theory and organizations: Commensurate dimensions, time perspectives, and mechanisms", *Journal of Vocational Behavior*, 3(1987).
③ Maynard D C, Joseph T A & Maynard A M, "Underemployment, job attitudes, and turnover intentions", *Journal of Organizational Behavior*, 4(2006).

## （二）有关资质过高感知的研究较多，对其因果关系进行研究的较少

从资质过高感知的有关研究文献中可以发现，对资质过高感知的相关研究多，而对造成资质过高感知的因果关系的研究太少，这就在一定程度上难以确切地解释资质过高感知对一些后果变量产生影响效用的原因，也无法对资质过高感知的研究系统地总结出一整套理论来说明问题。而且，自我报告式的问卷调查自身也存在一些不足，如被试容易作伪、很难严格控制无关变量等。所以，在未来的研究中，对导致资质过高感知产生的有关因素进行因果关系的探讨是很有必要的。

## （三）缺乏对资质过高感知的前因变量和心理机制的探讨

综观大量的研究文献不难发现，已有研究主要集中在资质过高感知的后果变量的分析上，但对资质过高前因变量的研究甚少。现有的研究仅涉及人口统计学、个体特征变量和个体所处工作环境的部分变量，缺乏对资质过高感知的机制探讨，资质过高感知有很多的负面影响，但什么样的人更容易产生资质过高感知呢？资质过高者的心理机制与状态又是什么样的呢？这些都需要进行进一步的实证研究来揭示。未来的研究应挖掘个体层面（如人格、动机、兴趣）、生活层面（如家庭因素、婚姻状况）、组织层面（如工作氛围、工作性质、领导者特征和能力）和社会层面（如文化气氛、社会规范）等对资质过高感知的影响，以建构比较完整的资质过高感知影响因素模型，以便为研究资质过高感知的作用机制打好基础，为人力资源的招聘、配置和管理提供指导。

## （四）资质过高感知研究的推广性

对资质过高感知的研究应该在多样本、多领域中得到验证和逐步改善。首先，目前对资质过高感知的结构的研究还没有在多样本中形成一致性，比如，Johnson, Morrow & Johnson 在不同工作场景中对资质过高感知量表进行评估的研究结果显示，资质过高感知在护士和铁路

工人样本之间类似,但与美国联邦邮局员工的样本却存在差异。① 其次,对资质过高感知的研究还应该在多领域中进行推广。对组织来说,在选拔员工时,最重要的就是要吸引、选拔和雇用最好的员工,但按照传统的人员选拔的理念——选择最好的,很容易出现资质过高的现象,可是目前资质过高现象在人事心理学中却很少有研究。Fine&Nevo 呼吁将来的研究应注重资质过高感知在工作场所中产生的原因和影响;②同时,目前对于领导或组织的高层管理的资质过高问题很少有人研究。

**(五) 资质过高感知的本土化研究**

在中国传统文化中,感叹个人"怀才不遇,大材小用"的现象时有发生,同时,也引起了不少人的共鸣,如唐代陈子昂《登幽州台歌》中的"前不见古人,后不见来者"以及明代冯梦龙《古今小说》有"眼见别人才学万倍不如他的,一个个出身通显,享用爵禄,偏则自家怀才不遇"等激愤之言,皆表明了作者生不逢时,自己拥有的才智得不到发挥的郁郁情怀。以今天的观点来看,上述现象均属于人力资源管理中人、岗配置不当,即没有将合适的人放到合适的岗位上去,以发挥他们的最大效用。

时至今日,我国政府根据新时期新阶段国内外形势的深刻变化,与时俱进地制定并实施了人才强国的重大战略决策。中华民族自古就有爱才、惜才的优良传统,如"国以人兴,政以才治""能安天下者,唯在用得贤才"等与人才有关的格言名句广为传颂,这些内容无不说明合理利用人才的价值和意义,同时,也凸显了教育在人才培养过程中的重要性。但是,千里马还需要被伯乐发现,才能发挥千里马的优势,才能实现其自身价值。因此,尽管资质过高现象已经在西方国家以及一些发展中国家开展研究,但是在我国尚未看到有关资质过高方面的实证研

---

① Johnson W R, Morrow P C & Johnson G J, "An evaluation of a perceived overqualification scale across work settings", *Journal of Psychology*, 4(2002).

② Fine S, Nevo B, "Too smart for their own good? A study of perceived cognitive overqualification in the workforce", *The International Journal of Human Resource Management*, 19(2008).

究。因此,借鉴已有的研究理论、经验和方法,在中国文化背景下开展对资质过高现象的研究,具有非常重要的意义和价值。

综上所述,展望未来对资质过高和资质过高感知的研究,应该包括多维的研究视角、适当的研究方法和多样化的场景。比如,主观和客观相结合、个体和组织相结合、跨文化比较等形式的研究,以使人们能够更客观、全面地理解资质过高现象。同时,也期望资质过高的研究成果能更快地在教育管理领域得到应用,以发挥它在个体、组织与社会中的效益。

(原载《河南大学学报(社会科学版)》2012年第5期)

# 基于社会性发展视角的
# 大学生心理健康探析

吴文君,张彦通①

  自 20 世纪 80 年代以来,我国学者开始较为系统地研究大学生心理健康问题。对于如何看待和认识大学生心理健康,各学派采用的依据和标准不同,所得到的结论也不相同,分歧的焦点主要集中在大学生心理健康问题到底是由其社会性因素还是由其个体性因素造成的。有的学者是从社会性层面来确定心理健康标准,如社会规范标准、社会适应标准和"众数原则"(即个体心理健康状况与同社会的大多数人的心理状况进行比较和判断)等。② 有的学者是从个体性层面来确定心理健康标准,如心理成熟与发展水平、心理机能的发挥、"精英原则"等。其中,具有代表性的是人本主义心理学家马斯洛的观点,他认为,"心理健康的人比普通人更少地受文化规范和习俗约束",个体后天所要做的就是"将一个具有充分潜质的人早已存在的能力释放出来"。③ 因此,衡量人的心理健康与否就要看其先天本性发展的程度。
  随着心理健康研究的不断推进,越来越多的学者主张心理健康应该是由个体的社会性因素与个体性因素共同影响的。个体生命的存在是人类社会存在的前提;同时,反过来看,社会也规定着人。个体的发

---

① 吴文君,女,河南信阳人,北京航空航天大学高等教育研究所博士生,北京理工大学外国语学院助理研究员;张彦通,男,江苏南京人,北京航空航天大学高等教育研究所教授,博士生导师。
② 杨青松,石梦希:《心理健康标准研究应该注意的几个问题》,《基础教育研究》,2007 年第 5 期。
③ [美]Jerry M. Burger 著,陈会昌等译:《人格心理学》,北京:中国轻工业出版社,2012 年,第 185 页。

展受制于他所处的社会环境,正是在与社会环境的互动中,个体在不断成长,形成有利于自身生存和发展的人格特征,"这些人格特征会成为个体进一步适应社会的基本素质,具有社会适应的功能"①。因此,衡量一个人心理健康状况应兼顾其内外两方面的因素。从其内部因素来说,心理健康的人的心理机能健全,人格结构完整,能满足自我的基本需要;从外部因素来说,心理健康的人的行为规范能与他人和社会保持一种亲和状态。② 在前人研究的基础上,笔者拟从社会性发展的视角来探讨大学生心理健康问题,以期对大学生心理健康做进一步研究。大学生心理健康问题,就内部因素来看,是其心理机能失衡;就外部因素来看,是其社会性发展不良。社会和个人是相互建构的,大学生的社会性发展与其心理健康成正相关关系,二者相互影响,相互制约。大学生的心理健康问题往往与其社会交往缺乏、社会认知有偏差、社会情感缺失和社会适应不良有关。

## 一、大学生的社会性及其社会性发展

人的社会性有两个方面的含义:第一,是指人的相互依存性和社会交往性。在西文中,所谓"社会的"基本含义就是"群居的""社交的""伙伴的"。马克思曾经指出,人是类存在物,人绝不可以生活在单个孤独的状态中。人不像原子那样,在自身中已经万物具备,恰恰相反,人的每一种生活本能都会是他身外事物(包括人)的需要。人的本性不是排他的,而是互为依存的,只有结成群体才能生存。人的这些特征决定了其社会性,也即人的交往性。第二,是相对于生物性来说的,是指一个人在其后天的生活中,通过与他人的交往和相互影响,以及在周围生活环境和社会文化的不断影响下所形成的有利于社会延续和发展的各种社会特性,包括与社会认知有关的知识(如概念、图式等)、特质(如人

---

① 陈建文:《社会适应与心理健康》,《西南师范大学学报(人文社会科学版)》,2004 年第 5 期。

② 叶一舵:《现代学校心理健康教育研究》,北京:开明出版社,2004 年,第 23 页。

格、自我等)、情感(如同情、幸福感等)、行为(如亲社会行为与反社会行为、攻击行为)等,它们既是社会交往的结果,也是社会交往的条件。

人的社会性发展是指人的社会参与能力逐步提高,其社会性得到不断完善的过程,是个体的遗传因素、社会文化因素、社会环境因素等多重因素共同作用的结果。人的社会性发展是在人的社会化过程中完成和实现的,人的社会化过程就是其社会性发展的过程。在社会学中,人的社会化"是指关于人自身的一种发展成长过程,即人们通过社会互动,形成人的社会属性,促使人和社会保持一致性,实现人的社会生活的过程"①。个体的社会化是"个人通过学习群体文化、学习承担社会角色,来发展自己的社会性的过程"②。它既是个体掌握各种社会规范,形成适应社会的行为模式的过程,也是个体不断接受外界环境的刺激,通过同化、顺应等机制,形成符合社会角色的态度和情感,使自我由最初的"自在"状态发展成有着文化烙印的社会状态的过程。人的社会性发展可以说是个体在与社会和环境的相互作用中,不断接受、认同和践行社会文化的过程,是对自身社会角色的认知、体验和适应的过程。人的社会性发展可以分为社会交往、社会认知、社会情感和社会适应四个维度。其中,社会交往既是人的社会性的本质需要,也是人的社会性发展的前提和中介;社会认知和社会情感是人的社会性发展的内容和关键;社会适应是人的社会性发展的结果和目标,人通过社会性发展参与和适应社会。

人的社会性的获得和发展要持续一生,学校的学习生活是其中的重要阶段,个体不仅通过学习过程获得知识技能,通过学生生活获得与他人交往的经验,同时,学校通过有目的、有组织、有计划的教育活动,培养大学生在社会共同生活中必须具有的品质、观念和人格,因而学校教育也是促进个体社会性发展的重要手段。对大学生这个特殊的社会群体而言,大学生活是其社会性发展过程中特殊而重要的阶段。大学生处于青年中期,这一时期是他们迅速走向成熟而又未真正完全成熟的心理发展阶段,他们在这一阶段对社会文化、自身角色和人际关系的

---

① 程继隆主编:《社会学大辞典》,北京:中国人事出版社,1995年,第261页。
② 吴增基等:《现代社会学》,上海:上海人民出版社,1997年,第111页。

认知、适应和获得,不仅影响着他们的社会性发展方向,而且还影响着他们能否顺利解决各种内心矛盾和冲突,能否形成稳定而成熟的心理结构。笔者拟从社会交往、社会认知、社会情感和社会适应这四个维度探讨大学生社会性发展对其心理健康的影响。

## 二、社会交往对大学生心理健康的影响

人是社会性动物,每一个人都有社会交往的需要,都有亲近他人、接近他人的愿望,都有让人陪伴的需求,即都有亲和动机。因此,社会交往是人的社会性的本质需要。同时,社会交往也是大学生社会性发展的基本途径。根据霍曼斯提出的社会交换理论,人与人之间的交往本质上是一个社会交换过程,这种交换不仅涉及物质的交换,同时还包括非物质的交换,如信息、情感、思想等。正是在这种交往或交换过程中,人们相互影响、相互作用,凝练、塑造出新的社会品格、社会素质,从而使自己的社会性得到发展。

社会交往影响大学生的心理健康。由社会交往而建立起来的人与人之间的情感联结是人的基本需求。《情感依附》的作者亨利·马西通过对患自闭症儿童的研究发现,孩子会因无法感受到与母亲的情感联结而陷入沮丧之中,这样长时间积累下来就有可能产生严重的心理问题。如果总是不能与周围的人建立起一种安全、稳定的情感联络,人们往往会产生孤独感,而"孤独的经验引起了焦虑感,究其实它就是所有焦虑感的根源"[①]。埃里克森的自我发展八个阶段理论认为,大学时期个体心理发展的主要任务就是通过积极的社会交往获得亲密感,从而避免孤独感。沙利文也认为,在人生的第二个十年中,个体最为重要的社会性需要就是对亲密感的需求。如果这种需求得到满足,人们就会有安全感,反之就会产生焦虑感。持续的孤独感不仅严重威胁个体的

---

① [美]埃·弗洛姆著,康革尔译:《爱的艺术》,北京:华夏出版社,1987年,第7页。

心理健康,而且还会制约其心理机能的发展,①从而使其心理健康状况更加糟糕。R. Baumeister 研究发现,如果个体不能积极进行社会交往就会长期遭受社会拒绝和排斥,从而导致个体的合作意识降低、认知功能受损、社会功能衰退。② 大学生社会交往与心理健康的关系也被刘文等人的研究所证实,刘文等人研究发现:人际交往能力高分组大学生在心理健康量表的每个维度上的得分都要高于低分组,二者存在极其显著的差异;同时,大学生人际交往能力能够预测其心理健康水平。③

当代大学生一方面渴望自己的内心世界被他人所了解,另一方面也渴望了解他人的内心世界,这是大学生共同的心理需求。同时,大学生处于青春中期,心理上表现出闭锁性和独立性交织在一起的特征。美国社会学家戈夫曼的"拟剧论"认为,每个人在交往中都极力地控制自己的姿态,以求给人们留下特殊的印象。在大学阶段,大学生的自我意识增强,这种对自我的过度关注使大学生在与他人交往时会有一定的克制和保留,不会再像少年时期那样毫不掩饰地自我表露,而是表现出一定的闭锁性和隐匿性。有心理问题的大学生的这种克制和保留会表现得更强烈,甚至达到封闭的程度。由于大学生缺乏社会交往和人际沟通,长时间的压力和负能量得不到宣泄和缓解,积蓄到一定程度就有可能爆发,甚至使他们出现极端行为。

例如,在"复旦投毒案"中,投毒者林森浩虽然在学业上成绩较为突出,但其留给人们最深的印象却是"沉默",甚至"古怪"。北京师范大学心理学教授、博士生导师许燕说:"有些人自身性格有不足,比如性格过于内向,有时候封闭,易记仇,思维固着、冲动,有可能会在某一时刻做出过激反应。"④正是由于缺乏与他人交往,林森浩心理机能的发展受

---

① Qualter P, Brown S, Munn P, Rotenberg K, "Childhood loneliness as a predictor of adolescent depressive symptoms: an 8-year longitudinal study", *European Child & Adolescent Psychiatry*, 2010.

② Baumeister R, "Rejected and Alone", *The Psychologist*, 2005.

③ 刘文,韩静,张丽娜:《大学生人际交往能力与心理健康关系的研究》,《中国特殊教育》,2008 年第 3 期。

④ 《上海复旦大学高材生投毒案引发人的思考》,《中国教育之声网》,http://www.cedcm.com.cn/html/2014/yaowen_0219/15811.html,2014 年 2 月 19 日。

到了影响,最终因为一些琐事而使行为失控。再如,有学者对云南大学杀死室友的学生马加爵的性格进行了分析,认为困扰马加爵的有两个压力:一是家庭的贫困,二是人际交往上的障碍。这两方面,一直让他深感自卑。"大学四年中,他学习上勉强应付,而在社会交往上则十分封闭自己,沉迷在自己的世界里。"① 由于长期不能与他人建立稳定、友好的人际关系,因此,马加爵常常抑郁、焦虑等,由于他的"郁闷积蓄已久",所以室友的一个玩笑,就成为他杀害室友的导火索。

## 三、社会认知对大学生心理健康的影响

社会认知是人们分析和思考社会的方式,也即人们如何选择、解释、识记和运用社会信息来做出判断和决定的。② 皮亚杰认为,人的认知结构是随着知识和经验的不断积累而发展的。人的社会认知的发展是一个去中心化的过程。人在认知方面的发展会改变其思考问题的方式、价值观和人际关系,使人以自我为中心的意识减弱。社会性发展良好的人,不仅能够站在对方的角度或者第三方的角度看问题,而且还能根据社会和习俗系统来认识和理解他人的观点和行为方式,其社会认知较为客观、全面。

客观、全面的社会认知有利于大学生心理健康发展。根据情绪认知理论,不同的情绪反应依赖于个体对周围世界或事件的认知水平。美国心理学家阿尔伯特·艾利斯(Albert Eliis)认为,人变得抑郁、焦虑、伤心,是由错误的推理和非理性的想法造成的。③ 人的消极情绪和行为障碍,不是由某一事件直接引发的,而是由经历这一事件的个体对它不正确的认知和评价而产生的错误信念引发的。归因是社会认知的重要部分,人们往往会对生活中所发生的愉快或不愉快的事件作认知上

---

① 黄广明:《还原马加爵》,《南方周末》,2004年3月25日。
② [美]埃略特·阿伦森等著,侯玉波等译:《社会心理学》,北京:世界图书出版社,2014年,第61页。
③ [美]Jerry M. Burger著,陈会昌等译:《人格心理学》,北京:中国轻工业出版社,2012年,第268页。

的归因。Abramson 等人假设,如果一个人倾向于把产生坏事的原因归结为自身的、持久的和整体的,而把产生好事的原因归结为他人的、暂时的和局部的,那么这个人则有较大可能表现出抑郁的症状。① 这一假设被我国曹科岩等多个研究者所证实。②

在大学阶段,大学生的认知水平处于形式运算阶段,或者说是处于形式后运算阶段,能够系统地考虑假设和未来的事件,但由于其阅历较浅,社会经验少,所以有些大学生的思维仍停留在"二元论阶段",对事物的看法"非黑即白",不能综合、客观地认知各种现象。有些大学生在对周围的人和事进行认知时往往以自我为中心,从自己的角度看世界,很难接纳别人的不同观点,认知依据狭窄,认知内涵肤浅,其社会认知往往具有偏激性。大学生对某些问题的认知常常只注重部分忽视整体,只看现象忽视本质,趋于片面化和表面化。正是由于认知的偏差,所以大学生容易出现心理问题。

例如,2015 年 5 月 18 日,28 岁的某大学三年级硕士研究生姜某,从学校图书馆六楼跳下身亡,死因是其没有通过论文答辩。死者在遗书中将该事件归因为导师故意为难他。他认为,别人"很水的论文"都通过了,导师唯独对自己十分苛刻,甚至让他延期答辩论文。但其他同学却说该导师对待学术研究十分严肃,不会"故意为难学生","每一届都会有答辩不合格的学生"。由此来看,在"论文答辩没有通过"这件事上,不同的认知导致了不同的结果。又如,2015 年 3 月,北京某 985 高校一名即将走上工作岗位的硕士研究生跳楼自杀。该男生已顺利通过毕业论文答辩,并已找到工作,但在其入职体检时,查出了患有肺结核,对这个病的不正确的归因认知让他选择了不归之路。高校大学生心理问题的另一个高发群体是贫困生。许多调查表明,贫困生在焦虑、强迫、抑郁等心理不良反应方面的指数大大高于非贫困生。出现这种现象的主要原因是贫困大学生对于贫困的错误认知所带来的心理压力,

---

① Abramson L Y, Seligman M E, Teasdale J, "Learned helplessness in human: Critique and reformulation", *Journal of Abnormal Psychology*, (87)1978.

② 曹科岩:《大学生归因方式与心理弹性的关系研究》,《教育探索》,2013 年第 7 期。

以及过多否定自我所产生的自惭形秽的负面情绪。

## 四、社会情感对大学生心理健康的影响

　　社会情感是与人的特定社会需要相联系的主观体验。它是由建立在自我认知基础上的自我意识情感(如,内疚、羞愧等)和建立在人际认知基础上的人际情感(如,爱、恨等)组成,[①]是人的德性生成的重要基础。社会情感最初表现为婴儿和其主要抚养者之间的依恋感,随着人的活动范围的扩大和体验的加深,渐渐地发展成师生依恋、同伴依恋等。人们也逐渐从只关心自己的需要(自私)扩展到关心别人的需要(责任)。情感是人的行为最本质的表现,这种依恋感、安全感和归属感是人的社会性、合作性行为形成的最重要的源泉。人的社会情感扩展的过程也是一个人的社会性发展的过程。美国社会学家E.A.罗斯完全以人的情感的发展作为人社会化的标准,他认为:"个人适应群体需要的情感和愿望的形成……是社会上最高级、也是最困难的工作,这种'形成'就是群体成员的社会化。"

　　社会情感与大学生心理健康成正相关关系。具有社会情感的人往往会更多地考虑他人的感受和需要,因此,他们常常会有助人、合作、利他等道德行为。根据"移情喜悦假设"理论,助人行为会给施助者带来满足感和精神愉悦,由这种满足感而产生自我肯定的正向心理体验,有利于人的心理健康发展;同时,"爱人者,人恒爱之",具有社会情感的人因为具有较为融洽的人际关系,所以他们就会让人感到具有较强的信任感和安全感,他们处于积极的情绪状态当中。而社会情感缺乏的人只关注自己的需要和利益,"只爱他自己,他只有被爱的需要,而不想去爱别人",缺少共同的情感,很少有助人行为,从而造成人际关系的紧张。按照情绪心理学中情感产生及其相互转化的规律,恐惧、害怕容易转化为攻击和仇恨,不利于人的心理健康发展,而安全、信任则容易转化为同情和爱,从而使人一直处于正向的体验当中。邵贵平的研究发

---

　　① 黄希庭主编:《心理学基础》,上海:华东师范大学出版社,2008年,第221—244页。

现,具有高利他行为的人,会有较强的社会责任感,心理健康水平也高,反之亦然。低利他行为的人在人际关系、焦虑、抑郁等维度上与具有高利他行为的人存在显著性差异。①

联合国教科文组织将"关心"看作是 21 世纪全球共同的教育使命,之所以如此,是因为"越来越多的人受到损人利己动机的驱使,对为社会服务和树立对社会利益的责任感越来越没有兴趣,需要回到具有关心特征的早期时代的价值观。"这一现象在我国也非常普遍。当代大学生大多是独生子女,家庭教育习惯使他们以自我为中心。长期以来,我国教育实践主要是以"主体—客体"主客二分的思维方式来培养学生的,这样往往使学生形成以"占有"为目的的主体性人格,同时,又加上我国激烈的竞争环境,就造成学生群体感和合作感的缺失。由此来看,上述因素容易使当代大学生形成自私、自利、独占等情感特征,他们过于关注自己的利益和感受,很少能将心比心,很少能从对方的角度来考虑问题和处理问题,缺乏共同的情感,更意识不到自己应有的社会责任和义务。

情感是一个人的道德信念、精神力量等的核心和血肉。情感世界的贫乏以致畸变,往往比知识的贫乏具有更大的危害性。社会情感缺乏的大学生,轻者容易产生人际纠纷,影响其他同学的学习和生活,重者会发生各种悲剧等。例如,2016 年 3 月,四川师大一学生滕某用不锈钢菜刀将其室友也是其老乡芦某杀害,其原因是被害人芦某在宿舍唱歌影响了他。芦某身首分离,全身 50 多处刀伤。再如,2010 年 10 月 20 日深夜,西安音乐学院大三的学生药家鑫驾车撞人后,为了杀人灭口,取出尖刀将受害人连捅数刀,致使受害人当场死亡。除了这些杀人事件外,还有大学生自杀事件不断见诸报端。大学生自杀的原因有很多,但这些自杀者如果能设身处地想一想他们的行为会给自己的父母带来的心灵创伤,以及想一想他们对家庭和社会所担负的责任和义务也许会停止这一行为。这些反道德、反社会的行为,暴露出大学生社会情感的缺失,暴露出他们自私、自利、冷漠、冷酷的情感世界,以及暴露

---

① 邵贵平:《关于利他行为与心理健康的研究》,《健康心理学杂志》,2000 年第 1 期。

出他们的道德和责任感的缺失。

## 五、社会适应对大学生心理健康的影响

社会适应是指当社会环境发生变化时,主体通过自我调节作出能动反应,使自己的心理活动和行为方式更加符合环境变化和自身发展的要求,主体与社会环境达到新的平衡的过程。《社会学词典》将"社会适应"解释为:个人和群体调整自己的行为来适应所处社会环境的过程;同时,还将"适应行为"理解为:"个人适应社会环境而产生的行为。个人通过社会化,明确自己的社会权利与义务,形成了与社会要求相适应的知识、技能、价值观和性格,就会在社会交往与社会行为中采取符合社会要求的行动。"[①]从局部或具体事件来看,社会适应是个体社会行为的自我调整过程;从个体发展的全过程来看,社会适应实际上就是个体实现社会化的过程,也是个体社会性发展的最终目标和结果。

社会适应影响大学生心理健康。罗斯等研究表明,当个体与情境有了"冲突""矛盾"等不适应的时候,人们会有两种不同的应对策略:一种是问题取向的应对方式,主要表现为个体通过解决问题来改变造成压力和威胁的外在情境的做法;另一种是情绪取向的应对方式,即个体尝试减轻焦虑而不是直接处理产生焦虑的那个情境的做法。情绪取向又分为两种:一种是个体通过心理调节机制来调整心态和认知,从而有效地缓解紧张情绪的做法;另一种是个体通过压抑、推诿、否认等消极防御机制而达到暂时减轻不安、舒缓压力的做法。无论是问题取向的应对还是情绪取向的心理调节机制的应对,都是积极的社会适应方式,它们有利于矛盾的解决而使个体能较好地适应社会;而情绪取向的自我防御机制则是一种消极的应对方式,它往往导致个体的适应不良。能顺利适应社会的个体,往往具有较强的自我价值感、个人控制感、幸福感;反之,个体就会产生无力感、挫败感、自卑感等消极的情绪。江巧瑜的研究发现,大学生的应对方式直接影响他的社会适应,大学生的应对方式和社会适应又直接影响其心理健康。个体采用求助、努力争取

---

① 王康主编:《社会学词典》,济南:山东人民出版社,1988年。

等积极的应对方式有利于其自身心理健康发展;反之,个体采用逃避、幻想、任凭事态发展等消极的应对方式则不利于个体自身的心理健康。① 这一结论也被张林和车文博等的研究所证实。②

大学生对困难和压力的适应主要表现在学习、生活、人际关系、就业等方面。导致大学生适应困难主要有客观和主观两方面的原因。客观上的原因与当前所处的竞争激烈的社会环境有关,无论是大学生的学业竞争还是社会上的就业竞争都是非常激烈的;与我国长期以来过于重视"应试"教育而造成的教育与生活的脱节、教育与社会需要的脱节的现状有关,这种教育模式往往使学生缺少应对困难和压力的方法和技能。主观上的原因是,独生子女具有较为优越的家庭环境,这使他们依赖性强,独立生活的能力差,意志不坚强。积极的压力应对方式需要充分调动自身的资源,意志要强,但大学生往往表现出心理承受力差,不能吃苦,缺少毅力和勇气。

例如,2009 年 9 月,北京某 985 高校一名刚刚升入大二的男生,因多门课程的成绩挂科而跳楼自杀。这名学生在高中时是班里的尖子生,到了大学以后,由于不能适应大学生活,不能及时掌握大学新的学习方式,造成多门课程考试不及格。在强大的学业压力面前,这样的大学生既缺少解决问题的方法和能力,又不能及时地进行心理调整,从而产生强烈的挫败感,对前途丧失信心,最后选择自杀。

## 六、促进大学生心理健康的建议

由以上分析可以看出,大学生心理健康与其社会性发展有着内在的联系,大学生心理问题的出现往往与他们的社会交往缺乏、社会认知出现偏差、社会情感缺失和社会适应不良有关。我们由此可以建立以上四个维度的分析框架来分析大学生的心理问题。这四个维度分析框

---

① 江巧瑜,许能峰,曹建平:《大学生应对方式、社会适应对心理健康影响的路径分析》,《中国卫生统计》,2010 年第 1 期。
② 张林,车文博,黎兵:《大学生心理压力应对方式特点的研究》,《心理科学》,2005 年第 1 期。

架实际上也是形成大学生心理健康支持系统的四个基本工作方向。

**(一) 增进大学生社会交往,在社会交往中完善大学生的社会认知和社会情感**

社会认知和社会情感发展的关键是一个人的社会观点采择能力。美国学者香茨形象地将观点采择比喻为"从他人的眼中看世界",或者比喻成"站在他人的角度看问题"。① 个体的社会观点采择能力是在与他人的交往中提高的,并受个体社会经验的影响。"一个人的观点采择能力发展与其采择机会的多少相关",这一点已经被柯尔伯格等人对不同采择环境里的儿童的研究所证实。因此,鼓励大学生改变"宅"的习惯,让他们走出宿舍,多与老师、同学等交往和互动,是提高大学生社会观点采择能力,使大学生社会认知和社会情感健康发展的主要途径。观点采择的本质是个体认识上的去自我中心,个体能够设身处地地理解别人的想法与体验、思想与情感。正是通过交往和互动,人们才能了解彼此的观点和看法,认识事物的多样性和相对性,从而在推理和判断过程中,避免采用单一的或片面的认识方法。同样,也正是在与别人的交往中,才能感知他人的情感和情绪,从而产生相应的自我体验,提高他们的移情能力,培养他们的社会情感。有研究表明,人的推理越成熟,其社会行为也越成熟(Ford,1982;Pellagyina,1985),所产生的心理问题也就越少。问题行为和反社会行为往往是不能正确感知他人的情感、意图等造成的。

**(二) 鼓励大学生参加社会实践和社会活动,在实践活动中提高大学生的心理机能**

我国的学校教育,学生由于学业负担重,缺少参与社会活动、社会生活的机会,其目标指向主要是以分数为唯一衡量标准的片面评价体系,不仅使学生适应社会的能力低下、技巧缺乏,而且还使他们的目光短浅、心胸狭小。因此,积极组织和开展丰富多彩的实践活动,在活动

---

① 杨韶刚:《西方道德心理学的新发展》,上海:上海教育出版社,2007年,第71页。

中丰富学生的体验和感受,对学生的心理发展就显得尤为重要。心理学家维果茨基认为,活动是心理建构的社会源泉。人的各种高级心理机能及人的心理过程的变化是在活动中发展起来的,都是社会经验和社会关系的内化,正是这些内化的内容构成了人的社会心理结构。①我国著名心理学家潘菽也认为,实践是心理发展的主要条件和动力。人们在实践活动中,客体不断向主体提出新的要求,这种新的要求与主体已有的心理水平或心理状态之间的矛盾,是人的心理发展的动力。人的心理发展的矛盾或者说人的心理发展的动力是通过人的实践活动而产生的,也是通过人的实践活动而得以解决的。实践活动越广泛、越深入,主客体的接触就越频繁,人的心理内涵就越丰富,人的心理水平也就越成熟。反之,那些不积极实践,脱离现实的人,不可能形成丰富的心理内涵,而容易引发心理问题。因此,增加社会活动,积极参加社会实践是提高大学生心理健康水平的重要途径。

**(三) 培养学生精神情感,充分发挥教育对大学生人格的陶冶功能**

受主客体二分思维的支配,我国现行的教育模式,老师与学生之间是一种主体与客体的关系,老师把学生看成是接收和储存知识的容器。教育关系演变成主客体的认识关系,演变成知识的授受关系。这样的教育观也许会让学生成为技艺精良的劳动力,但由于忽视了人的内心世界的复杂性和精神世界的丰富性,所以培养出来的学生因缺乏经验和标准而在复杂多变的社会大潮中无所适从。正如林森浩在二审最后陈述中所说的那样:"当我还在自由世界里的时候,我在思想上是无家可归的。没有价值观,没有原则,无所坚守,无所拒绝。头脑简单的人生活在并不简单的世界里,随波逐流,随风摇摆,兜不住的迷茫。"②学习并不仅仅是事实的累积和知识的增长,而是一种使个体的行为、态度、个性等都发生改变的活动。师生双方在交往中所投入的不仅是知

---

① 余震球译:《维果茨基教育论著选》,北京:人民教育出版社,1994年,第403—405页。
② 《林森浩二审"最后陈述"曝光》,《成都商报》,2014年12月14日。

识和信息,还有情感、观点、态度、人格等。雅斯贝尔斯认为,教育不同于训练,它是"人对人的主体间灵肉交流活动"①,是一个"人性"发现的过程,人格成长的过程。因此,构建一个和谐、真实的教育环境来培养学生精神情感就显得尤为重要。在这个环境里,老师不仅传授知识,而且还要通过社会的文化传递功能,将生命内涵、人生体验、生活智慧都教给年轻人。只有精神和情感世界充实与丰富,大学生才能找到自己的心灵家园,才不会彷徨和迷失方向,才能使自己的心理得到健康成长。

原载《河南大学学报(社会科学版)》2017年第2期

---

① [德]雅斯贝尔斯著,邹进译:《什么是教育》,北京:生活·读书·新知三联书店,1991年,第2页。

# 心理资本对大学生学习压力的调节作用
## ——学习压力对大学生心理焦虑、心理抑郁和主观幸福感的影响

孟　林，杨　慧[①]

心理学对压力的解释是由于个体与环境之间的失衡而产生的一种身心紧张的状态，通常压力也被称为心理压力。[②] 大学生进入大学校园，是他们进入社会的一个预备期，从这一时期开始他们要独立地处理各种事务，因而大学生在校学习期间承受压力是不可避免的。绝大多数的大学生承受着较大的心理压力。一般来说，大学生主要面临着学习、就业、社交、生活、经济等方面的心理压力，这些压力对大学生的心理、生理和行为等方面都会产生深刻的影响。

在大学生思想成长的过程中，由于他们对社会没有一个完整的认识，所以他们会在积极向上与消极颓废等各种心理状态之间摇摆不定。这种动荡的心理状态，会进一步使大学生产生忧患意识。社会变革的速度越快，这种心理忧患意识就会越强烈。在社会转型时期，忧患意识已成为大学生群体中一个普遍存在和广受人们关注的心理问题。[③] 心理忧患主要是指心理焦虑和心理抑郁，它反映了个体心理的消极方面；与之相对应，主观幸福感则是从积极方面对个体的心理健康水平做出的衡量。因此，笔者试图将这两方面的衡量指标整合在一起，来反映大学生心理忧患的真实状态。

---

[①] 孟林，男，四川北川人，中国人民大学研究生院助理研究员，管理学博士；杨慧，女，安徽合肥人，中国人民大学商学院管理学博士生。
[②] 张艳芬：《大学生的心理压力及调适》，《教育理论与实践》，2006年第4期。
[③] 薛宝平：《试论当代大学生心理焦虑》，《中国科技信息》，2005年第20期。

众多学者已经从大学生心理压力的来源、比较、影响及应对方法等方面进行了全面、深入的研究；目前，针对大学生忧患意识的研究也在逐步深入。然而，对大学生心理压力与心理忧患的关系的探讨却很少。与心理压力、心理忧患紧密相关的一个概念是心理资本。心理资本这一概念最早出现在经济学、投资学和社会学的研究文献中。Luthans等认为，心理资本是"个体一般积极性的核心心理要素，它具体地表现为符合积极组织行为标准的心理状态，它超出了人力资本和社会资本之上，并能够通过有针对性地投资和开发而使个体获得竞争优势"[1]。心理资本由自信、自我效能、希望、乐观和坚韧性四种积极心理状态构成。心理资本强调个体的主观积极性及其自身优势。拥有较高水平的心理资本的大学生，会更好地处理自身存在的心理忧患问题。因此，笔者试图探讨大学生学习压力与他的主观幸福感、心理抑郁、心理焦虑之间是否存在相互关系，它们之间存在着怎样的相关关系，心理资本这一调节变量对它们能否产生调节作用等问题。

## 一、研究对象与方法

笔者对有关大学生学习压力、心理焦虑、心理抑郁、主观幸福感、心理资本的已有的研究文献进行搜集、整理，分析和研究了它们之间的内在联系，并提出了相关假设。

### （一）研究对象

为了验证本研究的假设，笔者对北京大学、中国人民大学、清华大学、北京师范大学、北京理工大学等10余所高校的大学生进行了问卷调查，发放问卷400余份，最终收回有效调查问卷271份，其中，男生占收回有效问卷总人数的61%，女生占收回有效问卷总人数的39%。

---

[1] Luthans, F., Avolio, B. J., Walumbwa, F. O., & Li, W, "The psychological capital of Chinese workers: Exploring the relationship with performance", *Management and Organization Review*, 1(2005).

### (二) 研究方法

笔者采用验证性因子分析法,验证了自变量学习压力(job stress)和因变量主观幸福感(subjective well-being)、心理焦虑(anxiety)、心理抑郁(depression)之间的关系,以及验证了调节变量心理资本(psychological capital)对自变量和因变量之间的关系的调节作用。

## 二、文献综述与假设

### (一) 大学生的学习压力

适度的学习压力会使大学生产生适度的紧张感,从而提高智力活动的效率,但持续不断的和高强度的学习压力则会使学生产生过度焦虑的情绪。① 有研究显示,71.3%的大学生在学习和生活中承受着很大或较大的心理压力;70.1%的大学生对压力缺乏正确的认识。② 国外的研究者认为,大学生的压力主要来源于学业、社交、生活、经济、家庭、择业等方面;国内研究者也对这些方面做了不少研究。李伦等根据心理咨询过程中遇到的事实,将大学生的生活事件概括为三类:家庭问题、工作与学习问题、恋爱与人际交往问题。③ 李虹等研究发现,大学生的压力源主要有家庭、学习、人际关系、恋爱关系、经济、社会、考试、未来就业状况、能力、外表、自信、健康、竞争等十几种因素。④ 如果不能适当地调控和应对生活中常见的压力,就有可能进一步引起大学生

---

① 邓琪:《大学生学习压力感特点的实证研究》,《神经疾病与精神卫生》,2008 年第 1 期。
② 樊富珉,李伟:《大学生心理压力及应对方式——在清华大学的调查》,《青年研究》,2000 年第 6 期。
③ 李伦,王谦:《大学生心理应激生活事件与应付方式的特点》,《医学与社会》,2000 年第 2 期。
④ 李虹,梅锦荣:《大学校园压力的类型和特点》,《心理科学》,2002 年第 4 期。

抑郁、焦虑等负性情绪的产生,甚至阻碍个体人格和行为的正常发展。① 有研究者发现,大学生学习压力与心理焦虑、心理抑郁都显著地呈正相关;而社会支持与学习压力则显著地呈负相关,并且无论在较高或较低压力状况下,社会支持良好的大学生显著地比社会支持不良的大学生的焦虑或抑郁水平低。② 除此之外,还有研究者认为,大学生的学习压力与其身心健康、主观幸福感密切相关,长期的学习压力是大学生产生抑郁、焦虑及其他心理问题的有效预测因子。

### (二) 大学生的学习压力与心理抑郁的关系

心理抑郁是人们的一种普遍性的情感状态,它在个体的正常情绪和病态情绪之间持续地波动着。心理抑郁已经被定位成个体的一种情绪状态,作为一种可识别的临床疾病它具有独特的模式(Zung,1974)。③ 抑郁的症状通常包括烦躁不安、饮食和睡眠不规律、对事物缺乏兴趣和乐趣、无精打采、绝望、内疚,甚至常常会想到死亡等情况。近些年来,下列对青少年抑郁的研究成效显著,如彼得森等通过对青少年抑郁的年龄特点的研究发现,在青少年期得抑郁症的人数有显著增长的趋势;④艾肯巴哈(Achenbach,1991)研究发现,女生心理抑郁的发生率比男生高。我国的最新研究表明,大学生心理抑郁的发展特点是大一学生的抑郁状态与大二、大三、大四的学生有显著差异。⑤ 另外,抑郁水平还存在着性别差异,即女生的抑郁水平显著地高于男生。

---

① Peggy A. Thoits,"Stress, Coping, and Social Support Processes: WhereAre We? What Next?",*Journal of Health and Social Behavior*,(Extra Issue)(1995).

② 李伟,陶沙:《大学生的压力感与抑郁、焦虑的关系:社会支持的作用》,《中国临床心理学杂志》,2003年第2期。

③ Zung, W. W. K., "The measure of affects: Depression and anxiety", In P. Pichot (Ed.), *Psychological measurements in Psychopharmacology*, *Modern problems in pharmacopsychiatry*(Vol. 7), Basel, Switzerland: Karger, 1974.

④ Petersen, A. C., Compas, B. E., Brooks—Gunn, J. Stemmler, M., Ey, S., &Grant, K. E., "Depression in adolescence", *American Psychologist*, 48(1993).

⑤ 阳德华:《大学生抑郁、焦虑的影响因素调查》,《中国心理卫生杂志》,2004年第5期。

应激理论可以用来较好地阐释学习压力与心理抑郁之间的关系。科伊尼指出,应激包括应激源、中介变量和心理生理反应三部分。① 应激源主要是指人们在日常生活中经历的各种生活事件、突发性的创伤性体验、慢性紧张事情等;中介变量主要包括认知评价、应对方式、社会支持、人格和控制感等;心理生理反应主要是指情绪反应及生理生化指标的变化,最常见的是抑郁、焦虑等情绪。国内外的研究者均发现,长期的压力是心理抑郁的一个有效的预测因子。学习压力已经成为大学生的一个重要应激源,它可能导致或增加大学生心理抑郁的产生。基于上述分析,我们提出以下假设:

假设1 大学生的学习压力和心理抑郁呈正相关

### (三) 大学生的学习压力与心理焦虑的关系

Kelly将焦虑定义为当个人感知的经历与自我结构的价值条件不一致或有差异时的人的一种情绪反应。② Pervin将焦虑解释为当个人自我结构面临真正的或感知的威胁时的人的一种情绪反应。③ McKean等则认为,焦虑是个人因遭受心理冲突或挫折而引起的复杂的情绪体验,它是一种不愉快的情绪,通常由忧虑、紧张、失望、不安、恐惧、焦急、羞愧等感受交织在一起。④ 大学生心理焦虑,是指在受到内外环境的强烈影响或受意外事件的打击时,个体所产生的情绪上的波动和生理上的变化,个体所受到的影响或打击持续的时间过长,就会产生焦虑和紧张、痛苦和愤懑等情绪,甚至会产生痛不欲生、精神崩溃、一蹶不振的

---

① J. C. Coyne,"Social factors and psychopathology: Stress, social support, and coping processes", *Annual Review of Psychology*, 42(1991).

② Kelly G. A., The psychology of personal constructs, New York: Norton, 1955.

③ L. A. Pervin, *The science of personality* (2nd ed.), New York: Oxford University Press, 2003.

④ Misra, R., McKean, M., West, S., & Russo, T., "Academic stress of college students: Comparison of student and faculty perceptions", *College Student Journal*, 2 (2000).

现象,并逐渐郁积成焦虑综合征或其他心理疾病。①

研究发现,人的压力感与心理焦虑呈显著地呈正相关。如果不能适当地调控和应对生活中常见的压力,就可能进一步引起心理焦虑等负性情绪的产生,甚至会阻碍个体的人格和行为的正常发展;这一研究表明,生活压力是产生心理焦虑的重要因素之一。② 对大学生来讲,学业负担过重同样会引起心理焦虑的产生。因此,笔者提出如下假设:

假设 2 大学生的学习压力与心理焦虑呈正相关

### (四) 大学生的学习压力与主观幸福感

对个体幸福感的研究涉及心理学、社会学、哲学和伦理学等众多学科。心理学侧重于对这种心理状态的描述及其成因的探讨。描述幸福的术语很多,如满意、高兴、快乐、愉快等。笔者对主观幸福感分类如下:(1)以外界标准界定的幸福,这类幸福是基于观察者的价值体系和标准做出的判断,而不是基于行动者的价值体系和标准所做出的主观判断;(2)以情绪体验界定的幸福,这类幸福就是愉快的情绪体验,可以通过比较积极和消极两种情绪的水平、强度来判断个体是否幸福;(3)个体自我评价的幸福,这类幸福是个体对其生活质量的整体评价,这就是笔者所要介绍的主观幸福感(Subjective well-being)。Diener 提出,主观幸福感有三个特点:(1)主观性,对主观幸福感的评价是依赖被试自己内在的体验,而不是他人或外界的标准;(2)相对稳定性,主观幸福感是人们长期持有的一种情绪状态,而不是某一特定时刻的心境,尽管人们的心境会随着外界事件的发生而不断变化,但主观幸福感的研究者所注重的是人们长期持有的一种稳定的心理状态;(3)整体性,主观幸福感是对个体心理状态的一种综合评价,它不仅包括对个体某个生活领域的狭隘评价,而且还包括对个体生活的整体评价,以及包括对个体

---

① 徐季红,谢彦红:《大学生心理焦虑的成因及自我调适》,《教育与职业》,2007 年第 30 期。
② 翟立武,代永霞,崔瑛:《大学生焦虑的类型及其相关因素》,《中国组织工程研究及临床康复》,2007 年第 39 期。

情感反应的评估和认知的判断。①

一般来说,生活压力越大,则主观幸福感的指数就越低,这样积极情感的得分就低、消极情感的得分就高、情感平衡的得分就越低;反之,生活压力越低,则主观幸福感的指数就越高,这样积极情感的得分就高、消极情感的得分就低、情感平衡的得分就越高。也就是说,压力与主观幸福感呈负相关,诸多研究结果也证明了这一结论。Karlsen. E,Dybdahl. R 和 Vitterso. J 在研究中发现,压力与主观幸福感呈负相关($r=-0.20,p<0.05$)。② 因此,笔者提出如下假设:

假设 3 大学生的学习压力与主观幸福感呈负相关

### (五) 心理资本的调节作用

经济学家 Goldsmith,Veum 和 Darity 等认为,心理资本是指能够影响个体的生产率的一些个性特征,这些特征反映了一个人的自我观或自尊感,它支配着一个人的动机和对工作的一般态度。③ 2005 年,Luthans 等首次明确地将心理资本定义为:"个体一般积极性的核心心理要素,它具体地表现为符合积极组织行为标准的心理状态,它超出了人力资本和社会资本之上,并能够通过有针对性地投入和开发而使个体获得竞争优势。"

2007 年,Luthans,Youssef 和 Avolio 又对心理资本的定义进行了修订,认为心理资本是指"个体的积极心理发展状态,其特点是:(1)个体拥有的一种完成具有挑战性的任务的自信(自我效能感);(2)对当前和将来的成功所做出的积极归因(乐观);(3)坚持目标,为了取得成功,在必要时能够重新选择实现目标的路线(希望);(4)当遇到问题和处于困

---

① Diener E. ,"Subjective Well-Being",*Psychological Bulletin*,95(1984).

② Karlsen,E. ,Dybdahl,R. and Vitters,J. ,"The possible benefits of difficulty: How stress can increase and decrease subjective well-being",*Scandinavian Journal of Psychology*,47(2006).

③ Goldsmith A H,Veum J R,and Darity W. ,"The impact of psychological and human capital on wages", *Economic Inquiry*,35(1997);Goldsmith A H,Darity W,and Veum J R. ,"Race, cognitive skills, psychological capital and wages", *Review of Black Political Economy*,26(1998).

境时,能够很快恢复和采取迂回方式来取得成功"。①

心理应激理论中所说的调节变量主要包括认知评价、应对方式、社会支持、人格和控制感等因素。如在处理同一紧急事件时,一些人视其为挑战,而另一些人则视其为威胁,这是由于人们的认知评价(cognitive appraisal)因素的不同的结果。如果个体拥有积极的情绪,那么,他就能够直接面对应激源,心怀乐观的人便不易产生心理抑郁等健康问题。

心理资本作为一种积极的情绪状态、心理能量,它能够影响人们在面对应激源时的认知评价、应对方式,如拥有高水平心理资本的大学生在应对应激源时,会将其视为挑战而非威胁,进而会直接地做出积极地应对而不会逃避应激源。基于这样的理论分析,我们认为,在面对学习压力时,拥有高水平心理资本的大学生比拥有低水平心理资本的大学生的心理抑郁水平低。因此,笔者提出如下假设:

假设4 心理资本对大学生的学习压力与心理抑郁的关系起调节作用

在同样性质、同样强度的压力的作用下,人们的心理感受与行为表现并不相同,这是因为人们的某些心理因素在起着调节作用。由于个体的心理中介因素存在着差异,所以在相同的压力下,个体表现出的焦虑程度有所不同。心理资本,是指个体所拥有的积极的心理资源,其构成是自信或自我效能感、希望、乐观和坚韧性等要素,这些构成都是积极的心理力量。心理资本较强的人在应对压力时,会拥有良好的自我效能感,乐观且能保持希望;他们在面对挫折时懂得坚持,因此,他们不易因内外环境的变化而受影响。因此,笔者提出如下假设:

假设5 心理资本对大学生的学习压力与心理焦虑的关系起调节作用

学习压力与主观幸福感二者的关系也并非是简单的线性的负相关关系。例如 Karlsen. E,Dybdahl. R 和 Vitterso. J 的研究指出,个体积极的应对方式对压力与主观幸福感的关系起到了积极的调节作用,而回

---

① Luthans F, Youssef C M, & Avolio B J, *Psychological Capital: Developing the human competitive edge*, Oxford, UK: Oxford University Press, 2007.

避取向的应对方式则对二者的关系产生消极的作用。[1] 因此,当个体面对学习压力时,积极的压力应对方式可以提高个体的主观幸福感,消极的压力应对方式则会降低个体的主观幸福感。

心理资本是一个由多种因素构成的综合体,它是个体的一种重要的积极心理能力(positive psychological capacities)。很多研究者都认为,心理资本是一种特定的积极心理状态,这种独特的个人资源能够促使个体实施积极的行为,从而使个体具有更高的主观幸福感。因此,笔者提出如下假设:

假设6 心理资本对大学生的学习压力与主观幸福感的关系起调节作用

## 三、数理分析

### (一) 信效度分析

笔者采用学术上最常用的Cronbach's α 系数来验证本研究所选用的样本资料的信度(统计结果见表1)。由表1中的数据可以看出,整个问卷的Cronbach's α 系数为0.760,说明该问卷的可靠性和稳定性较好。再来看表1的各组变量因子的Cronbach's α 系数,除了"学习压力"的Cronbach's α 系数小于0.5以外,其他各变量因子的系数均超过0.7,说明各变量因子所组成的项目的信度均在可接受范围之内,其内部一致性较好。

---

[1] Karlsen, E., Dybdahl, R. and Vitters, J., "The possible benefits of difficulty: How stress can increase and decrease subjective well-being", *Scandinavian Journal of Psychology*, 47(2006).

表 1　各变量的信度水平

| 变量 | 题项数 | Cronbach's α 系数 |
| --- | --- | --- |
| 学习压力 | 4 | 0.484 |
| 心理资本 | 38 | 0.875 |
| 主观幸福感 | 5 | 0.789 |
| 心理焦虑 | 6 | 0.777 |
| 心理抑郁 | 6 | 0.798 |

由以上分析可以证明,笔者所采用的"大学生心理调查问卷"具有很高的信效度,这保证了本次研究的效度。对该问卷结构效度的验证,笔者采用 Kaiser-Meyer-Olkin(KMO)和 Bartlett 方法做因子分析进行验证(检验情况见表 2)。从表 2 来看,KMO 值为 0.798,根据统计学家 Kasier 提出的标准(KMO 值大于 0.5),说明该问卷适合做因子分析。采用 Bartlett 检验测出该问卷的相伴概率为 0.000,这一数值小于所规定的显著性水平 0.05,因此,该问卷拒绝 Bartlett 球度检验的零假设,证明该问卷及其各因子组成项目的结构效度好。

表 2　KMO 和 Bartlett 球度检验

| KMO 检验 | KMO 统计值 | 0.798 |
| --- | --- | --- |
| Bartlett 球度检验 | $\chi^2$ 统计 | 7213.342 |
| | 值自由度 | 2415 |
| | 相伴概率 | 0.000 |

## (二) 描述性统计分析

表 3 是对自变量、因变量和调节变量各因子的描述性统计分析。从表 3 可以看出,在整个容量为 271 的样本中,总体来说,主观幸福感在 3 个因变量中的平均水平最高,达到了 4.1365(总分为 5 分),这说明了被试大学生对幸福的感知程度较高;在学习压力、心理资本、主观幸福感、心理抑郁和心理焦虑因子中,心理资本的标准差较低,说明被试对心理资本的感知差异最小,这可能与被试都是生活在相似的校园环境中有关;另外两个因子,即心理抑郁和心理焦虑的平均数和标准差两项数值相差不多,这一结果与 Zuway-R. Hong,Patricia McCarthy Veach 和 Frances Lawrenz 在 2005 年提出的观点形成有趣的巧合,他们在研究

中发现,心理抑郁和心理焦虑的相关系数很高,所以可以将二者合并成为心理忧患((psychological distress)这一变量。[①]

表3 描述性统计分析

| | 样本数 | 最小数 | 最大数 | 平均数 | 标准差 |
|---|---|---|---|---|---|
| 学习压力 | 271 | 1.00 | 5.00 | 3.7091 | 0.61855 |
| 心理资本 | 271 | 2.46 | 5.10 | 3.9273 | 0.51261 |
| 主观幸福感 | 271 | 1.60 | 6.40 | 4.1365 | 1.12511 |
| 心理焦虑 | 271 | 1.50 | 5.00 | 2.9031 | 0.63330 |
| 心理抑郁 | 271 | 1.00 | 5.00 | 2.6346 | 0.69056 |
| 有效样本 | 271 | | | | |

### (三)独立样本T检验

笔者采用独立样本T检验方法,对271名样本进行内部检验,即考察样本本身的代表性(T检验情况见表4)。从表4可以看出,对学习压力、心理资本、主观幸福感、心理抑郁和心理焦虑进行方差分析,它们的T检验值的相伴概率都是0.000,即拒绝独立样本T检验的零假设,证明本研究采集的样本具有很好的代表性。

表4 独立样本T检验

| | \multicolumn{5}{c}{Test Value = 0} | |
|---|---|---|---|---|---|---|
| | $t$ | df | Sig. (2-tailed) | Mean Difference | 95% Confidence Interval of the Difference | |
| | | | | | Lower | Upper |
| 主观幸福感 | 60.524 | 270 | 0.000 | 4.13653 | 4.0020 | 4.2711 |
| 心理焦虑 | 75.463 | 270 | 0.000 | 2.90308 | 2.8273 | 2.9788 |
| 心理抑郁 | 62.804 | 270 | 0.000 | 2.63456 | 2.5520 | 2.7172 |
| 学习压力 | 98.714 | 270 | 0.000 | 3.70910 | 3.6351 | 3.7831 |
| 心理资本 | 126.123 | 270 | 0.000 | 3.92730 | 3.8660 | 3.9886 |

### (四)相关分析

为了验证假设1、假设3、假设5,笔者将自变量学习压力与3个因变量的子因素进行相关分析,得到了本研究的3个重要数据,它们分别

---

① Zuway-R. Hong, Patricia McCarthy Veach, and Frances Lawrenz,"Psychosocial Predictors of Psychological Distress in Taiwanese Secondary School Boys and Girls",*Sex Roles*, 5/6(2005).

是：学习压力和主观幸福感、学习压力和心理焦虑以及学习压力和心理抑郁的相关系数。从表5可以看出，学习压力与3个因变量中的心理抑郁和心理焦虑显著地呈正相关，其相关系数分别是0.260和0.342，解释变异量分别是0.068和0.117；而学习压力和主观幸福感的显著性相关水平却大于0.05，所以，二者虽然呈负相关关系，但是其相关系数却不高，这证明了假设1、假设3、假设5的正确性。

表5 Pearson 相关系数

| | 学习压力 | 主观幸福感 | 心理抑郁 | 心理资本 | 心理焦虑 |
| --- | --- | --- | --- | --- | --- |
| 学习压力 | 1 | −0.093 | 0.260(**) | −0.066 | 0.342(**) |
| 主观幸福感 | −0.093 | 1 | −0.287(**) | 0.512(**) | −0.318(**) |
| 心理抑郁 | 0.260(**) | −0.287(**) | 1 | −0.468(**) | 0.725(**) |
| 心理资本 | −0.066 | 0.512(**) | −0.468(**) | 1 | −0.416(**) |
| 心理焦虑 | 0.342(**) | −0.318(**) | 0.725(**) | −0.416(**) | 1 |

注：* 表示 $p<0.05$；** 表示相关显著性水平为 $p<0.01$

### （五）回归分析

表6 模式分析摘要表

| 假设对应的模型 | R | R Square | Adjusted R Square | Std. Error of the Estimate | Change Statistics | | | |
| --- | --- | --- | --- | --- | --- | --- | --- | --- |
| | | | | | R Square Change | F Change | df1 | df2 | Sig. F Change |
| 1 | 0.516 | 0.266 | 0.261 | 0.85989771 | 0.266 | 48.575 | 2 | 268 | 0.000 |
| 2 | 0.518 | 0.269 | 0.260 | 0.86001151 | 0.269 | 32.684 | 3 | 267 | 0.000 |
| 3 | 0.521 | 0.272 | 0.266 | 0.85653863 | 0.272 | 50.009 | 2 | 268 | 0.000 |
| 4 | 0.522 | 0.272 | 0.264 | 0.85798968 | 0.272 | 33.258 | 3 | 267 | 0.000 |
| 5 | 0.522 | 0.272 | 0.267 | 0.85615820 | 0.272 | 50.173 | 2 | 268 | 0.000 |
| 6 | 0.524 | 0.275 | 0.267 | 0.85644610 | 0.275 | 33.699 | 3 | 267 | 0.000 |

笔者采取强制进入法（Enter）进行回归分析。从表6可以看出，对于假设2来说，加入调节变量心理资本之后，$R_{22}>R_{12}$，说明调节变量对主效应有调节作用。同理，假设4和假设6所假设的调节作用是存在的。

我们根据假设2、假设4和假设6建立多元线性回归模型，如下列公式（1）、（2）和（3）所示。其中Y1代表主观幸福感，Y2代表心理抑郁，Y3代表心理焦虑，将Y1、Y2、Y3全部进行标准化处理；X为标准化后的自变量学习压力，M为标准化后的调节变量心理资本；[XM]为标准化后的X与M的交互项；$\xi_1$、$\xi_2$、$\xi_3$为误差项，假设误差项为零，即$\xi_1$

$=0、\xi_2=0、\xi_3=0$。由于 3 个式子中的所有变量都经过了标准化处理，所以，这 3 个模型都没有常数项。

$$Y_1 = \beta_{11} X + \beta_{12} M + \beta_{13} [XM] + \xi_1 \qquad (1)$$

$$Y_2 = \beta_{21} X + \beta_{22} M + \beta_{23} [XM] + \xi_2 \qquad (2)$$

$$Y_3 = \beta_{31} X + \beta_{32} M + \beta_{33} [XM] + \xi_3 \qquad (3)$$

通过上面 3 个公式，我们可以在回归分析中得到相应的 β 值（3 个模型的回归分析见表 7）。

表 7 模型回归分析

| Model | Unstandardized B | Coefficients Std. Error | Standardized Coefficients Beta | t | Sig | Collinearity Tolerance | Statistics VIF |
|---|---|---|---|---|---|---|---|
| (1)常数项 | −0.003 | 0.052 | | −0.064 | 0.949 | | |
| 学习压力 | −0.056 | 0.053 | −0.056 | −1.070 | 0.286 | 0.994 | 1.010 |
| 心理资本 | 0.513 | 0.053 | 0.513*** | 9.739 | 0.000 | 0.989 | 1.011 |
| XM(交互项) | −0.051 | 0.053 | −0.051 | −0.964 | 0.336 | 0.989 | 1.011 |
| (2)常数项 | 0.001 | 0.052 | | 0.021 | 0.984 | | |
| 学习压力 | 0.229 | 0.052 | 0.229*** | 4.368 | 0.000 | 0.994 | 1.010 |
| 心理资本 | −0.454 | 0.053 | −0.454*** | −8.649 | 0.000 | 0.989 | 1.011 |
| XM(交互项) | 0.016 | 0.053 | 0.016 | 0.307 | 0.759 | 0.989 | 1.011 |
| (3)常数项 | 0.003 | 0.052 | | 0.061 | 0.952 | | |
| 学习压力 | 0.312 | 0.052 | 0.312*** | 5.964 | 0.000 | 0.994 | 1.010 |
| 心理资本 | −0.399 | 0.052 | −0.399*** | −7.618 | 0.000 | 0.989 | 1.011 |
| XM(交互项) | 0.048 | 0.053 | 0.047 | 0.905 | 0.366 | 0.989 | 1.011 |

注：*** 为 α 在 0.001 水平上结果显著（双尾检验）

表 7 中的第 3 列标准化后的相关系数，是模型中的 β 值。则上述 3 个公式最终为：

$$Y_1 = -0.056 X + 0.513 M - 0.051 [XM] \qquad (4)$$

$$Y_2 = 0.229 X - 0.454 M + 0.016 [XM] \qquad (5)$$

$$Y_3 = 0.312 X - 0.399 M + 0.047 [XM] \qquad (6)$$

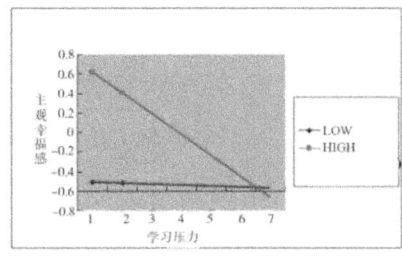

图 1 主观幸福感 M 线

绘制出 3 个模型的 M 线，如图 1、图 2、图 3 所示，主观幸福感与学习压力呈负相关；心理抑郁、心理焦虑二因子分别与学习压力呈正相关。被试的心理资本越强大,其主观幸福感随着学习压力的增加而逐渐减少;心理抑郁和心理焦虑都随着学习压力的增加而增加。值得注意的是,心理资本的调节作用,对主观幸福感十分明显;但是,对于心理抑郁和心理焦虑来说,其调节作用却不是非常明显,其中,它对心理抑郁的调节作用最小,加入调节效应之后,其主效应回归线的斜率变动得很小。

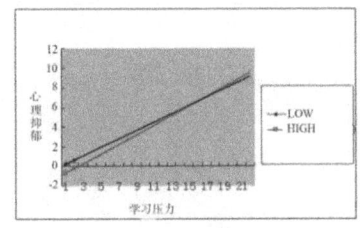

图2 心理抑郁 M 线

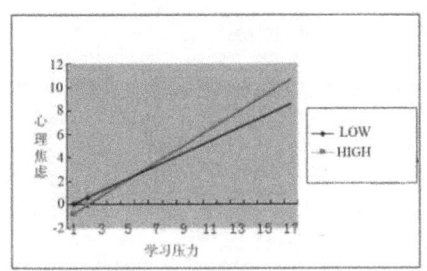

图3 心理焦虑的 M 线

## 四、本研究的结论与讨论

### (一) 结论

笔者主要研究了大学生学习压力与心理焦虑、心理抑郁、主观幸福感之间是否存在着相互关系、存在着怎样的相互关系等问题;同时,笔者又引入心理资本这一调节变量,并检验该调节变量是否能产生调节作用。有学者研究表明:大学生学习压力分别与心理焦虑、心理抑郁二因子都显著地呈正相关;大学生学习压力与主观幸福感呈负相关。

在本研究中,笔者将学习压力作为自变量,将主观幸福感、心理焦虑和心理抑郁作为因变量,将心理资本作为调节变量,采用"大学生心理调查问卷"进行调查,对所得数据进行有关分析,得出了以下结论:

结论一:大学生的学习压力分别与心理抑郁、心理焦虑显著地呈正相关;学习压力与主观幸福感虽然呈负相关,但是其相关性不显著,这可能是由于笔者没有考虑到被试大学生对学习压力所采取的应对方式不同的缘故,Karlsen. E,Dybdahl. R 和 Vitterso. J(2006)在研究中发现,当个体面对学习压力时,积极的压力应对方式可以提高个体的主观幸福感,消极的压力应对方式则会降低个体的主观幸福感。

结论二:心理资本在大学生的学习压力与主观幸福感的关系、学习压力与心理抑郁的关系以及学习压力与心理焦虑的关系中均起到了调节作用。也就是说,心理资本越强大,个体的主观幸福感随着学习压力的增加而减少;个体的心理抑郁和心理焦虑都随着学习压力的增加而增加。但是,心理资本在这3组关系中所起的调节作用的大小不同。心理资本对大学生的学习压力与主观幸福感的关系的调节作用十分明显;心理资本对大学生的学习压力与心理抑郁、心理焦虑之间的关系的调节作用却不明显,其中,心理资本对于学习压力和心理抑郁的关系的调节作用最小。

由上述的两个结论可以证明,笔者在本研究中提出的6项假设均得到了证实。此外,笔者在本研究中还发现,271名样本对主观幸福感的感知程度较高,对心理抑郁和心理焦虑的感知程度则相差无几。

(二) 讨论

1. 本研究的理论意义

首先,笔者对大学生学习压力和构成心理忧患各要素之间的关系进行了研究,并引入了心理资本这一调节变量。众多学者已经从大学生心理压力的来源、比较、影响及应对方式等方面进行了全面、深入的研究,但对于大学生心理压力与构成心理忧患各要素之间的相互关系的探讨却很少,所以,笔者从这一角度展开研究。

其次,在本研究中,笔者又增加了主观幸福感这一指标,这样我们从心理焦虑、心理抑郁和主观幸福感三个方面综合探讨了构成心理忧患各要素与学习压力之间的关系,全面地反映了大学生心理忧患的真实状态。

再次,笔者论证了心理资本的作用机制。前人的研究,对心理资本持有三种观点:第一种观点认为心理资本对个体、群体和组织层面的相关结果变量具有直接的增益作用,其效应独立于其他变量之外;第二种观点认为心理资本是通过影响一些中介变量,进而间接地影响个人、群体和组织层面的结果变量;第三种观点认为心理资本是通过调节作用来影响结果变量的。笔者通过实证研究,得出心理资本对大学生学习压力与心理抑郁、心理焦虑和主观幸福感三者的关系均起到了调节作用的结论。这一结论证明了前人的第三种观点,即通过心理资本的调节作用来影响结果变量。

最后,笔者在实证研究的基础上,证明了大学生的学习压力和心理抑郁、心理焦虑均显著地呈正相关;大学生的学习压力和主观幸福感虽然呈负相关关系,但是它们的相关数值却不高。所以,本研究的结果进一步证明了前人研究的结果:学习压力和主观幸福感虽然呈负相关,但二者的相关程度并不高。

2. 本研究的实践意义

有关心理资本、心理焦虑、心理抑郁以及学习压力的研究成果,为本研究提供了强有力的理论支持。本研究的结果,是在分析271个样本问卷调查的数据的基础上取得的,同时,又对各变量因子进行分析,证明本次所调查的样本代表性强,具有普遍意义。本研究所用的"大学生心理调查问卷"已经得到了学术界的广泛认可,其可信度高,且通过采用因子分析的方法,验证了本问卷及其各变量因子所组成项目的结构效度较好。此外,在本次调查中,我们对调查过程进行了严格地控制。

本研究的问卷调查所取得的数据具有较高的可信度,因此,可以将本研究的结论推广到与本研究中的样本具有相似校园环境的大学范围内。由于本次调查所选取的样本均生活在相似的校园环境中,但不同类型的大学生(重点大学同普通大学,理科大学同文科大学,专业类大学同综合类大学)具有不同的特征,因此本研究所得的结论可能无法推广到与本研究中的大学校园环境差别较大的学校中。此外,本研究为提高在校大学生的心理资本,同时,也为尽量减少引发大学生心理问题的应激源的产生提供可行性建议。

### (三) 本研究的局限性

首先,由于笔者采用的是自我报告法,所以,易出现与共同方法有所偏差(common method bias)的问题。其次,心理抑郁和心理焦虑的正相关性较强,所以,这两个概念的界限比较模糊;同时,心理抑郁和心理焦虑分别与主观幸福感有较高的负相关,因此,这3个变量的高度相关性容易影响统计结果的准确性。再次,根据科伊尼(J. C. Coyne,1991)的应激理论,应激包括应激源、中介变量和心理生理反应3个因素。在本研究中,应激源为学习压力,心理生理反应为心理抑郁和心理焦虑,笔者对此做了较详尽的分析验证。在本研究中,笔者对中介变量,如认知评价、应对方式、社会支持、人格和控制感等没有进行研究,直接讨论了学习压力对心理抑郁、心理焦虑的影响,讨论了心理资本这一调节变量对它们的调节作用,这导致了本研究中的调节效应不明显。最后,由于学习压力对不同性别的大学生、不同年龄的大学生的主观幸福感、心理抑郁与心理焦虑的影响是不一样的,例如女生比男生更容易产生心理抑郁(Achenbach,1991)等,但笔者却忽略了此类因素,因此,本研究的又一不足之处是:没有设定控制变量,忽略了样本的性别、年龄等因素的差异性。

### (四) 未来的研究方向

未来的研究可以在现有研究成果的基础上做出以下几方面的努力:(1)不仅要关注心理资本的调节作用,而且还应在研究学习压力对主观幸福感、心理抑郁以及心理焦虑的影响中加入中介变量,使学习压力的影响途径更为清晰,例如应对方式是学习压力影响主观幸福感的中介变量(Karlsen. E,Dybdahl. R& Vitterso. J,2006),认知评价、应对方式和社会支持等影响是学习压力与心理抑郁的关系的中介变量(J. C. Coyne,1991);(2)在未来研究中,除了要研究中介变量外,还应该研究如何设定控制变量,以排除被试在年龄、性别、国籍等方面的差异对研究结果的影响;(3)在未来的研究中,心理资本的各个维度的调节作用也是一个应该下功夫调查分析的课题。

原载《河南大学学报(社会科学版)》2012年第3期,人大报刊复印资料《心理学》2012年第9期复印转载

# 主观社会经济地位影响大学生幸福感的路径研究

朱晓文,刘珈彤[①]

## 一、问题的提出

自 1999 年起历经 20 年的高校扩招,我国已成为世界上高等教育规模最大的国家。国家倾注大量资源重点培养的后备人才资源——大学生群体,承载着家庭的期望和祖国的重托,该群体的幸福感指数也直接映射出我国青年群体的生活质量状况。近年来,在面临学业、就业、婚恋、人际关系等多重现实压力下,大学生受焦虑或抑郁情绪困扰的比例逐年上升,校园自杀事件也频现媒体,这些现象从侧面反映出当代大学生幸福感的普遍缺失。关注大学生心理健康、提升其幸福感已成为高校管理者工作的重点之一。因此,研究者应深入研究影响大学生幸福感的因素及作用机制,以期找到提升大学生幸福感的有效途径。

学者们试图从不同学科视角找到影响大学生幸福感的相关因素,其中研究最多的当是心理学视角下的分析,不过近年来基于社会学视角的研究也在不断增多。心理学家擅长从微观视角探索影响个体幸福感的心理特征因素,比如,对个体性格、人格特征、自尊等的探索,容易忽视客观结构性因素对于个体个性发展的限制。社会学家更倾向于从中观层面以结构化、网络化的视角探讨影响个体幸福感的客观性的社

---

[①] 朱晓文,女,河南洛阳人,西安交通大学人文社会科学学院副教授,博士生导师,教育学博士;刘珈彤,女,陕西西安人,西安交通大学人文社会科学学院博士生。

会因素,比如,关注社会经济地位、人际关系网络等的影响较多,却较少关注地位的分层会造成个体心理层面上的差异,进而会影响个体的幸福感水平。

鉴于此,笔者试图将社会学和心理学的视角综合于同一个框架下研究大学生幸福感,主要探讨主观社会经济地位、心理因素、社会网络因素与大学生幸福感的复杂关系。本文的创新之处可以概括为三点:首先,突破以往研究多关注客观社会经济地位对于幸福感的影响,转向基于主观社会经济地位来测量大学生的社会地位,分析其对大学生幸福感的影响。其次,综合心理学所强调的心理特征因素和社会学所关注的社会网络因素来分析、比较心理特征和社会网络对大学生幸福感的影响,特别是分析、比较同伴交往行为对大学生幸福感的影响,并进一步检验两者是否在主观地位和幸福感之间起到了中介的作用。再次,以往对大学生人际网络或人际交往的测量没有区分是在现实生活中面对面的交往还是通过社交网络平台的互动交流,本研究在分析大学生同伴交往行为时将考虑"线上"与"线下"两个交往维度的效应,从而找出"线上和线下哪类同伴交往更能影响大学生的幸福感"的现实问题的答案,希望能在人际交往层面为提升大学生幸福感提出更为具体的建议。

## 二、文献综述和研究假设

(一)主观社会经济地位与大学生幸福感在影响大学生幸福感的诸多因素中,作为先赋性的社会经济地位可以说是最根本也最不容忽视的因素。由于大学生还没有进入职场,没有真正形成自己的社会经济地位,因此,对大学生社会经济地位的测量通常是用家庭社会经济地位来代替的。通过对文献进行梳理我们发现,以往相关研究多是以家庭收入、父母受教育水平和父母职业这三个指标来构建大学生的客观社会经济地位的,同时还发现,客观社会经济地位对子女的身心健康(包括幸福感)有显著的正向作用。一方面,家庭的客观社会经济地位决定着家庭为其子女提供资源的多寡,因而家庭的客观社会经济地位越高,父母为子女提供的物质资源和文化资源便越丰富,子女的幸福感水平就会越高①;另一方面,客观社会经济地位通过影响父母的生活满意度与教养子女的方式进而影响子女的幸福感水平,因为家庭客观社会经济地位较高的父母不仅生活态度较积极,而且对子女的培养方式也会更加科学,他们常常采取科学的教养方式培育子女健全的人格,从而有利于促进子女的心理健康和幸福感水平的提高。②

目前,国内大多数研究仍然关注客观社会经济地位与大学生身心健康的关系,而国外学者近些年已经开始反思客观社会经济地位在预测大学生身心健康时可能带来的局限性,并逐渐将研究重心转向了对主观社会经济地位的考察。③ 主观社会经济地位是个体对自身所处社会阶层地位的感知,④个体往往通过与周围群体相比较形成对自身社会地位的认知,进而对心理健康产生影响⑤。国外众多学者认为,在对幸福感的研究中,使用客观指标测量学生家庭社会经济地位是不恰当的,他们推荐采用主观社会经济地位或相对社会经济地位来测量家庭社会经济地位。其原因在于主观社会经济地位超越了客观指标只能静态测量家庭社会经济地位的局限性,是综合考量个体过去与未来的发展,同时测量的是个体在社会中的相对位置,因此对个体社会地位的评判更加全面、深刻,对幸福感变化的预测更加敏锐。⑥ 国外已有的实证

---

① Conger R D, Conger K J, Martin M J, "Socioeconomic status, family processes, and individual development", *Journal of Marriage and Family*, 3(2010);姚远、张顺:《家庭地位、人际网络与青少年的心理健康》,《青年研究》,2016年第5期。

② Ben-Zur H, "Happy adolescents: the link between subjective well-being, internal resources, and parental factors", *Journal of Youth & Adolescence*, 2(2003); Evans G W, "The environment of childhood poverty", *American Psychologist*, 2(2004).

③ 徐岩:《客观社会经济地位、主观阶层认知与健康不平等》,《开放时代》,2017年第4期。

④ Davis J A, "Status symbols and the measurement of status perception", *Sociometry*, 3(1956).

⑤ Goodman E, Adler N E, Kawachi I, "Adolescents' perceptions of social status: development and evaluation of a new indicator", *Pediatrics*, 2(2001).

⑥ Singh-Manoux A, Adler N E, Marmot M G, "Subjective social status: its determinants and its association with measures of ill-health in the Whitehall II study", *Social Science & Medicine*, 6(2003).

研究也进一步证实了主观社会经济地位比客观社会经济地位对心理健康和幸福感有更强的解释力。①

学者们还特别强调当测量对象是青少年群体时，家庭主观社会经济地位比家庭客观社会经济地位更合适。比如，根据 Glendinning 的观点，大学生正处于向成人世界过渡的成长阶段，自身的社会地位感已逐渐形成，不能简单地用家庭客观社会经济地位指标来代替；②Quon 等人也认为，让青少年自己报告主观社会经济地位能够更精确地预测幸福感。③ 国内学者黄婷婷等人也发现，由于年轻人更看重物质、知识的获取和个人发展，其主观幸福感更容易受到社会经济地位的影响。④ 故主观社会经济地位与大学生幸福感的关系可能更加密切。

纵观国内相关研究，大多数仍以分析客观社会经济地位与幸福感的关系为主，对主观社会经济地位的研究甚少。在国际学术界开始重视主观社会经济地位对幸福感的影响，并发现在主观社会经济地位的效应更强的主流趋势下，有必要通过实证分析来检验这种影响对中国大学生群体是否也具有同样强的效应。基于此，笔者提出第一个研究假设：

假设1：主观社会经济地位对大学生幸福感存在显著的正向影响

### （二）主观社会经济地位影响大学生幸福感的中介机制

虽然已有少数学者开始关注主观社会经济地位与幸福感的关系问

---

① Adler N E, Epel E S, Castellazzo G, "Relationship of subjective and objective social status with psychological and physiological functioning: Preliminary data in healthy White women", *Health Psychology*, 6(2000).

② Glendinning A, Love J G, Hendry L B, "Adolescence and health inequalities: extensions to Macintyre and West", *Social Science & Medicine*, 5(1992).

③ Quon E C, Mcgrath J J, "Subjective socioeconomic status and adolescent health: a meta—analysis", *Health Psychology*, 5(2014).

④ 黄婷婷，刘莉倩，王大华等：《经济地位和计量地位：社会地位比较对主观幸福感的影响及其年龄差异》，《心理学报》，2016年第9期。

题,但中介机制并未得到明确澄清①,研究者仅仅是推测心理因素、行为因素可能在其中起到了重要的中介作用②。已有研究发现,主观社会经济地位较低的个体更容易产生消极心理与危险行为,比如,压力、悲观态度、吸烟行为等,进而有损身心健康;③相反,高主观社会经济地位所带来的安全感会缓解负面情绪等对身心造成的危害和压力,从而有利于幸福感的提升。④ 这些研究试图揭开主观社会经济地位促进大学生身心健康和产生幸福感的"黑匣子",更多考虑的是压力、焦虑等负面心理因素的中介作用,对积极心理因素的中介机制关注较少,⑤对与个体行为相关的机制特别是社会学所强调的人际交往行为机制的探索更是少之又少,同时,也缺乏对这些机制进行严格的实证检验。因此笔者认为,有必要通过实证分析,进一步探讨积极心理因素和交往行为因素是否在大学生主观社会经济地位和幸福感之间扮演着中介的作用。⑥

---

① Quon E C, Mcgrath J J, "Subjective socioeconomic status and adolescent health: a meta-analysis", *Health Psychology*, 5(2014).

② Adler N E, Stewart J, "Health disparities across the lifespan: meaning, methods, and mechanisms", *Annals of the New York Academy of Sciences*, 1(2010).

③ Wilkinson R G, Pickett K E, "The problems of relative deprivation: why some societies do better than others", *Social Science & Medicine*, 9(2007);夏良伟、姚树桥、胡牡丽等:《青少年主观社会经济地位与吸烟行为:生活事件的中介作用》,《中国临床心理学杂志》,2012年第4期。

④ Segerstrom S C, Taylor S E, Kemeny M E, "Optimism is associated with mood, coping, and immune change in response to stress", *Journal of Personality and Social Psychology*, 6(1998).

⑤ Wilkinson R G, "Health, hierarchy, and social anxiety", *Annals of the New York Academy of Sciences*, 1(1999); Quon E C, Mcgrath J J, "Subjective socioeconomic status and adolescent health: a meta-analysis", Health Psychology, 5(2014); Operario D, Adler N E, Williams D R, "Subjective social status: reliability and predictive utility for global health", *Psychology & Health*, 2(2004).

⑥ Quon E C, Mcgrath J J, "Subjective socioeconomic status and adolescent health: a meta analysis", *Health Psychology*, 5(2014).

## 一、积极心理因素的中介作用

希望、乐观、自我效能感、自尊等因素是有利于个体健康成长的积极的心理因素,它们均被证明能够在不同程度上显著预测个体的幸福感水平。其中,自尊被认为是影响幸福感最为稳定的主观因素。[1] 自尊对幸福感的积极作用主要表现为:拥有高水平自尊的个体往往具备较强的环境适应能力与情绪控制能力,能够迅速脱离负面情绪的困扰;同时,在为人处世中展现出极大的热情,拥有高水平的成就动机,常以积极的心态迎接新事物、面对新挑战,进而拥有更高的幸福感水平。[2] 而自尊水平较低的个体则往往情绪低迷,自我效能感低,处世态度悲观,行为模式也更为消极,因此他们容易畏惧新事物,时常处于焦虑、紧张的状态,幸福体验较少。

自尊不仅能显著影响个体的幸福感,而且与主观社会经济地位的关系也十分紧密。自尊是个体在社会比较中所产生的稳定的自我价值感[3],同时,它也是自我评价、社会评价与自尊需要之间关系的反映[4]。当个体的自我评价与社会评价无法满足自尊需要时,个体将会丧失自尊心,引发种种不利于身心发展的消极情绪,比如,自卑、怨恨、怯懦等;当这种评价能够满足自尊需要时,则会产生积极的情绪,进而有利于个体的发展进步。由此可见,自尊的形成与发展离不开社会比较,而主观社会经济地位正是个体经过社会比较后所产生的对自身地位的认知。

---

[1] Diener E, Suh E M, Lucas R E, "Subjective well-being: three decades of progress", *Psychological Bulletin*, 2(1999).

[2] Baumeister R F, Campbell J D, Krueger J I, "Does high selfesteem cause better performance, interpersonal success, happiness, or healthier lifestyles?", *Psychological Science in the Public Interest*, 1(2003).

[3] Coopersmith S, *The antecedents of self-esteem*, San Francisco: Freeman, 1967, 21—24.

[4] 杨丽珠,张丽华:《论自尊的心理意义》,《心理学探新》,2003年第4期。

因此,主观社会经济地位与自尊在理论上有着极强的相关性。① Marmot 等人通过实证研究也发现,主观社会经济地位对自尊存在着积极的预测作用,主要表现为:若青少年与同伴相比所感知到的社会经济地位更高的话,其自尊水平也会更高。②

综上所述,自尊不仅会对幸福感产生强烈的影响,自尊也会受到个体主观社会经济地位的影响。这说明自尊作为连接主观社会经济地位和幸福感的积极心理因素,很可能在二者之间起到了显著的正向中介作用。也就是说,自尊是主观社会经济地位影响大学生幸福感的众多机制中的重要心理机制之一。基于此,本研究提出假设2:

假设2a:自尊对大学生幸福感存在显著的正向影响

假设2b:自尊在主观社会经济地位和大学生幸福感之间起着显著的中介作用

## 二、交往行为因素的中介作用

在大学生行为机制方面,笔者将特别关注同伴交往对大学生幸福感的影响及其中介作用。之所以选择同伴交往,是由于人际交往对幸福感的重要性及同伴群体是大学生最主要的交往群体。社会网络或人际交往与个体幸福感的强相关关系在众多文献中都有相同的结论。③人际关系的和谐、好友的网络规模、与同伴积极的互动均可以正向预测

---

① Chen E, Martin A D, Matthews K A, "Socioeconomic status and health: do gradients differ within childhood and adolescence?", *Social Science & Medicine*, 9 (2006);陈艳红,程刚,关雨生等:《大学生客观社会经济地位与自尊:主观社会地位的中介作用》,《心理发展与教育》,2014年第6期。

② Marmot M, Wilkinson R G, *Social determinants of health*, London: Oxford University Press, 1999.

③ Diener E, Diener C, "The wealth of nations revisited: Income and quality of life", *Social Indicators Research*, 3(1995).

个体的幸福感。① 一方面，通过人际互动，个体可以从非正式网络（如亲友交往）中获取大量的情感性资源，进而有利于降低生活中的负面情绪，促进幸福感的提升；另一方面，通过社会交往，个体也可以从正式网络（如社会团体）中获取工具性资源，有助于个人实际问题的解决，进而对幸福感产生积极影响。针对大学生群体的研究也有同样的发现。比如，严标宾等人的研究发现，对中国和美国的大学生而言，社会关系均是影响幸福感的重要因素。② 国外学者对约旦和美国两个国家的大学生的幸福感的研究也证实了人际交往的积极影响。③

人际交往对幸福感的影响还受到了阶层或地位的制约。阶层结构的差异会影响个体人际网络的结构和性质，进而对幸福感产生影响。④ 徐岩的研究就证实了人际交往在家庭客观社会经济地位与大学生主观幸福感之间的中介作用，即较高的阶层地位会促进个体人际交往，使个体感知到更高的社会支持水平，进而提升幸福感。⑤ 然而，至今国内还少有关注人际交往是否在主观社会经济地位与幸福感之间存在中介作用的研究。笔者认为，主观阶层认知常常会影响个体对交往对象的选择和与交往对象交往时的心态，这主要表现为个体更倾向于与自己同阶层的人交往，如果交往双方对自身所处阶层地位的认知态度趋于一致，他们将拥有更多的共同话题与共同兴趣，迅速形成"利益共同体"，使他们之间的联系也更加紧密与稳固，这种心态进而就会影响个体与

---

① 边燕杰，肖阳：《中英居民主观幸福感比较研究》，《社会学研究》，2014年第2期；Requena F,"Friendship and subjective well-being in Spain: A cross-national comparison with the United States", *Social Indicators Research*, 3(1995).

② 严标宾，郑雪，邱林：《中国大陆、香港和美国大学生主观幸福感比较》，《心理学探新》，2003年第2期。

③ Brannan D, Biswas-Diener R, Mohr C D, "Friends and family: A cross-cultural investigation of social support and subjective well-being", *Journal of Positive Psychology*, 1(2013).

④ 张文宏：《阶层地位对城市居民社会网络性质的影响》，《社会》，2005年第4期；Li Y,"Social mobility, social network and subjective wellbeing in the UK", *Contemporary Social Research*, 2(2016).

⑤ 徐岩：《家庭社会经济地位、社会支持与大学生幸福感》，《青年研究》，2017年第1期。

同伴交往的行为。因此,笔者推测主观社会经济地位也会通过影响同伴交往行为进而对大学生幸福感产生影响。

需要注意的是,以往关于人际交往和幸福感关系的研究很少将现实交往与网络交往加以区分,或者仅关注其中一个维度。随着移动互联网技术的日益成熟,微信、QQ 等网络社交平台已成为当代大学生进行日常人际交往的必备工具。网络交往变成了大学生构建人际网络的重要方式,甚至很多人出现了线上同伴交往频率超过线下同伴交往频率的状况,网络交往似乎要替代现实交往而成为大学生现代社交的一种主流方式。在此背景下,网络交往对个体幸福感的影响也成为国内外学者关注的新的议题,但对于该议题的探讨并未形成一致的结论。有学者认为,网络交往与现实交往是一种替代关系。① 在网络上投入大量时间会降低个体的现实交往,从而引发网络成瘾、形成压力等不良后果。还有学者基于"网络交往是现实交往的延伸"的观点,认为互联网突破了传统社交的时空局限,极大地拓宽了个体的社交半径,因此可获取的支持性社会资源更加丰富,有利于个体主观幸福感的增进。② 近年来,大多数研究支持后一种观点,即网络交往对幸福感存在正向影响。比如,国外学者 Kim 的实证研究结果显示,和好友在网上进行积极的交流互动有利于积累不同类型的社会资本和获取更多的社会支持,进而能够有效提升个体的主观幸福感。国内学者梁晓燕等人认为,社交网络平台为大学生与他人互动交流提供了便利,更加有利于大学生从中获取社会支持,进而提升个人的主观幸福感。③ 梁栋青认为,大学

---

① Kraut R, Patterson M, Lundmark V, "Internet paradox, A social technology that reduces social involvement and psychological well-being?", *American Psychological Association*, 9(1998).

② Liu P, Tov W, Kosinski M, "Do Facebook status updates reflect subjective well-being?", *Cyberpsychology Behavior & Social Networking*, 7(2015).

③ 梁晓燕,高志旭,渠立松:《大学生网络社会支持与网络社区归属感的关系:网络虚拟幸福感的中介效应》,《中国健康心理学杂志》,2015 年第 6 期; Kim H, "Enacted social support on social media and subjective well-being", *International Journal of Communication*, 8(2014).

生的网络社会支持水平越高,其主观幸福感水平就越高。① 综上所述,目前网络交往对人们的积极影响较为凸显,因此笔者认为,网络交往对大学生来说利大于弊,有助于提升大学生的幸福感水平。

由于鲜有同时考察线下同伴交往(现实交往)和线上同伴交往(网络交往)对幸福感的影响的,因此,笔者将把二者纳入同一框架进行比较,并基于以上文献提出以下相关假设:

假设 3a:线下同伴交往对大学生幸福感有显著的正向影响

假设 3b:线下同伴交往在主观社会经济地位与大学生幸福感之间起着显著的中介作用

假设 4a:线上同伴交往对大学生幸福感有显著的正向影响

假设 4b:线上同伴交往在主观社会经济地位与大学生幸福感之间起着显著的中介作用

假设 5:线下同伴交往的中介作用强于线上同伴交往

## 三、数据、变量与分析

### (一) 数据

本研究的数据来源于 2014 年 5 月笔者所在课题组对某西部高校本科生进行的《校园生活与幸福感》问卷调查。该问卷除了收集了个人及家庭的基本信息外,还涵盖了大学生校园生活的众多方面,比如,人际关系、社交网络使用情况、幸福感、大学生的未来发展、学习情况等。由于高校为学生安排宿舍是随机的,本研究以 15% 的比例随机抽取 149 个学生宿舍,被抽中的宿舍的全部学生成为调查样本。最终回收的有效问卷为 572 份,其中男生占 64.16%,女生占 35.84%;农村户口的大学生占 33.27%,非农村户口的大学生占 66.73%;理工科专业的大学生占 73.25%,非理工科专业的大学生占 26.75%;独生子女和非独生子女的比例分别为 61.86% 和 38.14%。

---

① 梁栋青:《大学生网络社会支持与主观幸福感的相关研究》,《中国健康心理学杂志》,2011 年第 8 期。

## (二) 变量与测量

### 1. 因变量

幸福感:本研究采用目前国际上较为流行的自陈量表法来测量大学生的幸福感。著名经济学家伊斯特林认为,用自陈量表法测量的数据具有研究价值,并表示将进一步运用于对中国居民幸福感的研究。[1] Abdel-Khalek 的研究也证明了用自陈量表法测量幸福感具有更高的测量信度与聚合效度。[2] 该方法要求直接询问受访者总体幸福感的体验程度。笔者所用问卷的题项为"总的来说,您觉得自己目前的幸福感如何",与题项对应的选项从"非常不幸福"逐步过渡到"非常幸福",共有 6 个等级,分别赋值 1、2、3、4、5、6 分,分值越高表明幸福感水平越高。

### 2. 自变量

(1) 主观社会经济地位:对主观社会经济地位的测量,最常用的方式包括李克特量表、社会梯级(家庭在社会中的地位)、学校梯级(个体在学校社区中的地位)等量表。[3] 本研究采用的是李克特量表,即直接询问受访者"相比周围同学,您认为您家的社会经济地位在你们当地处于什么等级",与该题项相对应的选项是"下层""中下层""中层""中上层"和"上层"5 个等级,分别赋值 1、2、3、4、5 分,分值越高表明主观社会经济地位越高。

(2) 自尊:为了更加准确地测量大学生的自尊水平,本研究借用 Ellison 针对美国大学生群体所修订的 Rosenberg 自尊量表,[4] 该量表选取原始量表中最能反映大学生自尊水平的 7 道题(其中有两道是反向

---

[1] Easterlin, Richard A., et al., "China's life satisfaction, 1990 – 2010", Proceedings of the National Academy of Sciences, 25(2012).

[2] Abdel-Khalek A M, "Measuring happiness with a single-item scale", Social Behavior & Personality An International Journal, 2(2006).

[3] Quon E C, Mcgrath J J, "Subjective socioeconomic status and adolescent health: a meta-analysis", Health Psychology, 5(2014).

[4] Ellison N B, Steinfield C, Lampe C, "The Benefits of Facebook "friends": Social capital and college students' use of online social network sites", Journal of Computer Mediated Communication, 4(2007).

题),比如,"我认为自己是一个有价值的人,至少与别人不相上下""我认为自己有许多优秀的品质""总的来说,我倾向于认为自己是个失败者"等。选项从"非常不同意"逐渐过渡到"非常同意",共有5个等级,分别赋值1、2、3、4、5分。对反向题进行正向编码后,统计这7道题的总分,便形成了自尊的变量值,取值范围为7—35分,分值越高说明大学生自尊水平越高。该量表在本研究中的内部一致性系数为0.83,说明测量的可信度较高。

(3)线下同伴交往:本研究对线下同伴交往的测量是通过询问被访者与同伴一起做某类事情的频繁程度来实现的。该量表共有8个题项,比如,"结伴上自习""讨论课堂和书本上遇到的问题""一起完成作业或课题"等,选项从"从不"逐渐过渡到"总是"共有5个等级,分别赋值1、2、3、4、5分,统计这8个题项总分后得到线下同伴交往的变量值,取值范围为8—40分,分值越高说明线下同伴交往强度越高。该量表的内部一致性系数为0.85。

(4)线上同伴交往:本研究对于线上同伴交往的测量是通过询问被访者在社交网络平台与同伴进行联系的频繁程度来实现的。该量表包含四个题项,对应四类交往对象,即大学舍友、同班同学、不同班的大学同学和大学之前的同学和朋友。选项为"从不"逐渐过渡到"总是"共有5个等级,分别赋值为1、2、3、4、5,统计这四个题项的总分,取值范围为4—20分,分值越高说明线上同伴交往强度越高。该量表的内部一致性系数为0.73。

# 三、控制变量

为了控制其他因素对大学生幸福感的影响,本研究纳入的控制变量有性别、专业、户口与对专业喜爱程度。性别、专业、户口被作为二分类变量,其中女性、非理工科专业、农村户口被赋值1分。对专业喜爱程度从"非常不喜欢"逐渐过渡到"非常喜欢",共有6个等级,分别赋值1、2、3、4、5、6分,分值越高说明对所学专业越喜爱。上述各变量的描述性分析结果见表1。

表 1  各变量的描述性统计分析

| 变量名 | 样本量 | 均值 | 标准差 | 变量说明 |
| --- | --- | --- | --- | --- |
| 主观幸福感 | 565 | 4.4 | 1.01 | 最小值=1,最大值=6 |
| 主观社会经济地位 | 568 | 2.8 | 0.81 | 最小值=1,最大值=5 |
| 线下同伴交往 | 570 | 25.01 | 5.36 | 最小值=8,最大值=40 |
| 线上同伴交往 | 570 | 12.60 | 2.91 | 最小值=6,最大值=30 |
| 自尊 | 570 | 26.14 | 3.87 | 最小值=7,最大值=35 |
| 户籍 | 572 | 0.33 | 0.47 | 非农户口=0,农业户口=1 |
| 性别 | 572 | 0.36 | 0.48 | 男=0,女=1 |
| 专业 | 572 | 0.27 | 0.44 | 理工科=0,非理工科=1 |
| 对专业喜爱程度 | 564 | 4.12 | 1.09 | 最小值=1,最大值=6 |

### （三）统计分析策略

为了全面分析主观社会经济地位对大学生幸福感影响的内在机制,本研究的实证分析分三步进行:首先,在不考虑控制变量的情况下,通过对自变量和因变量进行相关分析来描述和检验这两种变量之间的相关程度;其次,在控制其他变量的情况下,通过采用多元线性回归嵌套模型考察主观社会经济地位、自尊、线下同伴交往和线上同伴交往对大学生幸福感的影响;再次,采用基于最小二乘法(OLS)回归分析法的Bootstrap多重中介分析方法回答"主观社会经济地位对大学生幸福感的影响是否是通过自尊和同伴交往的多重路径来传递的"问题。Bootstrap检验法通过从样本数据中重复抽样,对中介效应进行估计,建立置信区间,当置信区间不包含 0 时则说明中介效应是显著的。该中介分析方法优于传统的 Baron 和 Kenny 的逐步检验法和 Sobel 检验法,不仅可以在一个模型中同时考虑多个中介变量,而且在不满足正态分布情况下可以得出更加准确的检验结果。[①] 此外,该方法基于 OLS 回归,所需样本量要小于结构方程模型所用的最大似然估计法,因此更适用于本研究的分析。中介分析在 SPSS21 软件中通过 PROCESS 宏命令[②]来实现。设定重复抽样的次数为 5000 次。

---

① 温忠麟,叶宝娟:《中介效应分析:方法和模型发展》,《心理科学进展》,2014 年第 5 期。

② Hayes A F, *Introduction to mediation, moderation, and conditional process analysis: a regression-based approach*, New York: Guilford Press, 2013.

# 四、实证分析结果

## (一) 自变量和因变量的相关分析

表2列出了大学生幸福感、主观社会经济地位、自尊、线下同伴交往和线上同伴交往变量之间的 Pearson 相关系数。可以看到,在未考虑控制变量的情况下,各变量均呈现显著的两两正相关,相关系数范围为0.12—0.38,呈现出弱等或中等程度相关。这意味着自变量之间不存在严重的多重共线性问题,每个自变量对幸福感有着相对独立的影响。

表2 主观社会经济地位、自尊、同伴交往与
大学生幸福感的相关分析

|  | (1) | (2) | (3) | (4) | (5) |
|---|---|---|---|---|---|
| (1)主观幸福感 | 1 | | | | |
| (2)主观社会经济地位 | 0.15*** | 1 | | | |
| (3)自尊 | 0.38*** | 0.17*** | 1 | | |
| (4)线下同伴交往 | 0.35*** | 0.18*** | 0.24*** | 1 | |
| (5)线上同伴交往 | 0.26*** | 0.17*** | 0.12*** | 0.37*** | 1 |

注:* $p<0.05$,** $p<0.01$,*** $p<0.001$

## (二) 大学生幸福感影响因素的回归分析

本研究通过建立多元线性回归嵌套模型来分析在有控制变量的情况下,主观社会经济地位、自尊、线上同伴交往与线下同伴交往是否能够显著预测大学生幸福感。表3显示了回归分析结果,包括非标准化回归系数、标准误、显著性结果和R平方。其中,模型1为基准模型,仅关注在有控制变量的情况下主观社会经济地位与幸福感的关系;模型2则在模型1的基础上加入了自尊变量;模型3在模型1的基础上加入了线上线下两种类型的同伴交往变量;模型4为全模型,即纳入了所有的相关变量。

可以看出,随着主观社会经济地位、自尊、线下同伴交往、线上同伴交往的加入,模型的整体解释力不断上升,说明文中所涉及的影响因素对解释大学生幸福感的差异是有贡献的。具体而言,模型1的R平方为0.141,表示主观社会经济地位与控制变量在一起大约可以解释大学生幸福感差异的14%。其中,主观社会经济地位对应的回归系数为

正,并且是显著的,这表明大学生对家庭社会经济地位的主观认同越高,他们的幸福感水平就越高。假设1得到验证。

表3 大学生幸福感影响因素的多元线性回归模型(N=521)

| | 模型1 | 模型2 | 模型3 | 模型4 |
|---|---|---|---|---|
| 主观阶层地位 | 0.123* | 0.052 | 0.074 | 0.021 |
| | (0.056) | (0.054) | (0.054) | (0.052) |
| 自尊 | | 0.081*** | | 0.070*** |
| | | (0.011) | | (0.010) |
| 线下同伴交往 | | | 0.067*** | 0.056*** |
| | | | (0.011) | (0.011) |
| 线上同伴交往 | | | 0.038* | 0.033* |
| | | | (0.015) | (0.014) |
| 女性 | 0.328*** | 0.365*** | 0.218* | 0.267** |
| | (0.089) | (0.085) | (0.088) | (0.085) |
| 理工科 | 0.027 | 0.066 | 0.017 | 0.077 |
| | (0.095) | (0.091) | (0.091) | (0.088) |
| 农业户口 | −0.098 | −0.087 | −0.067 | −0.063 |
| | (0.092) | (0.091) | (0.092) | (0.088) |
| 专业喜爱程度 | 0.281*** | 0.230*** | 0.246*** | 0.207*** |
| | (0.038) | (0.037) | (0.037) | (0.036) |
| 截距项 | 2.77*** | 1.01** | 1.59*** | 0.273 |
| | (0.250) | (0.330) | (0.293) | (0.344) |
| R平方 | 0.141 | 0.229 | 0.221 | 0.283 |

注:(1) * $p<0.05$, ** $p<0.01$, *** $p<0.001$; (2)括号内为标准误。

对比模型2与模型1的结果可以看出,自尊变量的加入,使模型整体解释力提升了9%,说明自尊对幸福感存在独立的影响。自尊对应的回归系数是正向的且是显著的,这说明自尊水平高的大学生也具有高水平的幸福感,支持了假设2a。对比模型3与模型1的结果可以发现类似的结论,即同伴交往变量的加入,使模型整体解释力提升了8%,这两种类型的同伴交往对大学生的幸福感均存在显著的正向影响。因此,同伴交往对大学生的幸福感也存在独立的影响,两种类型的同伴交往越多,大学生的幸福感就越强。假设3a和4a得到验证。

模型4的数据显示,自尊、线上同伴交往与线下同伴交往共同提升大学生幸福感大约15%的解释力,从而使整体模型的解释力达到28%,并且每个变量都是显著的。通过进一步对比自尊、线上同伴交往与线下同伴交往这3个变量的标准化系数(没有在表中显示),可以得知它们对幸福感影响效应的大小。这3个标准化系数分别是:自尊的效应最大为0.263,其次为线下同伴交往为0.203,最弱为线上同伴交往为0.095。这说明自尊对大学生幸福感的影响要高于同伴交往行为的影响;线下同伴交往的效应高于线上同伴交往的效应。

值得注意的是,随着自尊变量和同伴交往变量的加入,主观社会经济地位对应的回归系数逐渐降低,其显著性也随之消失,这意味着主观社会经济地位对大学生幸福感的影响要弱于自尊和线上线下两种类型的同伴交往。从另一方面我们也可以推测主观社会经济地位对幸福感的部分影响很可能是通过自尊、线上同伴交往和线下同伴交往来实现的。

关注模型中的控制变量可以看到,性别和专业喜爱程度对大学生幸福感的正向影响持续存在。主要反映为女性的幸福感高于男性;个体对专业的喜爱程度越高,其幸福感也会越强;而专业和户口对大学生的幸福感均不存在显著影响。

### (三) 主观社会经济地位对大学生幸福感影响的多重中介分析

回归分析显示了主观社会经济地位对大学生幸福感的影响是随着其他变量的加入而逐渐降低的,这意味着自尊、同伴交往变量很可能是主观社会经济地位对大学生幸福感影响的中介机制。然而,它们的中介作用是否显著呢?笔者借助 Bootstrap 多重中介分析方法进行检验,值得注意的是此检验也控制了回归分析中的所有控制变量。

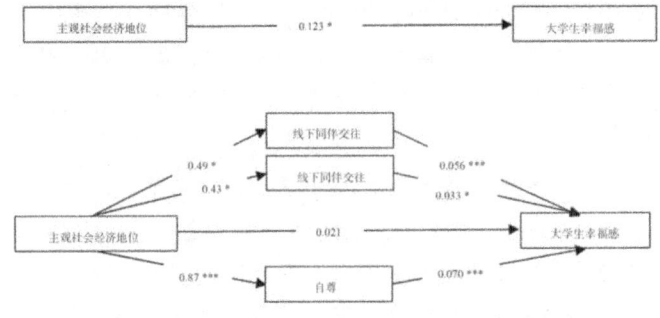

**图 1 多重中介模型的路径系数**

图 1 上方的路径显示了不加入任何中介变量时主观社会经济地位对大学生幸福感的总效应,其回归系数是显著的,为 0.123。当考虑到中介变量时,主观社会经济地位对大学生幸福感的"总效应"将分解为"直接效应"与"间接效应"。具体反映在图 1 中为主观社会经济地位对大学生幸福感产生影响的直接路径,同时,也反映了通过自尊、线上同伴交往、线下同伴交往对大学生幸福感产生影响的四条间接路径。直

接效应的回归系数为 0.021,并未通过显著性检验。而主观社会经济地位通过自尊、线上同伴交往、线下同伴交往影响大学生幸福感的各条路径的回归系数均是正向的、显著的,这意味着主观社会经济地位越高的大学生,其自尊、线上线下两种形式的同伴交往水平也越高;同时,自尊水平越高、线上同伴交往和线下同伴交往频率越频繁的大学生其幸福感也越高。如果每条间接效应对应的两条分路径都是显著的,是否意味着间接效应是显著的呢?这需要进一步通过 Bootstrap 的检验得出结论。

表 4 显示了多重中介模型中不同效应的检验结果。由表 4 可知,直接效应的 95% Bootstrap 置信区间包含了 0,而总效应、总的间接分路径,以及自尊、线下同伴交往与线上同伴交往这三条分路径的置信区间均不包含 0,这说明总的间接路径和三条间接路径都是显著的,同时也证明了自尊、线上同伴交往和线下同伴交往确实是主观社会经济地位与大学生幸福感之间的中介变量,该结论支持了本研究的假设 2b、3b、4b。另外,从表 4 中的各效应系数来看,总的间接效应占总效应的 83%(0.102/0.123),说明主观社会经济地位对大学生幸福感的影响有 83% 是通过这三条路径实现的。首先,自尊的中介效应占间接效应的 60%(0.061/0.102),其次,为线下同伴交往,所占比例约为 26%(0.027/0.102);再次,是线上同伴交往,所占比例为 14%(0.014/0.102)。通过对中介效应所占比例的对比,发现自尊的中介效应最强,线下同伴交往的中介效应强于线上同伴交往的中介效应。因此,假设 5 得到验证。

表 4 中介效应检验结果:总效应、直接效应和间接效应

| 各类效应 | 系数 | 标准误 | 95% Bootstrap 置信区间 |
|---|---|---|---|
| 总效应: | 0.123 | 0.056 | [0.014, 0.233] |
| (1)直接效应: | | | |
| 主观社会经济地位→幸福感 | 0.021 | 0.052 | [−0.082, 0.123] |
| (2)总的间接效应: | | | |
| 主观社会经济地位→中介变量→幸福感 | 0.102 | 0.029 | [0.050, 0.167] |
| 间接效应的分路径 | | | |
| (2a)线下同伴交往为中介变量 | 0.027 | 0.015 | [0.003, 0.063] |
| (2b)线上同伴交往为中介变量 | 0.014 | 0.010 | [0.001, 0.043] |
| (2c)自尊为中介变量 | 0.061 | 0.019 | [0.029, 0.103] |

## 五、结论和讨论

本研究基于课题组所采集的第一手数据资料,综合采用多种实证分析方法探讨了大学生幸福感的影响因素,以及主观社会经济地位影响大学生幸福感的内在机制。

通过回归分析笔者发现:其一,大学生的幸福感存在性别差异,女大学生的幸福感显著高于男大学生,这一点与前人研究结论相一致。[1] 其原因是:一方面女性更善于表达情绪和维系人际关系,女大学生体验积极情绪与排解消极情绪的渠道丰富,所以具有更高的幸福感;另一方面,男性的社会性别角色要求他们"有泪不轻弹""男儿当自强",所以在激烈的社会竞争中,男大学生不容易体验到高水平的生活满意感与积极情绪。其二,对专业的喜爱程度也能显著预测大学生的幸福感水平。专业对大学生的影响不言而喻,不仅塑造着大学生的知识水平、专业技能与自身气质;同时,专业作为一种重要的身份标签,对大学生未来的工作、生活也有着深远的影响。如果大学生对专业的喜爱程度低,就意味着他们在漫长的大学生活中不但要被迫接受不感兴趣的专业知识,而且还要面临来自就业市场对其专业能力的考验,因此他们所承受的学习和生活的压力就更大,很难具有高水平的幸福感。其三,在控制了以上这些变量后,主观社会经济地位对大学生幸福感的影响依然显著,这与国内外相关研究的结果相一致[2],即通过社会比较产生的主观社会经济地位会影响大学生的幸福感水平,他们所感知的社会地位越高,其幸福感就越强。其四,自尊与线上线下两种形式的同伴交往均对大学生幸福感存在显著的正向影响,这说明高水平的自尊、线上同伴交往和线下同伴交往均有利于大学生幸福感的提升。

---

[1] 刘莉,毕晓慧,王美芳:《社会支持与大学生主观幸福感的关系:公正世界信念的中介作用》,《中国临床心理学杂志》,2015年第4期。

[2] 闫丙金:《收入、社会阶层认同与主观幸福感》,《统计研究》,2012年第10期;Goodman E, Huang B, Schaferkalkhoff T, "Perceived socioeconomic status: a new type of identity that influences adolescents' self-rated health", *Journal of Adolescent Health*, 5(2007).

本研究的回归分析显示,性别、专业喜爱程度、主观社会经济地位、自尊、线下同伴交往与线上同伴交往均是影响我国大学生幸福感的重要因素。笔者通过采用中介效应分析方法探讨了主观社会经济地位对大学生幸福感的影响机制,结果显示,自尊、线上线下同伴交往变量均是对大学生幸福感产生显著影响的中介变量,这说明它们在主观社会经济地位与大学生幸福感之间起着多重中介作用。这与本研究的假设相一致,也符合前人的预期,即主观社会经济地位往往通过个体的心理特征与交往行为对幸福感产生影响。因为个体在形成阶层地位认知时会与他人的社会地位相比较,进而会引发心态的波动、行为的投射,甚至对幸福感产生间接影响。① 具体而言,当大学生与周围同学相比而感知到自己的家族社会经济地位更高时,就会对自己有着更为积极的评价,对未来抱有更乐观的态度,更加乐于与人交往,进而拥有较高的幸福感。② 相反,当大学生感知到自己的阶层地位很低时,由此所产生的相对剥夺感会影响他们的自尊与自信,进而诱发妒忌、仇富等不良情绪,导致心态失衡,挫伤他们与他人交往的热情,损伤他们的心理健康。③

对各中介效应所占总间接效应的比例进行对比,笔者发现,自尊对大学生幸福感的中介效应强于同伴交往,这说明主观社会经济地位主要是通过影响大学生的心理来影响他们的幸福感的。这可能是因为自尊、幸福感和主观社会经济地位都是在社会比较中形成的因素,三者的关系更加密切,牵一发而动全身。大学生对于社会经济地位的主观认知将最先作用于心理层面而引起心态的波动,进而影响他们的幸福感水平。另外,虽然自尊的中介效应要强于同伴交往,但必须看到两种方式的同伴交往的中介效应也都是显著的,这表明交往行为也是非常重要的影响机制。大学生可以通过积极的同伴交往来提升自身的幸福感

---

① Wilkinson R G,"Health, hierarchy, and social anxiety", *Annals of the New York Academy of Sciences*,1(1999).

② Marmot M,Wilkinson R G, *Social determinants of health*, London: Oxford University Press,1999.

③ Adler N E, Boyce T, Chesney M A, "Socioeconomic status and health: The challenge of the gradient", *American Psychologist*,1(1994).

水平。在主观社会经济地位对幸福感产生影响的过程中,行为的反映往往滞后于心理的波动,很多人只有在明显感知到不良情绪时,才会考虑采用与同伴沟通的方式进行干预来提升幸福感水平。因此笔者认为,自尊对大学生幸福感的影响并非真的强于同伴交往,而是由于在社会原子化的趋势下,个体对私人领域愈加重视与对人际交往愈加懈怠,这使个体更倾向于独自消化负面情绪来维持自身的幸福感水平。

此外,线下同伴交往的中介效应强于线上同伴交往,这意味着传统的面对面的交往方式与新型的、虚拟的交往方式相比更能增进大学生幸福感水平的提高。传统的社会交往讲究切实的社会互动,即交往双方在同一个时空下综合语言、表情、动作等多种媒介进行交流。这种交往方式有利于情感的即时表达,并且具有丰富性与情感维系的持久性,使交往双方都能够从稳定的人际关系中获取丰富的支持性资源,进而使个体保持高水平的幸福感。新型的社会交往方式,即线上同伴交往,一方面,突破了传统社交的时空局限性,扩大了交往的半径,在一定程度上提升了幸福感水平;另一方面,时空界限的瓦解虽然使个体线上的朋友数量增多了,但多数仍是以工具性目的为主联系频率较低的关系,能够真正与个体进行深入、持久地进行情感交流的关系依然很少,因此不利于个体幸福感水平的提升。网络的虚拟性给人们的交往戴上了面具,使检验人际交往真诚度的难度大大增加,这在一定程度上也阻碍了真实情感的传递。因此线上同伴交往远远没有线下同伴交往对个体幸福感水平的提升作用强。

基于以上发现笔者认为,提升大学生的幸福感可以通过以下途径来实现:首先,大学生应正确看待家庭社会经济地位,谨慎进行社会比较。适当的社会比较能够激发个体追求进步的动力,但不恰当的攀比会引发仇富、低自尊等负面情绪,不利于身心健康。其次,大学生应充分认识到积极心理尤其是具有较强的自尊对于提升幸福感的作用,时刻提醒自己要保持积极的心态,培养高水平的自尊,增强抗逆力来抵御负面情绪,进而提升幸福感水平。另外,大学生还应意识到人际交往对于提升幸福感的重要性,应积极主动地与同学互动,学会构建自己的社会支持网络,这样有利于负面情绪的排解,降低家庭社会经济地位给身心健康带来的不良影响。值得注意的是,虽然社交网络平台也是现代社会中构建人际关系网络的重要渠道,且对提升大学生幸福感有所帮助,但切勿将网络交往作为现实交往的替代,避免因过分沉溺于虚拟世界而给身心健康造成严重危害而降低幸福感。

对于高校工作者而言,提高大学生的幸福感可以从帮助他们提高自尊水平、鼓励他们多进行人际交往的角度着手。但从现实层面来讲,虽然以自尊为代表的积极心理特质对幸福感存在稳定的影响,但是要想通过改变内在心理特质来帮助家庭经济地位处于劣势的大学生提升幸福感水平,具有一定的操作难度。相对而言,从行为角度引导大学生改善同伴交往状况则更容易一些。因此,在对大学生进行心理疏导和生活咨询的同时,也可以采取适当的方法,比如,开展联谊活动、社交技能培训等激发大学生的人际交往热情,帮助他们建立良性的人际关系,以便快速有效地提升大学生的幸福感。另外,由于专业喜爱程度能显著影响大学生的幸福感,让大学生自主选择专业也是一种提升其幸福感水平的有效措施。

原载《河南大学学报(社会科学版)》2019年第6期